Benjamin Glas

Trusted Computing für adaptive Automobilsteuergeräte im Umfeld der Inter-Fahrzeug-Kommunikation

Band 2
Steinbuch Series on Advances in Information Technology

Karlsruher Institut für Technologie
Institut für Technik der Informationsverarbeitung

Trusted Computing für adaptive Automobilsteuergeräte im Umfeld der Inter-Fahrzeug-Kommunikation

von
Benjamin Glas

Karlsruher Institut für Technologie
Institut für Technik der Informationsverarbeitung

Trusted Computing für adaptive Automobilsteuergeräte
im Umfeld der Inter-Fahrzeug-Kommunikation

Zur Erlangung des akademischen Grades eines Doktor-Ingenieurs
von der Fakultät für Elektrotechnik und Informationstechnik des
Karlsruher Institut für Technologie (KIT) genehmigte Dissertation

von Dipl.-Math. Dipl.-Inform. Benjamin Glas, geb. in Stuttgart.

Tag der mündlichen Prüfung: 21. Juli 2010
Hauptreferent: Prof. Dr.-Ing. Klaus D. Müller-Glaser
Korreferent: Prof. Dr. rer. nat. Jörn Müller-Quade

Impressum

Karlsruher Institut für Technologie (KIT)
KIT Scientific Publishing
Straße am Forum 2
D-76131 Karlsruhe
www.ksp.kit.edu

KIT – Universität des Landes Baden-Württemberg und nationales
Forschungszentrum in der Helmholtz-Gemeinschaft

KIT Scientific Publishing 2011
Print on Demand

ISSN 2191-4737
ISBN 978-3-86644-602-1

Vorwort

Die vorliegende Arbeit entstand während meiner Zeit als Stipendiat des Hans L. Merkle-Programms für die Spitzenforschung in Naturwissenschaft und Technik der Hans L. Merkle Stiftung am Institut für Technik der Informationsverarbeitung (ITIV) des Karlsruher Institut für Technologie (KIT). Ich bin sehr dankbar für die wertvolle, interessante und schöne Zeit am Institut und die vielfältige Unterstützung, die mir von allen Seiten zuteil wurde.

Besonders bedanken möchte ich mich bei Herrn Prof. Klaus D. Müller-Glaser für die vertrauensvolle Betreuung der Arbeit und sein jederzeit offenes Ohr und bei Herrn Prof. Jörn Müller-Quade für die Übernahme des Zweitgutachtens und spannende Diskussionen. Weiter möchte ich mich herzlich bedanken bei der Hans L. Merkle Stiftung für das in mich gesetzte Vertrauen und die gewährte Unterstützung.

Ein ganz besonderer Dank gilt den vielen Kollegen und Freunden am ITIV, vor allem Oliver Sander und Alexander Klimm, die mir das Institut neben der intensiven, spannenden und erfolgreichen Zusammenarbeit zu einem Zuhause haben werden lassen. Weiter allen Kollegen und Studenten, mit denen ich im Laufe der Arbeit zusammenarbeiten und die ich betreuen durfte, und deren motivierte und engagierte Arbeit mich vorangebracht, unterstützt und die vorliegende Dissertation erst ermöglicht hat.

Natürlich gilt spezieller Dank meiner wundervollen Familie, zuallererst meinen Eltern, meinem Bruder und meinen Großeltern, die zu allen Zeiten eine unerschütterliche Stütze und ein fester Rückhalt für mich sind und meinen Freunden, die mich trotz der wenigen Zeit, die ich teilweise für sie hatte, immer unterstützt haben.

Schließlich möchte ich mich für die vielen Anregungen, Korrekturen, Anmerkungen und Diskussionen bedanken, die mich bei der Erstellung des Manuskripts erreicht und unterstützt haben. Besonders erwähnen möchte ich hier neben meinen Referenten vor allem Oliver Sander für die unzähligen Diskussionen und Anregungen und Alexander Klimm, Eva Klinkisch, meine Eltern Hans Joachim und Ursula und meinen Bruder Manuel.

Karlsruhe, im November 2010 Benjamin Glas

Inhaltsverzeichnis

6. Trusted Platforms auf rekonfigurierbarer Hardware   137

7. Zusammenfassung und Ausblick   191

A. Schreibweisen, Parameter und Beweise   197

1. Einleitung

1.1. Einführung und Motivation

Flexibilität und Mobilität von Gütern und Personen ist in den vergangenen Jahrzehnten zu einem fast selbstverständlichen Merkmal westlicher Gesellschaften geworden und bildet unter dem Stichwort Globalisierung eine treibende Kraft der weltweiten Entwicklung. Gerade durch das beständige Wachstum der transportierten Personen und Güter (vgl. etwa [124]) steht die Entwicklung der persönlichen Mobilität vor vielfältigen Herausforderungen. Eine wesentliche ist die Sicherheit von Fahrzeuginsassen und anderen Verkehrsteilnehmern. So stirbt laut IEEE Spectrum ([153], Januar 2002) weltweit jede Minute ein Mensch infolge eines Autounfalls, allein in den USA 102 Menschen pro Tag [186]. Zusätzlich zu den menschlichen Tragödien entsprechen die jährlichen Kosten in Verbindung mit diesen Unfällen nahezu 3% des weltweiten Bruttoinlandsprodukts[1] [153]. Vor diesem Hintergrund und den persönlichen Schicksalen der Betroffenen gibt es weltweit Bestrebungen, die Anzahl von Unfällen und vor allem die Anzahl der dabei Verletzten oder sogar Getöteten trotz ständig wachsendem Verkehrsaufkommen zu verringern.

Neben der Verbesserung der Sicherheit ermöglichen ständige Innovationen im Automobilbereich eine wachsende Funktionalität der Fahrzeuge, besseren Komfort und höhere Effizienz. Speziell die Fortschritte in der Elektronik, die inzwischen 90% der Innovationen treibt [283] und ein Drittel der Produktionskosten ausmacht [109], haben neue Möglichkeiten eröffnet, Funktionalität zu integrieren und zu erweitern. Gerade in den letzten Fahrzeuggenerationen sind eine Vielzahl von Fahrerassistenz- und Unterstützungsfunktionen verfügbar, die das Fahren sicherer, einfacher und bequemer machen und den Fahrer vor Gefahren warnen sollen. Beispiele sind etwa Anti-Blockier-Systeme (ABS) und Antischlupf-Regelungen (ASR), das Elektronische Stabilitätsprogramm (ESP) oder auch Spurhalteassistenten und Geschwindigkeitsregelungen (Tempomat), die sich inzwischen auch an vorausfahrenden Fahrzeugen orientieren können (Adaptive Cruise Control - ACC). Hierzu werden immer mehr Sensoren wie Radar, Ultraschall oder Kameras im Fahrzeug eingebaut, um den Systemen eine Wahrnehmung der Umgebung und Verkehrssituation zu ermöglichen. Diese erlauben teilweise auch die Erkennung von Gefahrensituationen und sogar eine automatische Reaktion des Fahrzeugs in Form von Active-Safety- oder PreCrash-Maßnahmen.

---

[1] Die Aussage bezieht sich auf das Bruttoinlandsprodukt Welt 2000 mit ca. 31,3 Billionen Dollar [153], 2008 betrug das weltweite BIP etwa 60,4 Billionen Dollar [276].

Ein vergleichsweise neuer Ansatz, der sehr vielversprechende Perspektiven zur Verbesserung der Verkehrssicherheit bietet [46], ist die Fahrzeug-zu-Fahrzeug (Car-to-Car C2C)Kommunikation. Hierbei werden Informationen zwischen Fahrzeugen ausgetauscht, um den Erkenntnishorizont über die Reichweite und die Sensorbeschränkungen der On-Board-Sensorik hinaus zu erweitern. Dadurch ist es möglich, auf potentielle Gefahrensituationen besser und früher zu reagieren und durch Warnung des Fahrers oder direkte Eingriffe der Elektronik Unfälle zu vermeiden oder die Schwere von Unfällen und Unfallfolgen zu reduzieren. Zusätzlich bieten sich durch eine Verbesserung des Umgebungsbildes (Situation Awareness) auch Möglichkeiten im Bereich der Verkehrsflussoptimierung, Stauvermeidung und CO_2-Reduktion. Die Fahrzeuge bilden dabei ein selbstorganisierendes, drahtloses Sensor-Aktor-Netzwerk mit den Einzelfahrzeugen als Knoten. Bezieht man zusätzlich zur Fahrzeug-zu-Fahrzeug Kommunikation auch die Kommunikation mit Infrastruktur (sog. Roadside-Units (RSU) wie Ampeln) oder anderen Geräten wie PDAs mit ein, so spricht man von Fahrzeug-zu-X (C2X) Kommunikation.

Betrachtet man die Kommunikation zwischen Fahrzeugen und die darauf basierenden Anwendungen hinsichtlich Sicherheit und Zuverlässigkeit, so zeigt sich unmittelbar die Notwendigkeit zur Absicherung der Kommunikation. Für eine korrekte und zuverlässige Funktion des Systems ist die Zuverlässigkeit und Vertrauenswürdigkeit der Datenbasis unerlässlich. Speziell im Fall von sicherheitskritischen Anwendungen, etwa zur Kollisionsvermeidung, kann eine Fehlfunktion eine Gefahr für Leib und Leben von Insassen und Dritten darstellen. Daher muss unbedingt sichergestellt sein, dass das System nicht manipulierbar ist.

Für die Fahrzeugsecurity im Allgemeinen stellt die Fahrzeug-zu-Fahrzeug-Kommunikation einen Paradigmenwechsel dar, da durch die ständige Kommunikation über eine drahtlose Schnittstelle das Fahrzeug nicht mehr als isolierte Einheit alleine betrachtet werden kann. Vielmehr findet in großem Umfang drahtlose Kommunikation nach außen während der Fahrt, im Normalbetrieb und unter Einbeziehung von sicherheitskritischen Fahrzeugdaten statt. Dies eröffnet die Gefahr, dass über diese Kommunikation eine unerwünschte Einflussnahme auch auf die Kommunikation innerhalb des Fahrzeugs und die Funktionalität möglich ist [165]. Außerdem ermöglicht die drahtlose Schnittstelle einer für die Automobildomäne neuen Angreiferklasse potentiell einen Zugriff – auch ohne spezifische Kenntnis der Kraftfahrzeugtechnik kann möglicherweise mittels eines Laptops und einer Antenne in das System eingedrungen werden. Gleichzeitig erfolgen unter Einbeziehung der über das Vehicular Ad Hoc Network (VANET) ausgetauschten Informationen sicherheitskritische Entscheidungen, was einen hohen Level an Absicherung für jede einzelne Nachricht erforderlich macht. Zusätzlich sind technische Anforderungen an Durchsatz, Latenz, Kanalkapazität und Kosten zu berücksichtigen.

Um die ausgetauschten Informationen abzusichern, sind sowohl die Vertrauenswürdigkeit der Kommunikation als auch der beteiligten Kommunikationspartner ein verpflichtender Bestandteil. Für ersteres sehen aktuelle Ansätze eine Realisierung über elektronische Signaturen vor, was hohe Anforderungen an die Leistungsfähigkeit der ausführenden Plattform stellt. Für zweiteres ist unter anderem die Schaffung von Vertrauensbasen (Trusted Computing Base) für die Systeme im Gespräch.

Das zugrundeliegende Prinzip des Trusted Computing ist ein vergleichsweise neuer Ansatz, PC-Systeme und Mobiltelefone vor Angriffen durch Hacker und Cracker, aber auch vor Schadprogrammen wie Viren, Trojanern und Rootkits zu schützen. Die Idee ist ein Vertrauensanker in Hardware, der dem Benutzer und auch entfernten Kommunikationspartnern genaue, vertrauenswürdige, aktuelle Auskunft geben kann über den Systemzustand und die ausgeführten Programme. Die Übertragung dieses Konzepts auf den Automotive-Bereich bietet vielversprechende Absicherungsmöglichkeiten für die Fahrzeug-zu-Fahrzeug-Kommunikation, aber auch für andere Bereiche der Automotive Security. Allerdings ist der Trusted-Computing-Ansatz für den Einsatz in eingebetteten Systemen anzupassen.

Die Absicherung der C2X-Kommunikation ist Thema einer Vielzahl aktueller nationaler und internationaler Forschungsanstrengungen und Projekte (vgl. [45, 244, 35, 4]). Für die Funktionsfähigkeit des Systems ist eine weitgehende Harmonisierung und Standardisierung über Fahrzeughersteller- und Landesgrenzen hinweg notwendig, um die Interoperabilität der Systeme zu gewährleisten. Sowohl regional (vgl. etwa [35]) als auch international (bspw. [146]) gibt es diesbezügliche Bestrebungen, die allerdings bisher nicht abgeschlossen sind.

Viele sehen übereinstimmend die Verwendung digitaler Signaturverfahren für die Realisierung vor. Konkret wird die Verwendung des Elliptic Curve Digital Signature Algorithm (ECDSA) vorgeschlagen [155, 134]. Die senderseitige Erzeugung der Signatur für jede Nachricht und ihre entsprechende Überprüfung auf Empfängerseite stellen hohe Anforderungen an die Leistungsfähigkeit der ausführenden Systeme. Dies wird verstärkt durch das hohe Nachrichtenaufkommen. So wird angenommen, dass im Extremfall über 2600 Nachrichten [270] und damit auch mindestens ebensoviele Signaturverifikationen pro Sekunde verarbeitet werden müssen. Sowohl der amerikanische IEEE [132] als auch das europäische Projekt SeVeCom [155], die sich mit der Sicherheit von C2X-Kommunikation und entsprechender Standardisierung beschäftigen, kommen zu dem Schluss, dass zur Erfüllung der Anforderungen eine Softwareimplementierung nicht die benötigte Leistungsfähigkeit liefern kann und schlagen eine Realisierung auf Spezialhardware vor. Allerdings steht aktuell für laufende Feldtests und Prototypen noch keine spezialisierte Hardware zur Verfügung. Eine kurzfristig verfügbare Realisierung unter Erfüllung der Performanzanforderungen wäre daher wünschenswert.

Bei elektronischen Signaturverfahren besteht wie bei allen kryptographischen Anwendungen immer ein Risiko, dass das verwendete Verfahren oder die Implementierung Schwächen aufweist, die Angreifer zum Bruch der Sicherheit ausnutzen können. Auch besteht die Möglichkeit, dass neue Verfahren gefunden werden, um die zugrundeliegenden mathematischen Probleme effizient zu berechnen, so dass das kryptographische Verfahren damit grundsätzlich gebrochen ist und keinen Schutz der Ziele mehr gewährleisten kann. Trotz intensiver Untersuchung der vorgeschlagenen Verfahren kann eine Langzeitsicherheit der Verfahren und der Schlüssellängen nicht garantiert werden. Es stellt sich folglich die Frage, wie auf den Bruch des verwendeten Verfahrens reagiert werden könnte. Da das System auf umfassender Interoperabilität beruht, ist nach erfolgter Standardisierung und Inbetriebnahme des Systems ein Wechsel oder eine Weiterentwicklung des Signaturverfahrens oder eine Erhöhung der Schlüssellänge schwierig, da gleichzeitig alle Fahrzeuge umgerüstet werden müssten, um den neuen Standard zu erfüllen. Bei Verwendung von hardwareimplementierten Algorithmen wäre damit möglicherweise ein teurer Austausch der Hardware nötig. Zudem haben Fahrzeuge im Vergleich zu PCs oder Mobiltelefonen eine relativ lange Lebenszeit. Wenn lediglich Neuwagen ausgestattet werden, dauert die Erreichnung einer hinreichende Durchdringung der Flotte mehrere Jahre [177]. Eine flexiblere Lösung, die einen Austausch von Verfahren, Implementierung oder Schlüssellänge ohne Austausch von Hardwarekomponenten ermöglicht, hätte aus dieser Sicht erhebliche Vorteile. Auch das SeVeCom-Projekt geht davon aus, dass ein möglicher Austausch kryptographischer Primitive vorgesehen werden sollte [155].

Vor diesem Hintergrund ist es von großem Interesse, ob eine Realisierung auf rekonfigurierbarer Hardware eine Möglichkeit bietet, die benötigte Leistungsfähigkeit und gleichzeitig die erwünschte Flexibilität zur Verfügung zu stellen. Damit wären auch situationsadaptive Hardwarebeschleuniger für spezielle Anwendungen wie etwa automatischen Kolonnenverkehr (platooning), Online-Diagnose oder drahtloses Update von Steuergeräten möglich, die etwa durch Vertraulichkeitsanforderungen ein anderes Schutzprofil und eine andere kryptographische Absicherung benötigen.

Für die Sicherstellung der Vertrauenswürdigkeit der ausführenden Plattform bietet der Einsatz einer Trusted Platform [257] einen vielversprechenden Lösungsansatz. Hiermit ist es möglich, Kommunikationspartnern oder einer Zertifizierungsstelle gegenüber den Zustand und die Konfiguration der Plattform zu beweisen. Basierend darauf ausgestellte Zertifikate können außerdem so an den Zustand gebunden werden, dass sie lediglich dann dem System zur Verfügung stehen, wenn der Zustand nicht verändert wurde. Im Anwendungsfall der eingebetteten Systeme sind jedoch gesonderte Randbedingungen zu berücksichtigen. So setzt das von der Trusted Computing Group [273] spezifizierte System einen leistungsfähigen Hauptprozessor und eine gewisse Unterstützung durch das Laufzeitsystem voraus, was im Kraftfahrzeug (KFZ)-Umfeld nicht unmittelbar gegeben ist. Zusätzlich sind in eingebetteten Systemen teilweise Latenzbeschränkungen, etwa beim Systemstart, vorhanden. Untersuchungen haben gezeigt, dass Reaktionsverzögerungen von Systemen vom Benutzer ab 200ms Dauer als störend empfunden werden können [75].

Soll ein System basierend auf rekonfigurierbarer Hardware als Trusted Platform abgesichert werden, ist zusätzlich die programmierbare Hardware als weitere dynamische Schicht zu integrieren, so dass ein entsprechendes Konzept erweitert werden muss. Schließlich stellt sich die Frage, ob im Anwendungsfall zusätzliche Funktionalitäten wie etwa ein Durchsetzen von Benutzungsrichtlinien wünschenswert sind, auf die im PC-Bereich zugunsten einer größeren Flexibilität des Systems und einer größeren Akzeptanz durch den Nutzer verzichtet wird.

1.2. Fragestellung und Zielsetzung

Die vorliegende Arbeit widmet sich vor diesem Hintergrund der Security-Absicherung von C2X-Kommunikation. Um die über das VANET empfangenen Daten verwenden zu können, stellt sich für jeden Teilnehmer die Frage, wie die Vertrauenswürdigkeit der empfangenen Nachrichten sichergestellt und verifiziert werden kann. Dies impliziert folgende Kernfragestellungen:

- Lässt sich unter den gegebenen Anforderungen und Randbedingungen eine vertrauenswürdige Basis für die einzelnen Knoten schaffen, die eine Aussage über Eigenschaften, Funktionen und Verhalten der Knoten erlaubt?
- Wie lassen sich die für die Absicherung der Kommunikation notwendigen kryptographischen Verfahren in der nötigen Leistungsfähigkeit und Effizienz realisieren?

Dem aktuellen Stand von Forschung und Standardisierung lässt sich ein Lösungsansatz über elektronische Signatur der Nachrichten und Zertifizierung der Teilnehmer entnehmen. Herausforderungen bestehen jedoch im Spannungsfeld von geforderter Leistungsfähigkeit und Vertrauenswürdigkeit auf der einen und ebenso notwendiger Flexibilität der Realisierungen und Anonymität der Teilnehmer auf der anderen Seite. Im Verlauf der Arbeit wird auf die folgenden erkenntnisleitenden Fragestellungen eingegangen:

- Wie kann eine Security-Architektur für C2X-Kommunikationseinheiten aussehen, die die Anforderungen sowohl an Leistungsfähigkeit als auch an Flexibilität erfüllt? Stellt eine FPGA-basierte Realisierung hier einen validen Lösungsansatz dar?
- Kann das vorgeschlagene ECDSA-Verfahren auf FPGA-Basis effizient realisiert werden?
- Kann für die rekonfigurierbare Hardwarebasis die geforderte Vertrauenswürdigkeit hergestellt werden? Ist es möglich, zuverlässige und vertrauenwürdige Aussagen über Zustand, Konfiguration und Verhalten von FPGA-basierten Plattformen zu treffen?
- Wie können diese Eigenschaften garantiert und zertifiziert werden? Kann ein Missbrauch erteilter Zertifikate unterbunden werden?

In der Beantwortung obengenannter Fragestellungen wird im Folgenden ein System zur Signaturverarbeitung auf FPGA-Basis vorgestellt, welches die Leistungsanforderungen in einer einzelnen, spezialisierten Recheneinheit erfüllt. Das Signatursystem ist eingebettet in ein C2X-Kommunikationssystem als On-Board-Unit (OBU), die als Ganzes in ein Versuchsfahrzeug integriert und erfolgreich getestet werden konnte.

Für die Sicherstellung der Vertrauenswürdigkeit der OBU wird ein Ansatz entwickelt, der eine Trusted Platform auf rekonfigurierbarer Hardware realisiert. Weiterhin wird gezeigt, dass das entwickelte Active-TPM Konzept zur Absicherung des C2X-Kommunikationssystems geeignet ist.

1.3. Aufbau der Arbeit

Die Darstellung der Arbeit gliedert sich wie folgt. In Kapitel 2 werden in Kürze die benötigten Grundlagen eingeführt. Diese umfassen zunächst die für die verwendeten Verfahren notwendige Mathematik und Arithmetik in endlichen Gruppen und Körpern und die relevanten kryptographischen Primitive und Begrifflichkeiten. Darauf aufbauend werden die Grundzüge des Trusted Computing Ansatzes erläutert. Weiter wird eine Einführung zur Fahrzeug-zu-Fahrzeug-Kommunikation und dem daraus entstandenen Forschungsfeld der VANETs gegeben. Das Kapitel schließt mit der Vorstellung der verwendeten rekonfigurierbaren Hardwarebausteine, der Field-Programmable Gate Arrays (FPGAs).

Kapitel 3 gibt einen Überblick über den aktuellen Stand von Forschung und Technik. Im Bereich der C2X-Kommunikation werden die Ergebnisse relevanter Forschungsprojekte und der Stand der Standardisierung diskutiert. Außerdem werden bisherige Implementierungsansätze betrachtet. Für die Verbindung von Trusted Computing mit rekonfigurierbarer Hardware werden verwandte Ansätze vorgestellt.

In Kapitel 4 werden mögliche Angriffe und Bedrohungen für das betrachtete System eingeführt und ein Angreifermodell entwickelt, welches später die Grundlage für die Absicherung und Sicherheitsbetrachtung bildet.

Kapitel 5 stellt das System zur Signaturverarbeitung für Fahrzeugkommunikation vor. Zunächst wird hierzu das Gesamtsystem eingeführt, das die Kommunikation auf dem einzelnen Fahrzeug realisiert und als Schnittstelle zu den fahrzeuginternen Netzen fungiert. Eingebettet darin wird ein Modul entworfen, das autark die Signaturverarbeitung auf einer standardisierten elliptischen Kurve realisiert. Es wird gezeigt, dass durch konsequente Optimierung und Ausnutzung der Hardware die Leistung bekannter Ansätze deutlich übertroffen und die Anforderungen von einem einzelnen System erfüllt werden können. Das Kapitel schließt mit einem Vergleich der Realisierung mit bekannten Alternativen.

In Kapitel 6 wird ein Trusted Computing Konzept für eingebettete rekonfigurierbare Systeme entwickelt. Hierzu wird die zentrale Vertrauenskette auf die rekonfigurierbare Hardwareschicht erweitert und im System verankert. Aufbauend auf einem gemeinsamen Grundkonzept werden zwei Realisierungsansätze aufgezeigt. Eine Alternative basiert auf der Verwendung marktverfügbarer Komponenten mit minimaler Anpassung, eine weitere auf der Erweiterung der Vertrauenskomponente selbst um die nötigen Zusatzfunktionalitäten. Für beide Ansätze werden prototypische Realisierungen vorgestellt. Das Kapitel schließt mit der Anwendung des entwickelten Trusted Computing Konzepts für die Absicherung der C2X-Kommunikationsplattform.

Eine Zusammenfassung der Arbeit liefert Kapitel 7. In einer abschließenden Betrachtung werden die Kernaussagen der vorliegenden Arbeit zusammengefasst und kritisch hinterfragt. Ein kurzer Ausblick auf künftige Weiterentwicklungen sowie sich abzeichnender Forschungsbedarf runden die Arbeit ab.

2. Grundlagen

2.1. Mathematische Grundlagen

Die technische Absicherung gegen böswillige Angriffe und Manipulationen von elektronischen Systemen und ihrer Kommunikation basiert zu großen Teilen auf der Verwendung mathematischer Strukturen und der geschickten Ausnutzung ihrer Eigenschaften, etwa zu Zwecken der Geheimhaltung oder Authentifizierung. Im folgenden Kapitel werden einige mathematische Definitionen, Zusammenhänge und Verfahren erläutert, auf denen später benötigte krytographische Primitive und ihre Implementierung aufbauen.

2.1.1. Endliche Körper und ihre Arithmetik

Die in dieser Arbeit verwendeten asymmetrischen Verschlüsselungs- und Signaturverfahren beruhen auf endlichen Strukturen, im Fall des Elliptic Curve Digital Signature Algorithm (ECDSA) auf einer endlichen Gruppe in Form einer elliptischen Kurve E, definiert über einem endlichen Primkörper $GF(p)$. Dieser Abschnitt gibt eine kurze Einführung in die benötigten mathematischen Strukturen und die darauf anwendbare Arithmetik.

2.1.1.1. Gruppen, Ringe, Körper

Zunächst werden einige grundlegende Begriffe und Strukturen definiert. Eine fundierte Einführung in die zugrundeliegende Algebra und ihre Strukturen findet sich beispielsweise in [29].

Definition 2.1 (Gruppe): *Sei G eine Menge mit einer inneren Verknüpfung*

$$+ : G \times G \to G, \ (a,b) \mapsto a + b.$$

G heißt Halbgruppe, *falls die Verknüpfung der folgenden Eigenschaft genügt:*

   (i) *Die Verknüpfung ist* assoziativ, *es gilt also*
     $(a + b) + c = a + (b + c) \ \forall \, a,b,c \in G.$

G heißt ein Monoid, *falls zusätzlich gegeben ist:*

  (ii) Es existiert ein neutrales Element *n (Null), das heißt*
$$\exists! \; n \in G \; mit \; a + n = a = n + a \; \forall \; a \in G.$$

G heißt eine Gruppe, *falls außerdem gilt:*

  (iii) Zu jedem a $\in$ G gibt es ein inverses Element a' mit
$$a + a' = n = a' + a.$$

Die Gruppe G heißt kommutativ *oder* abelsch, *falls zusätzlich gilt:*

  (iv) Die Verknüpfung ist kommutativ, *das heißt*
$$a + b = b + a \; \forall \; a, b \in G.$$

Beispiele für Gruppen sind etwa die Menge der ganzen Zahlen $\mathbb{Z}$ mit der Addition, oder die Menge $\mathbb{Q} \backslash \{0\}$ der rationalen Zahlen ohne Null mit der Multiplikation als Verknüpfung. Hier ist die Grundlage jeweils eine unendliche Menge. Man kann aber auch leicht endliche Gruppen definieren, denen entsprechend eine endliche Menge zugrunde liegt. Eine sehr einfache endliche Gruppe ist die Menge $\{0, 1\}$ mit der Verknüpfung XOR. Die Anzahl der Elemente einer Gruppe G bezeichnet man als *Ordnung* von G. Die angegebene Gruppe über $\{0, 1\}$ hat also Ordnung 2.

Definition 2.2 (Ring): *Ein* Ring *ist eine Menge R mit zwei inneren Verknüpfungen (Addition und Multiplikation) $+, \cdot : R \times R \to R$ mit folgenden Eigenschaften:*

  (i) R ist eine abelsche Gruppe bzgl. der Addition "$+$".

  (ii) R ist eine Halbgruppe bzgl. der Multiplikation "$\cdot$".

  (iii) Bzgl. der beiden Operationen auf R gelten die Distributivgesetze,
    d.h. für alle $a, b, c \in R$ gilt: $(a + b) \cdot c = ac + bc$ und $c \cdot (a + b) = ca + cb$.

R heißt Ring mit Eins, wenn R bzgl. der Multiplikation ein Monoid ist, also ein neutrales Element (Eins) bzgl. der Multiplikation existiert. Ein Ring R heißt kommutativ, wenn die Multiplikation kommutativ ist.

Hierbei werden die übliche Konventionen vorausgesetzt, dass das Multiplikationszeichen "$\cdot$" weggelassen werden kann, wenn die Darstellung eindeutig bleibt und die Multiplikation stärker bindet als die Addition. Dadurch kann auf eine weitere Klammerung in den Distributivgesetzen verzichtet werden. Weiter bezeichnet man das neutrale Element bzgl. der Addition mit *Null* (0), das neutrale Element bzgl. der Multiplikation mit *Eins* (1). Ein Beispiel für einen kommutativen Ring mit Eins ist die Menge der ganzen Zahlen $\mathbb{Z}$ mit den Operationen Addition und Multiplikation.

Definition 2.3 (Körper): *Sei R ein Ring. Weiter sei*
$$R^* = \{a \in R \mid \text{es existiert } b \in R \text{ mit } ab = ba = 1\}$$

die Menge der multiplikativ invertierbaren Elemente oder Einheiten *von R. R heißt* Schiefkörper, *wenn $R \neq \{0\}$ und $R^* = R\backslash\{0\}$, wenn also R nicht ausschließlich die Null enthält und $R\backslash\{0\}$ eine multiplikative Gruppe ist. Ist zusätzlich die Multiplikation auf R kommutativ, so heißt R ein* Körper.

Man bezeichnet das additive Inverse eines Elements a mit $-a$, das multiplikative Inverse mit a^{-1}. Klassische Beispiele für Körper sind die Mengen $\mathbb{R}$ der reellen Zahlen und $\mathbb{Q}$ der rationalen Zahlen mit den Verknüpfungen Addition und Multiplikation.

Für die Kryptographie sind insbesondere Körper interessant, deren Grundmenge endlich ist. Ein Beispiel eines endlichen Körpers mit Ordnung 2 und damit minimaler Größe ist die Menge $\{0, 1\}$ mit den Verknüpfungen XOR und dem logischen UND "$\wedge$". Einige ausgewählte Eigenschaften endlicher Körper gibt Satz und Definition 2.4.

Satz und Definition 2.4 (Eigenschaften endlicher Körper): *Unter der* Charakteristik *$char(R)$ eines Körpers oder Ring mit Eins R versteht man die kleinste Zahl $n \in \mathbb{N}$ für die gilt:*

$$\sum_{1}^{n} 1 = 0.$$

Falls für R kein solches n existiert setzt man $char(R) = 0$. Alle unendlichen Körper haben Charakteristik 0. Sei nun $\mathbb{F}$ ein endlicher Körper. Dann gilt:

(i) *$char(\mathbb{F}) = p > 0$ mit $p \in \mathbb{N}$ prim.*

(ii) *Die Ordnung $ord(\mathbb{F})$ von $\mathbb{F}$ ist entweder gleich p oder eine Potenz $q = p^n$ von p für ein $n \in \mathbb{N}$.*

(iii) *Zu jedem $n \in \mathbb{N}$ und jedem $p \in \mathbb{N}$ prim existiert ein bis auf Isomorphie eindeutiger Körper $\mathbb{F}_q$ oder $GF(q)$[1] von Ordnung $q = p^n$.*

(iv) *Sei $p \in \mathbb{N}$ prim. Dann ist $\mathbb{F}_p$ isomorph zum Restklassenring $\mathbb{Z}/p\mathbb{Z}$ der Restklassen von $\mathbb{Z}$ mod p. $\mathbb{Z}/p\mathbb{Z}$ ist genau dann ein Körper, wenn p prim.*

Beweise für die getroffenen Aussagen finden sich beispielsweise in [29]. Für die Kryptographie sind vor allem die endlichen Körper $\mathbb{F}_p$ und $\mathbb{F}_{2^n}$ interessant, letztere vor allem, da sie sich leicht auf binär arbeitenden Rechnersystemen repräsentieren und implementieren lassen. Im Folgenden wird $\mathbb{F}_p$ mit p prim immer mit $\mathbb{Z}/p\mathbb{Z}$ gleich gesetzt werden. Körper $\mathbb{F}_q$ mit $q = p^n$ sind nicht isomorph zum entsprechenden Restklassenring gleicher Ordnung. Sie lassen sich aber isomorph auf einen Erweiterungskörper von $\mathbb{F}_p$ abbilden, genauer auf den Zerfällungskörper des Polynoms $X^q - X$ über $\mathbb{F}_p$ [29]. Der Körper $\mathbb{Z}/p\mathbb{Z}$ und die darauf geltende Modulararithmetik ist also auch in diesem Fall interessant.

---

[1]Hierbei stehen $\mathbb{F}$ bzw. *GF* für englisch *field* bzw. *galois field* nach dem französischen Mathematiker Evariste Galois (1811-1832), dem Begründer und Namensgeber der für das Körperverständnis grundlegenden Galois-Theorie zur Auflösung von Polynomen.

2.1.1.2. Modulararithmetik auf $\mathbb{Z}/p\mathbb{Z}$

Der Körper $\mathbb{F}_p = \mathbb{Z}/p\mathbb{Z}$ verwendet als Grundmenge die Menge der Restklassen modulo p, also der Äquivalenzklassen bzgl. der Relation:

$$a \equiv b \iff a = b \mod p \tag{2.1}$$

Jede Äquivalenzklasse enthält alle die Werte, die bei einer Ganzzahlteilung durch p denselben Rest ergeben. Für die Repräsentation kann ein beliebiges Element der Äquivalenzklasse gewählt werden. Man identifiziert die Klasse üblicherweise mit dem Rest selbst als kanonischem Repräsentanten und erhält als Grundmenge damit $\{0, 1, \ldots, p-1\}$. Wenn bei der Durchführung einer arithmetischen Operation ein anderer Repräsentant einer Klasse auftritt, kann er auf den kanonischen Repräsentanten abgebildet werden. Dies entspricht einer Projektion von $\mathbb{Z}$ auf $\{0, 1, \ldots, p-1\}$ und wird als *Reduktion* modulo p bezeichnet. Für die Korrektheit des Ergebnisses ist es nicht entscheidend, an welcher Stelle der Berechnung die Reduktion durchgeführt wird, bzw. mit welchen Repräsentanten während der Berechnung gearbeitet wird. In den meisten Realisierungen wird jedoch nach jedem Teilschritt reduziert. Dies ist erstens oft wesentlich einfacher, da der Ergebnisraum des Teilergebnisses gewöhnlich klein ist und keine aufwändige Division mit Rest, sondern lediglich eine Addition oder Subtraktion zur Reduktion durchgeführt werden muss. Zweitens sind reduzierte Zwischenergebnisse leichter zu speichern, da sie immer kleiner p sind. Bei komplexeren Berechnungen wie Multiplikationen kann es trotzdem vorteilhaft sein, die Reduktion erst am Ende in einem Schritt auszuführen, wenn ein schnelles Reduktionsverfahren verfügbar ist. Modulararithmetik ist somit eine spezielle Form der Ganzzahlarithmetik mit zusätzlicher Reduktion von Ergebnissen und/oder Teilergebnissen.

Für Inversionen in endlichen Körpern sind im Gegensatz zu $\mathbb{R}$ oder $\mathbb{Q}$ keine generell anwendbaren, effizienten, geschlossenen Verfahren bekannt, so dass iterative Verfahren zur Anwendung kommen, etwa basierend auf dem Erweiterten Euklidischen Algorithmus (EEA - vgl. [49]) oder dem Kleinen Satz von Fermat (1640 - vgl. [29]), bzw. der Erweiterung von Euler (1749 - vgl. [235]). Die Durchführung ist speziell in Primkörpern in vielen Realisierungen sehr aufwändig, so dass sie wenn möglich vermieden wird [118, 15].

2.1.2. Reduktionsverfahren bei generalisierten Mersenne-Primzahlen

Die Reduktion einer Zahl modulo p ist eine Operation, die bei fast jeder Berechnung auf $\mathbb{Z}/p\mathbb{Z}$ durchgeführt werden muss. Im Falle von iterativen Berechnungen wie bspw. der Multiplikation nach dem Montgomery-Verfahren [183], wird sogar nach jedem Teilschritt der Berechnung reduziert. Es ist daher naheliegend, zur Zeit- und Ressourcenersparnis diesen Schritt zu optimieren. Hierzu ist es oft vorteilhaft, spezielle Moduli zu verwenden, die eine einfache Reduktion ermöglichen. Ein Beispiel hierfür sind die nach Marin Mersenne (1588-1648) [180] benannten Mersenne-Zahlen (vgl. etwa [163]):

Definition 2.5 (Mersenne-Zahlen): *Eine Mersenne-Zahl m ist eine Zahl der Form $m = 2^k - 1$ für ein $k \in \mathbb{N}$. m heißt Mersenne-Primzahl, wenn m prim ist.*

Sei nun m eine Mersenne-Primzahl und $n < m^2$ die modulo m zu reduzierende Zahl. Dann lässt n sich darstellen als

$$n = 2^k \cdot T + U. \tag{2.2}$$

Dabei ist T die natürliche Zahl, die durch die k höchstwertigen Bits der binären Repräsentation von n dargestellt ist, und U die durch die k niederwertigsten Bits dargestellte. Mit $2^k \equiv 1 \mod m$ lässt sich n darstellen als

$$n \equiv T + U \mod m. \tag{2.3}$$

Die Reduktion modulo m kann also mit einer Addition und einem Shift um k Stellen statt einer Division mit Rest durchgeführt werden, was auf den meisten Systemen wesentlich schneller ist. Da Mersenne-Primzahlen selten sind – zum Beispiel gibt es keine Mersenne-Primzahl m mit $127 < k < 521$ – sucht man Alternativen mit ähnlich effizienten Reduktionsverfahren.

Ein Verfahren für verallgemeinerte Mersenne-Primzahlen wurde 1999 von Jerome Solinas veröffentlicht [250, 249]. Unter einer verallgemeinerten Mersenne-Primzahl versteht man in diesem Fall eine Primzahl m der Form

$$m = 2^{k_1} - 2^{k_2} \pm \ldots \pm 2^{k_n} - 1 \text{ mit } n \in \mathbb{N} \text{ klein und } k_i > k_{i+1} \forall i \in [1..n],$$

die noch einigen weiteren Eigenschaften genügt. Beispiele für solche verallgemeinerten Mersenne-Primzahlen sind die vom amerikanischen National Institute of Standards and Technology (NIST) für kryptographische Anwendungen vorgeschlagenen Zahlen [195]:

$$\begin{aligned} P_{192} &= 2^{192} - 2^{64} - 1 & (2.4) \\ P_{224} &= 2^{224} - 2^{96} + 1 & (2.5) \\ P_{256} &= 2^{256} - 2^{224} + 2^{192} + 2^{96} - 1 & (2.6) \end{aligned}$$

Soll eine Zahl $n < p^2$ modulo einer verallgemeinerten Mersenne-Primzahl p reduziert werden, so wird p dargestellt als Polynom in einer passenden Zweierpotenz kleiner p, also $p = f(2^w)$. Jede Zahl n kann nun ebenso als Polynom über $f(2^w)$ interpretiert werden, indem die jeweils passenden 2^w Bit langen Blöcke der Binärdarstellung von n als Koeffizienten des Polynoms interpretiert werden. Jedes einzelne Glied mit Grad größer dem Grad von f des entstehenden Polynoms kann nun einzeln modulo f reduziert werden. Die daraus entstehende Darstellung ist unabhängig von n allgemein für ein festes p und kann für eine schnelle Reduktion verwendet werden. Das Verfahren ist detailliert dargestellt in [250, 249]. Es findet auch bei den von der NIST vorgeschlagenen Kurven [195] Anwendung, von denen die Kurve P-256 hier als Beispiel dienen soll. Ausgangspunkt ist ein 512 Bit breites zu reduzierendes Zwischenergebnis C, etwa das Ergebnis der Multiplikation zweier Elemente. Dieses kann durch eine Reihe von 256 Bit Additionen auf einen 259 Bit Wert Z reduziert werden mit

$$Z \equiv C \mod p. \tag{2.7}$$

Hierzu wird C aufgeteilt in 16 Worte von je 32 Bit Länge, die konkateniert C ergeben, also:

$$C = (\, C_{15} \,\|\, C_{14} \,\|\, C_{13} \,\|\, \cdots \,\|\, C_1 \,\|\, C_0 \,) \tag{2.8}$$

Daraus werden neun je 256 Bit lange Summanden durch permutierte Konkatenation der C_i gebildet. Sie sind aufgelistet in Tabelle 2.1 entnommen aus [195]. Es gilt dann für den ersten Reduktionswert Z:

$$Z = T + 2S_1 + 2S_2 + S_3 + S_4 - D_1 - D_2 - D_3 - D_4 \tag{2.9}$$

Mit Gleichung 2.7 gilt dann für das Endergebnis $X \in [0; p-1]$:

$$C \equiv Z \equiv X \mod p \text{ und damit } X = Z - np \text{ für ein } n \in \mathbb{Z}. \tag{2.10}$$

Z wird dann in einem letzten Korrekturschritt durch eine Addition von np auf den Zielbereich $[0; p-1]$ gebracht. Da die einzelnen Operanden aus Tabelle 2.1 alle kleiner als 2^{256} sind sieht man mit Gleichung 2.9, dass $n \in \mathbb{N} \cap [-5; 8]$ gilt.

$$
\begin{aligned}
T   &= (\; C_7 \;\|\; C_6 \;\|\; C_5 \;\|\; C_4 \;\|\; C_3 \;\|\; C_2 \;\|\; C_1 \;\|\; C_0 \;) \\
S_1 &= (\; C_{15} \;\|\; C_{14} \;\|\; C_{13} \;\|\; C_{12} \;\|\; C_{11} \;\|\; 0 \;\|\; 0 \;\|\; 0 \;) \\
S_2 &= (\; 0 \;\|\; C_{15} \;\|\; C_{14} \;\|\; C_{13} \;\|\; C_{12} \;\|\; 0 \;\|\; 0 \;\|\; 0 \;) \\
S_3 &= (\; C_{15} \;\|\; C_{14} \;\|\; 0 \;\|\; 0 \;\|\; 0 \;\|\; C_{10} \;\|\; C_9 \;\|\; C_8 \;) \\
S_4 &= (\; C_8 \;\|\; C_{13} \;\|\; C_{15} \;\|\; C_{14} \;\|\; C_{13} \;\|\; C_{11} \;\|\; C_{10} \;\|\; C_9 \;) \\
D_1 &= (\; C_{10} \;\|\; C_8 \;\|\; 0 \;\|\; 0 \;\|\; 0 \;\|\; C_{13} \;\|\; C_{12} \;\|\; C_{11} \;) \\
D_2 &= (\; C_{11} \;\|\; C_9 \;\|\; 0 \;\|\; 0 \;\|\; C_{15} \;\|\; C_{14} \;\|\; C_{13} \;\|\; C_{12} \;) \\
D_3 &= (\; C_{12} \;\|\; 0 \;\|\; C_{10} \;\|\; C_9 \;\|\; C_8 \;\|\; C_{15} \;\|\; C_{14} \;\|\; C_{13} \;) \\
D_4 &= (\; C_{13} \;\|\; 0 \;\|\; C_{11} \;\|\; C_{10} \;\|\; C_9 \;\|\; 0 \;\|\; C_{15} \;\|\; C_{14} \;)
\end{aligned}
$$

Tabelle 2.1.: Zusammensetzung der Summanden für die NIST-Reduktion

2.1.3. Elliptische Kurven und ihre Arithmetik

In den letzten Jahren hat die Verwendung sogenannter elliptischer Kurven als Basis für kryptographische Systeme (*Elliptic Curve Cryptography* ECC) stark an Bedeutung gewonnen. Diese Strukturen bieten gegenüber klassischen Verfahren wie RSA (von Rivest, Shamir und Adleman [216]) den Vorteil, bei gleicher Sicherheitsstufe mit wesentlich geringeren Schlüssellängen auszukommen. Der folgende Abschnitt definiert die benötigten elliptischen Kurven und die darauf definierten Gruppenoperationen. Eine detailliertere Einführung findet sich beispielsweise in [118] oder [182].

Definition 2.6 (Elliptische Kurve): *Eine elliptische Kurve $E = E(K)$ über einem Körper K mit Charakteristik $char(K) \notin \{2,3\}$ ist eine nichtsinguläre Kurve von Geschlecht 1 definiert durch die sogenannte Weierstraß-Gleichung:*

$$E : y^2 = x^3 + ax + b \tag{2.11}$$

Dabei sind $a, b \in K$ fest, $x, y \in K$ variabel und für die Determinante $\Delta = -16\left(4a^3 + 27b^2\right)$ muss gelten $\Delta \neq 0$. Ein Punkt $P = (x,y)$ liegt auf der Kurve E, wenn seine Koordinaten die Gleichung 2.11 erfüllen.

Definition 2.6 gilt insbesondere für die hier betrachteten Primkörper $\mathbb{F}_p$ mit Charakteristik und Ordnung $p >> 3$. Die Punkte auf E bilden zusammen mit dem Punkt im Unendlichen (O oder ∞) eine (additive) abelsche Gruppe mit folgender Verknüpfung:

Definition und Lemma 2.7 (Chord-and-Tangent-Rule:): *Sei E eine elliptische Kurve nach Def. 2.6 und $P = (x_1, y_1), Q = (x_2, y_2) \in E$ Punkte auf E. Dann ist eine Verknüpfung $+ : E \times E \to E, (P, Q) \mapsto P + Q =: R = (x_3, y_3)$ auf E gegeben durch:*

(i) Falls $P \neq \pm Q$ und $P \neq -P = (x_1, -y_1)$, so gilt für $R = P + Q = (x_3, y_3)$:

$$x_3 = \left(\frac{y_2 - y_1}{x_2 - x_1}\right)^2 - x_1 - x_2, \qquad y_3 = \left(\frac{y_2 - y_1}{x_2 - x_1}\right)(x_1 - x_3) - y_1 \tag{2.12}$$

(ii) Falls $P = Q$ und $P \neq -P$, so gilt für $R = 2P = (x_3, y_3)$:

$$x_3 = \left(\frac{3x_1^2 + a}{2y_1}\right)^2 - 2x_1, \qquad y_3 = \left(\frac{3x_1^2 + a}{2y_1}\right)(x_1 - x_3) - y_1 \tag{2.13}$$

(iii) Falls $P = -Q$ gilt $R = P - P = O$.

Die Menge $E \cup \{O\}$ bildet mit der gegebenen Verknüpfung $+$ eine abelsche Gruppe mit dem neutralen Element O. Das inverse Element zu $P = (x,y)$ ist $-P = (x, -y)$.

Für Kurven über den reellen Zahlen kann die Gruppenoperation geometrisch interpretiert werden. Diese Interpretation ist dargestellt in Abbildung 2.1 für die Addition zweier verschiedener Punkte und in Abbildung 2.2 für die Punktverdopplung. Man erhält die Summe $R = P + Q$ mit folgendem Vorgehen: Man bildet eine Gerade durch P und Q, falls $P = Q$ eine Tangente an die Kurve E. (PQ) schneidet E in einem dritten Punkt R'. Man erhält R aus R' durch Spiegelung an der x-Achse ($R = -R'$). Für die Kryptographie interessant sind jedoch vor allem die Kurven über endlichen Körpern $\mathbb{F}_p$, die im Gegensatz zu den gezeigten Kurven eine diskrete Struktur haben. Im Folgenden werden ausschließlich solche Kurven betrachtet.

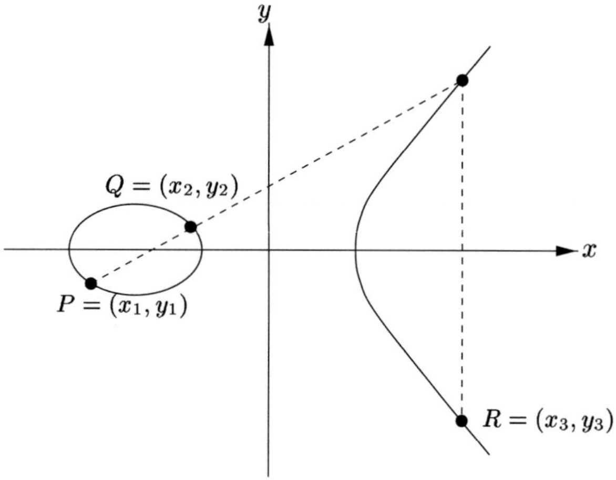

Abbildung 2.1.: Punktaddition auf einer elliptischen Kurve in $\mathbb{R}^2$ [152]

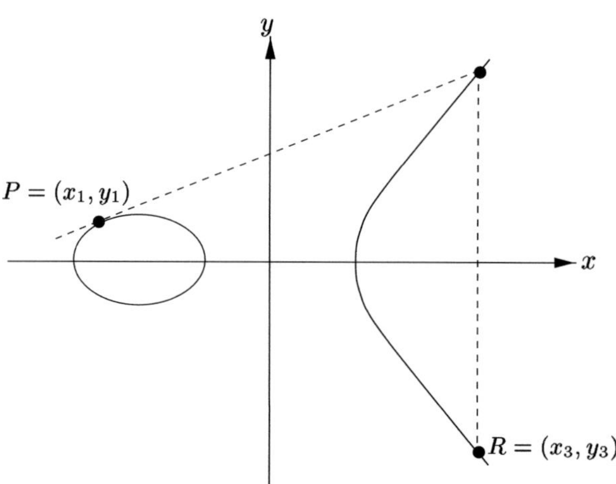

Abbildung 2.2.: Punktverdopplung auf einer elliptischen Kurve in $\mathbb{R}^2$ [152]

2.1.4. Darstellung in projektiven Koordinaten

Die bisherige Betrachtung elliptischer Kurven erfolgte in einem zweidimensionalen Vektorraum über einem Körper K und einer Darstellung in affinen Kordinaten. Für die Implementierung von kryptographischen Verfahren werden oft andere Repräsentationen gewählt, die für den jeweiligen Anwendungsfall vorteilhaftere Arithmetik ermöglichen. Daher werden hier speziell projektive Koordinaten eingeführt. Die projektive Ebene $\mathbb{P}^2$ ist eine Menge von Äquivalenzklassen, die sich bijektiv auf den 2-dimensionalen affinen Raum abbilden lässt, aber mit drei Koordinaten arbeitet.

Definition und Lemma 2.8 (Projektive Koordinaten und projektive Ebene): *Sei K ein Körper und $c, d \in \mathbb{N}$. Es sei $\sim$ eine Relation auf der Menge $K^3 \setminus (0,0,0)$ der Triple über K ungleich Null definiert durch*

$$(X_1, Y_1, Z_1) \sim (X_2, Y_2, Z_2) \iff X_1 = \lambda^c X_2, \; Y_1 = \lambda^d Y_2, \; Z_1 = \lambda Z_2 \qquad (2.14)$$

für ein $\lambda \in K^*$. Dann ist $\sim$ eine Äquivalenzrelation und die Äquivalenzklasse des Elements $(X, Y, Z) \in K^3 \setminus (0,0,0)$ ist

$$(X : Y : Z) = \{(\lambda^c X, \lambda^d Y, \lambda Z) : \lambda \in K^*\}. \qquad (2.15)$$

$(X : Y : Z)$ *heißt* Projektiver Punkt *oder* Punkt auf der projektiven Ebene *und* (X, Y, Z) *heißt* Repräsentant *bzw.* Repräsentation *von* $(X : Y : Z)$. $\mathbb{P}^2(K)$ *bezeichnet die* projektive Ebene, *d.h. Menge aller projektiven Punkte über dem Körper K.*

Man kann zeigen, dass die eingeführte Relation $\sim$ eine Äquivalenzrelation ist [22]. Daraus ergeben sich Korrespondenzen und Umrechnungsmöglichkeiten zwischen affinen und projektiven Koordinatendarstellungen als einfache Folgerungen. Wenn $\sim$ eine Äquivalenzrelation ist, gilt insbesondere

$$(X', Y', Z') \in (X : Y : Z) \iff (X, Y, Z) \in (X' : Y' : Z').$$

Das bedeutet, jedes Element einer Äquivalenzklasse kann als Repräsentant verwendet werden. Damit existiert falls $Z \neq 0$ genau ein Repräsentant $(X/Z^c, Y/Z^d, 1)$ mit Z-Koordinate gleich Eins. Dies ergibt eine Eins-zu-Eins Korrespondenz zwischen der Menge der projektiven Punkte

$$\mathbb{P}(K)^* = \{(X : Y : Z) : X, Y, Z \in K, Z \neq 0\}$$

und der Menge aller affinen Punkte

$$\mathbb{A}(K) = \{(x, y) : x, y \in K\}.$$

Die Menge der projektiven Punkte mit Z-Koordinate gleich Null

$$\mathbb{P}(K)^0 = \{(X : Y : Z) : X, Y, Z \in K, Z = 0\}$$

korrespondiert zu keinen affinen Punkten und heißt *Gerade im Unendlichen*, im affinen dargestellt durch ∞, auf elliptischen Kurven mit dem Symbol O. Die projektive

Ebene kann also durch Wahl der Parameter c und d in einer Vielzahl verschiedener Repräsentationen dargestellt werden. Für kryptographische Implementierungen weit verbreitet ist die Verwendung von Jacobi-Koordinaten [150, 40, 118] oder sogar das Arbeiten mit gemischten Koordinaten, d.h. mit unterschiedlich repräsentierten Punkten innerhalb eines Algorithmus.

Definition 2.9 (Jacobi-Koordinaten): *Setzt man in Definition 2.8* $c = 1$ *und* $d = 1$, *so erhält man* projektive Standardkoordinaten. *Für* Jacobi-Koordinaten *definiert man* $c = 2$ *und* $d = 3$.

2.2. Kryptographische Verfahren

Die Kryptographie bedient sich zur Umsetzung ihrer Ziele vieler kryptographischer Verfahren, sogenannter Primitive, die in vielerlei Kombination zu Vorgehensweisen und Protokollen kombiniert werden. Diese Verfahren sind Bausteine und Hilfsmittel, können aber selbstverständlich nur in korrekter Kombination und Anwendung zur Erreichung der Ziele beitragen. Auf jeder Ebene eines Systems, eines Protokolls oder einer Implementierung muss dabei von Neuem die Anwendbarkeit und Sicherheit der Verfahren und der Kombination untersucht werden. Dazu ist es nötig, stets präzise die Anforderungen an eine bestimmte Primitive oder ein Protokoll zu definieren und zu überprüfen, basierend auf welchen Annahmen die Anforderungen erfüllt werden können. Im Folgenden werden kurz einige Klassen von Primitiven vorgestellt, die im Rahmen der vorliegenden Arbeit von Bedeutung sind.

2.2.1. Zufallszahlenerzeugung

Die meisten kryptographischen Verfahren und Protokolle verwenden Zufallszahlen als integralen Bestandteil. Ein wesentlicher Grund dafür ist, Replay-Angriffen zu begegnen, die versuchen, mit mitgehörten und gespeicherten Nachrichten einen authentischen, berechtigten Protokollteilnehmer vorzutäuschen. Außerdem ist es gerade bei Verschlüsselungsverfahren wichtig, dass aus dem gleichen Klartext bei mehreren Chiffrierungsläufen nicht das gleiche Chiffrat entsteht, damit auch durch statistische Analyse von Kommunikation keine Information preisgegeben wird. Üblicherweise werden hier auch Zufallszahlen verwendet, um die Chiffrate zu "verrauschen" (randomisieren [33]).

Wichtig für die Erzeugung von Zufallszahlen ist, dass sie möglichst zufällig sind. Das klingt sehr primitiv, ist aber ein eigenes, aktuelles Forschungsgebiet, sowohl was die Definition von Zufälligkeit angeht als auch die Erreichung möglichst guten Zufalls mit technischen Mitteln. Üblich ist momentan das Überprüfen der Güte eines Verfahrens über öffentliche Test-Suites, bspw. des amerikanischen National Institute of Standards and Technology (NIST) [198] oder der *Diehard Battery of Tests of Randomness* [175] von Marsaglia.

Bildlich gesprochen versucht man, mit Zufallszahlen möglichst gut weißes Rauschen nachzubilden und damit so weit es geht jede Vorhersagbarkeit zu verhindern. Überprüft wird dazu bspw. die Autokorrelation des erzeugten Zufallsstroms. Zufallszahlengeneratoren und die Verwendung von Zufallszahlen sind in zahlreichen Standards geregelt, etwa des NIST ([197, 93]).

Für technische Systeme kann man zwei wesentliche Kategorien unterscheiden, die beide umgangssprachlich als Zufallszahlen bezeichnet werden, aber qualitativ wesentliche Unterschiede haben. Dies ist auf der einen Seite Pseudozufall und auf der anderen Seite echter, physikalischer Zufall.

2.2.1.1. Echter Zufall

Echter Zufall basiert auf tatsächlich nicht vorhersagbaren physikalischen Prozessen und stellt damit in obigem Sinne ein Optimum dar. Technisch verwendet man eine sogenannte *Entropiequelle* als Quelle für unvorhersagbare Daten. Diese enthält eine physikalische Rauschquelle, etwa thermisches Rauschen (vgl. Intel RNG [154]) oder freischwingende Oszillatoren ([88, 268]). Da diese Daten nicht notwendigerweise gleichverteilt sind, folgt darauf ein Digitalisierungsprozess, eine Bewertung und optional eine Konditionierung. Oft dient die Ausgabe der Entropiequelle als echt zufälliger Eingang (Seed) für einen deterministischen Pseudozufallszahlengenerator.

In digitalen Schaltungen wird oft Phasenjitter (vgl. etwa [254, 57]) oder Metastabilität [278] als Entropiequelle verwendet. Auf FPGAs können diese Quellen ebenfalls genutzt werden, wobei die Qualität technologieabhängig ist. Eine Beispielimplementierung findet sich etwa in [236].

Ein Zufallszahlengenerator, der vollständig auf echtem, physikalischen Zufall beruht wird echter (TRNG[2]) oder nichtdeterministischer Zufallszahlengenerator (NRNG[3]) genannt.

2.2.1.2. Pseudozufall

Ein deterministischer (DRNG) oder Pseudozufallszahlengenerator (PRNG) generiert basierend auf einem deterministischen Algorithmus und einer initialen Eingabe (dem sog. "Seed") eine Folge von Zahlen, die den statistischen Vorgaben für Zufallszahlen genügt, aber eigentlich nicht zufällig, sondern bei gleichbleibendem Seed streng deterministisch ist. PRNGs werden in der Technik oft verwendet, da sie sehr viel einfacher und billiger zu fertigen und zu integrieren sind als TRNGs. Oft verwenden PRNGs Kombinationen von linear rückgekoppelten Schieberegistern (LFSR[4]) mit großer Periode [255].

---

[2]TRNG - True Random Number Generator
[3]NRNG - Non-deterministic Random Number Generator
[4]LFSR - Linear Feedback Shift Register

In Kombination mit einer echten physikalischen Entropiequelle zur Erzeugung des Seed werden PRNGs häufig als Nachbehandlung eingesetzt, um basierend auf der Quelle Zufallszahlen mit guten statistischen Eigenschaften zu generieren [26].

2.2.2. Kryptographisches Hashen

Kryptographische Hashfunktionen sind Basisprimitive, die in vielen kryptographischen Protokollen, etwa digitalen Signaturen, eingesetzt werden. Eine Hashfunktion erstellt aus einer beliebig großen Datenmenge deterministisch einen Hashwert (kurz *Hash*) fester Länge, der als Fingerabdruck (oder "Digest") der Gesamtdaten verwendet werden kann. Üblicherweise ist der Digest deutlich kürzer als die Ursprungsdaten. Da der Begriff der Hashfunktion für die Sicherheit digitaler Signaturen wesentlich ist, erfolgt im Folgenden eine formale Definition (vgl. auch [66, 33, 104]).

Definition 2.10 (Hashfunktion): *Seien Σ_1, Σ_2 endliche Alphabete. Eine Hashfunktion H der Länge k ist eine effizient und schnell realisierbare Funktion $H : \Sigma_1^* \to \Sigma_2^k$, die aus einer Eingabe beliebiger aber endlicher Länge über Σ_1 eine Ausgabe der festen Länge k über Σ_2 erzeugt.*

Im Umfeld der Informatik und Technik ist üblicherweise $\Sigma_1 = \Sigma_2 = \{0,1\}$. Hashfunktionen nach dieser Definition erhält man bspw., indem man die letzten k Bit einer Datei als Hashwert verwendet. Eine solche Funktion kann etwa bei Sortierung und Datenzugriff über Hashtabellen sinnvoll verwendet werden. Für die Anwendung im kryptographischen Umfeld sind einige Zusatzeigenschaften gefordert. Dazu wird zunächst der Begriff der Vernachlässigbarkeit benötigt.

Definition 2.11 (Vernachlässigbarkeit): *Eine Funktion $f : \mathbb{N} \to \mathbb{R}_+$ heißt* vernachlässigbar (negligible), *falls für jedes positive Polynom $p(\cdot)$ ein n_0 existiert, so dass für alle $n > n_0$ gilt:*

$$f(n) < \frac{1}{p(n)}$$

Vergleiche hierzu auch [50]. Man sagt weiter, ein Ereignis trete mit *überwältigender Wahrscheinlichkeit* ein, falls es nur mit vernachlässigbarer Wahrscheinlichkeit nicht eintritt.

Für das mathematische Verständnis, ob ein Problem *schwer* oder *einfach* ist, betrachtet man die Komplexität der Aufgabe anhand der Laufzeit (relativ zur Eingabelänge) des besten bekannten Algorithmus zur Lösung der Aufgabe. Man betrachtet ein Problem als *einfach*, wenn es einen Algorithmus gibt, der die Lösung in *probabilistic polynomial time (ppt)* liefert. Das bedeutet, dass ein möglicherweise randomisierter Algorithmus, also das Äquivalent einer nichtdeterministischen Turing-Maschine [126], in einem polynomial zur Eingabelänge beschränkten Zeitintervall eine Lösung liefert, die nur mit vernachlässigbarer Wahrscheinlichkeit falsch ist.

Dementsprechend soll eine Berechnung *effizient* heißen, wenn sie von einer probabilistischen polynomial zeitbeschränkten Turing-Maschine (vgl. [111, Seite 14ff]) durchgeführt werden kann [66]. Im Gegensatz dazu wird hier unter einem *schweren* Problem ein solches verstanden, zu dessen Lösung jeder bekannte probabilistische Algorithmus eine superpolynomiale Laufzeit benötigt.

Eine Funktion $f : X \to Y$ heißt *Einwegfunktion*, wenn es kein effizientes, praktisch durchführbares Verfahren gibt, um aus einem gegebenen Bild $y \in f(X)$ ein entsprechendes Urbild $x \in X$ mit $f(x) = y$ zu finden. Man sagt in diesem Fall, das Finden eines Urbilds sei nicht machbar (*infeasible*). Definition 2.12 fasst dieses Verständnis formal.

Definition 2.12 (Einwegfunktion): *Sei U_n eine über $\{0,1\}^n$ gleichverteilte Zufallsvariable. Eine Funktion* $f : \{0,1\}^* \to \{0,1\}^*$ *heißt* Einwegfunktion, *wenn folgende zwei Bedingungen erfüllt sind:*

1. In polynomialer Laufzeit zu berechnen: *Es existiert ein (deterministischer) Algorithmus A mit polynomialer Laufzeit, der zur Eingabe x die Ausgabe $A(x) = f(x)$ berechnet.*

2. Schwer zu invertieren: *Für jeden ppt-Algorithmus A', jedes positive Polynom $p(\cdot)$ und alle ausreichen großen[5] n gilt:*

$$W[A'(f(U_n), 1^n) \in f^{-1}(f(U_n))] < \frac{1}{p(n)}$$

Dabei bezeichnet $W[X]$ die Wahrscheinlichkeit von Ereignis X und die Hilfseingabe 1^n die Länge der erwarteten Ausgabe in unärer Notation. Letztere ist nötig damit eine Funktion, die die Eingabe nur exponentiell verkleinert, nicht automatisch als Einwegfunktion gilt, weil kein Algorithmus ein Urbild in der geforderten Zeit ausgeben kann, selbst wenn er es berechnen kann.

Definition 2.13 (Kollisionsresistenz): *Eine Einwegfunktion $f : X \to Y$ heißt kollisionsresistent, wenn auch mit Kenntnis eines Urbildes $x \in f^{-1}(y) \subset X$ die Berechnung eines zweiten Elements $x' \in X$ mit $x \neq x'$ aber $y = f(x) = f(x')$ schwer (infeasible) ist. Dabei bezeichne $f^{-1}(y)$ die Urbildmenge von y bzgl. f.*

Die Funktion f heißt stark kollisionsresistent, *wenn es generell infeasible ist, ein Paar $\{x, x'\}, x \neq x', f(x) = f(x')$ von Eingabewerten zu finden, die den gleichen Hashwert ergeben.*

Eine Einwegfunktion ist nicht notwendigerweise injektiv, im Fall einer Hashfunktion sogar konstruktionsbedingt nicht injektiv [33], so dass *Kollisionen*, das heißt mehrere Urbilder mit demselben Hashwert, unvermeidlich sind. Daher wird hier der Begriff der Kollisionsresistenz gewählt.

---

[5]D.h. es existiert ein $n_0 \in \mathbb{N}$, so dass für alle $n > n_0$ gilt...

Definition 2.14 (Kryptographische Hashfunktion): *Seien* Σ_1, Σ_2 *endliche Alphabete.*
Eine Funktion $H : \Sigma_1^* \to \Sigma_2^k$ *heißt* Kryptographische Hashfunktion *falls gilt:*

1. Hash: *H ist eine Hashfunktion.*

2. Einweg: *H ist eine kollisionsresistente Einwegfunktion.*

3. Chaos: *Eine minimale Änderung der Eingabe (Eingaben x, x' mit Hammingabstand 1) resultiert in einer großen Änderung der Ausgabe, d.h. optimalerweise einer Änderung in durchschnittlich der Hälfte der Ausgabebits.*

H heißt starke *kryptographische Hashfunktion, wenn H stark kollisionsresistent ist.*

Eine gute Hashfunktion liefert neben den oben geforderten Eigenschaften noch möglichst gleichverteilt Ausgabewerte im gesamten Zielbereich (Surjektivität). Beispiele für aktuelle kryptographische Hashfunktionen sind der "Secure Hash Algorithm" (SHA) [91], aktuell in der Version SHA-2, der "Message Digest Algorithm 5" (MD5) [217], der "RACE Integrity Primitives Evaluation Message Digest" (RIPEMD) [30, 59] und der WHIRLPOOL Algorithmus [147]. Aufgrund neuentdeckter Schwächen in bekannten Algorithmen werden ständig neue Hashfunktionen entwickelt und standardisiert. Eine umfangreichere Einführung in Hashfunktionen und ihren Aufbau findet sich bspw. in [66].

Als Idealbild einer kryptographischen Hashfunktion wird das sogenannte "Random Oracle" oft als Modellierung einer allgemeinen Hashfunktion für kryptographische Beweise verwendet. Hier fungiert als Hashfunktion ein globales Orakel O, das auf eine beliebige Eingabe aus Σ_1^* ein völlig zufälliges Element gleichverteilt aus Σ_2^k liefert. O speichert dann die einmal gelieferten Ergebnisse und liefert bei erneuter gleichlautender Eingabe wieder den gleichen Output. O erfüllt alle Forderungen an kryptographische Hashfunktionen optimal [20].

2.2.3. Chiffrierung

Chiffrierung allgemein bezeichnet den Vorgang, einen klar lesbaren Ausgangstext (Klartext oder engl. Plaintext) in einen Geheimtext (Ciphertext) zu verwandeln (zu verschlüsseln), dessen Inhalt bzw. Semantik ohne zusätzliche Kenntnis eines Geheimnisses möglichst schwer zu entschlüsseln (dechiffrieren) ist. Üblicherweise ist zum Chiffrieren und zum Dechiffrieren die Kenntnis eines Geheimnisses notwendig. Dies kann die Kenntnis des zu verwendenden Verfahrens, ein gesondertes Geheimnis – ein sogenannter Schlüssel – oder eine Kombination aus beidem sein. Mit Kenntnis des Geheimnisses ist eine Chiffrierung im Wesentlichen eine Umcodierung. Man definiert ein Kryptographisches System als ein allgemeines System zum Ver- und Entschlüsseln (angelehnt an [66]).

Definition 2.15 (Kryptographisches System): *Seien Σ_1, Σ_2 endliche Alphabete.*
Ein Kryptographisches System (Kryptosystem*) KS ist gegeben durch ein 7-Tupel*

$$KS = (\mathcal{M}, \mathcal{C}, \mathcal{K}_E, \mathcal{K}_D, f, E, D) \text{ mit}$$

1. $\mathcal{M}$ *einer nichtleeren Menge von Klartexten (Nachrichten) $\emptyset \neq \mathcal{M} \subseteq \Sigma_1^*$ beliebiger Länge über dem Alphabet Σ_1,*

2. $\mathcal{C}$ *einer nichtleeren Menge von Geheimtexten (Chiffraten) $\mathcal{C} \subseteq \Sigma_2^*$,*

3. $\mathcal{K}_E$ *einer nichtleeren Menge von Verschlüsselungsschlüsseln,*

4. $\mathcal{K}_D$ *einer nichtleeren Menge von Entschlüsselungsschlüsseln,*

5. f *einer bijektiven Funktion $f : \mathcal{K}_D \to \mathcal{K}_E$, die jeden Entschlüsselungsungsschlüssel $K_D \in \mathcal{K}_D$ auf den dazugehörigen Verschlüsselungsschlüssel $f(K_D) = K_E \in \mathcal{K}_E$ abbildet,*

6. E *einer injektiven Verschlüsselungsfunktion $E : \mathcal{M} \times \mathcal{K}_E \to \mathcal{C}$, und*

7. D *einer surjektiven Entschlüsselungsfunktion $D : \mathcal{C} \times \mathcal{K}_D \to \mathcal{M}$ mit der Eigenschaft, dass für $K_E \in \mathcal{K}_E, f(K_E) = K_D \in \mathcal{K}_D$ gilt: $D(E(M, K_E), K_D) = M \, \forall \, M \in \mathcal{M}$.*

Im Umfeld der Chiffrierung setzt sich zunehmend auch in Anwenderkreisen die Anerkennung eines Prinzip durch, dass auf Auguste Kerckhoff zurückgeht [160], einen niederländischen Kryptographen, der es schon 1883 zusammen mit einigen anderen Prinzipien für Verschlüsselungssysteme formulierte.

Definition 2.16 (Kerkhoff'sches Prinzip): *Die Sicherheit eines Kryptographischen Systems KS sollte nicht auf der Geheimhaltung der Verfahren D, E, sondern ausschließlich auf der Geheimhaltung der verwendeten Schlüssel K_E, K_D beruhen.*

Die Einhaltung des Kerckhoff'schen Prinzips ermöglicht die allgemeine Untersuchung des verwendeten Verfahrens durch die wissenschaftliche Gemeinschaft (Peer Review) und erhöht die Wahrscheinlichkeit deutlich, dass Schwächen des Verfahrens, die zum Bruch der Verschlüsselung verwendet werden können, rechtzeitig gefunden werden. Auch können solche Verfahren offensichtlich wesentlich leichter standardisiert werden. Alle hier beschriebenen und verwendeten Verfahren folgen diesem Prinzip.

Chiffrierungsalgorithmen werden eingeteilt in symmetrische und asymmetrische Verfahren, je nachdem, ob für Chiffrierung und Dechiffrierung der gleiche Schlüssel oder zwei verschiedene Schlüssel verwendet werden.

2.2.3.1. Symmetrische Chiffrierung

Von symmetrischer Chiffrierung spricht man, wenn zur Ver- und Entschlüsselung der gleiche Schlüssel $K_E = K = K_D$ verwendet wird. Ein einfaches Beispiel hierfür ist das sogenannte One-Time-Pad (OTP), das 1918 von Gilbert Vernam und Joseph Oswald Mauborgne entwickelt wurde [280]. Hierbei wird der Klartext mit einem zufällig erstellten Schlüsselstrom gleicher Länge XOR-verknüpft, der nur ein einziges Mal verwendet wird. Zur Entschlüsselung wird das Verfahren einfach mit dem gleichen Schlüssel wiederholt. Dieses Verfahren ist das einzige bekannte Verschlüsselungsverfahren, das vollständige Sicherheit garantiert (gezeigt von Shannon [245]).

Symmetrische Chiffren teilen sich in zwei Hauptklassen auf: Stromchiffren und Blockchiffren. Bei Stromchiffren wird der Klartext lokal (bitweise) mit einem Schlüsselstrom verknüpft, etwa der Ausgabe eines PRNG. Zur Entschlüsselung wird der gleiche Schlüsselstrom benötigt. Der geheime Schlüssel wäre in diesem Beispiel der Seed des PRNG.

Bei einer Blockchiffre wird der Klartext blockweise mit Hilfe des Schlüssels in Ciphertextblöcke überführt. Die entsprechende Verschlüsselungsfunktion setzt sich oft aus Primitiven wie Substitutionsblöcken, Permutationsblöcken und Verknüpfungen mit Teilschlüsseln per XOR zusammen. Üblich ist auch eine iterative Berechnung der Verschlüsselung in mehreren Runden. Beispiele hierfür sind klassische Feistel-Chiffren[6] wie *Lucifer* [89], DES (Data Encryption Standard [90]) und AES (Advanced Encryption Standard [92]).

Ein wesentlicher Vorteil von symmetrischen Chiffren ist, dass sie sich schnell und effizient implementieren lassen. Wenn größere Datenmengen verschlüsselt werden sollen, werden daher für gewöhnlich symmetrische Kryptosysteme eingesetzt.

2.2.3.2. Asymmetrische Chiffrierung

Asymmetrische Chiffrierungsverfahren verwenden zwei unterschiedliche Schlüssel, einen *öffentlichen Schlüssel* (public key) K_E für die Verschlüsselung und einen *geheimen Schlüssel* (private/secret key) K_D für die Entschlüsselung. Die jeweils über f paarweise aufeinander abgebildeten Schlüssel bilden Schlüsselpaare $(K_E^i, K_D^i) \in \mathcal{K}_E \times \mathcal{K}_D$ mit $f(K_D^i) = K_E^i$.

Für eine sichere Kommunikation wird von jedem Teilnehmer jeweils ein Schlüsselpaar erzeugt. Die für die Verschlüsselung notwendigen Schüssel werden anschließend veröffentlicht, also etwa auf einem zentralen Server zur Verfügung gestellt. Wegen dieser öffentlichen Schlüssel spricht man auch von *Public Key* Verfahren und Kryptographie (PKC[7]). Wenn nun eine Teilnehmerin Alice einem Teilnehmer Bob eine Nachricht m schicken will, verschlüsselt sie sie mit Bob's öffentlichem Schlüssel und schickt $C = E(m, K_E^{Bob})$ an Bob. Ausschließlich Bob ist nun mit seinem geheimen Schlüssel E_D^{Bob} in der Lage, aus C den ursprünglichen Nachrichtentext zu dechiffrieren.

---

[6]Diese Chiffren folgen einer auf Horst Feistel zurückgehenden Struktur, bei der in mehreren Runden jeweils eine Hälfte des Blocks mit einer Rundenfunktion und dann mit der anderen Hälfte verknüpft wird. Danach werden die Hälften für die nächste Runde vertauscht (vgl.[66, 33, 9]).

[7]PKC - Public Key Cryptography

Dieses Verfahren zur sicheren Kommunikation hat den Vorteil, dass vor der Kommunikation kein Austausch eines Geheimnissen zwischen zwei Kommunikationspartnern stattfinden muss. Außerdem genügen zur paarweisen sicheren Kommunikation von n Partnern n Schlüsselpaare, während bei einem symmetrischen System dazu $\frac{n(n-1)}{2}$ Schlüssel nötig wären.

Wesentlich für die Sicherheit eines Public Key Kryptosystems ist somit, dass die Umkehrung f^{-1} der Funktion f sehr schwer zu berechnen ist, da sonst ein Angreifer die geheimen Schlüssel aus den öffentlich zugänglichen Schlüsseln bestimmen könnte.

Als Basis für die Konstruktion von asymmetrischen Chiffren dienen oft Funktionen, die mit Kenntnis eines Geheimnisses (secret key) leicht zu berechnen sind, deren Umkehrung ohne Kenntnis des Geheimnisses aber sehr schwer ist. Ein Beispiele hierfür ist das Diskrete-Logarithmus-Problem (DLP), also die Berechnung des Logarithmus auf einer endlichen Gruppe. Mit einem Erzeuger g einer endlichen Gruppe G und einem geheimen Exponenten $x \in \mathbb{N}$, $x < |G|$ wird dazu g^x berechnet. Das DLP ist nun die Aufgabe, aus Kenntnis von g^x und g wieder x zu berechnen. Auf dem DLP beruht beispielsweise das ElGamal-Verfahren [74]. Ein anderes Problem ist die Faktorisierung großer Zahlen, worauf etwa das RSA-Verfahren [216] beruht.

2.2.4. Digitale Signaturen

Ziel einer digitalen Signatur ist der Beweis, dass eine Nachricht m tatsächlich von dem bestimmten Urheber oder Sender stammt, der sie signiert hat. Dazu soll sie die folgenden Eigenschaften garantieren [66].

Identifikation: Die Signatur ist einer unterzeichnenden Person fest zuzuordnen.

Echtheit: Die Signatur belegt, dass das signierte Dokument dem Unterzeichner vorlag und von ihm anerkannt wurde. Dies beinhaltet auch die *Nichtabstreitbarkeit* der Signatur, die besagt, dass ein Signierer das Leisten einer Signatur nachträglich nicht leugnen kann.

Integrität: Die Signatur belegt, dass die Nachricht inhaltlich richtig, vollständig und unverändert ist.

Signaturverfahren basierend auf symmetrischer Verschlüsselung sind möglich, basieren aber meist auf einem vertrauenswürdigen Dritten (*Trusted Third Party* – TTP), der mit jedem Teilnehmer einen gemeinsamen Schlüssel hält [66]. Signaturen werden dann über diese TTP abgewickelt, die die Identität des Senders und die Echtheit und Integrität des Dokumentes beglaubigt.

Deutlich verbreiteter ist die Verwendung asymmetrischer Signaturverfahren. Diese verwenden wie die asymmetrischen Verschlüsselungsverfahren zwei verschiedene Arten von Schlüsseln. Einen Signierschlüssel (*signing key*) K_S, mit dem eine Nachricht m signiert wird und der nur dem Eigentümer bekannt ist und einen Verifikationsschlüssel (*verification key*) K_V, mit dem eine Signatur überprüft werden kann und der öffentlich bekannt ist. Dafür werden einige Annahmen vorausgesetzt.

1. Der Signierschlüssel ist tatsächlich ausschließlich dem Eigentümer bekannt.

2. Der Verifikationsschlüssel lässt sich einem Eigentümer (und seinem Signier-schlüssel) vertrauenswürdig und zweifelsfrei zuordnen.

3. Die Berechnung des Signierschlüssels aus dem Verifikationsschlüssel ist un-möglich oder zumindest sehr schwer (infeasible).

Viele asymmetrische Chiffren wie die oben erwähnten ElGamal und RSA eignen sich dafür, mit nur geringen Anpassungen als Signaturverfahren verwendet zu werden. Vereinfacht gesprochen wird für eine Signatur die Nachricht m mit dem geheimen Schlüssel verschlüsselt, falls das Verfahren das erlaubt. Als Beweis für die Urheber-schaft dient dann, dass der zum Urheber gehörende öffentliche Schlüssel zur Ent-schlüsselung verwendet werden kann und die korrekte Nachricht liefert. Ein Signa-tursystem kann analog zum Kryptographischen System (vgl. Def. 2.15) definiert wer-den.

Definition 2.17 (Signatursystem): *Seien* Σ_1, Σ_2 *endliche Alphabete. Ein* Signatursys-tem *SigS ist gegeben durch ein 7-Tupel*

$$SigS = (\mathcal{M}, \mathcal{S}, \mathcal{K}_S, \mathcal{K}_V, f, S, V) \; mit$$

1. $\mathcal{M}$ *einer nichtleeren Menge von Nachrichten* $\varnothing \neq \mathcal{M} \subseteq \Sigma_1^*$ *beliebiger Länge über dem Alphabet* Σ_1,

2. $\mathcal{S}$ *einer nichtleeren Menge von Signaturen* $\mathcal{S} \subseteq \Sigma_2^*$,

3. $\mathcal{K}_S$ *einer nichtleeren Menge von Signierschlüsseln,*

4. $\mathcal{K}_D$ *einer nichtleeren Menge von Verifikationsschlüsseln,*

5. f *einer bijektiven Funktion* $f : \mathcal{K}_S \to \mathcal{K}_V$, *die jeden Signaturschlüssel* $K_S \in \mathcal{K}_S$ *auf den dazugehörigen Verifikationsschlüssel* $f(K_S) = K_V \in \mathcal{K}_V$ *abbildet,*

6. S *einer kollisionsresistenten Signaturfunktion* $S : \mathcal{M} \times \mathcal{K}_S \to \mathcal{S}$, *und*

7. V *einer Verifikationsfunktion* $V : \mathcal{M} \times \mathcal{S} \times \mathcal{K}_V \to \{0,1\}$ *mit der Eigenschaft, dass für* $K_S \in \mathcal{K}_S, f(K_S) = K_V \in \mathcal{K}_V$ *gilt:* $V(M, S(M, K_S), K_V) = 1 \, \forall \, M \in \mathcal{M}$ *und die Wahrscheinlichkeit vernachlässigbar ist, dass* $V(M', S(M, K_S), K_V) = 1$ *falls* $M' \neq M$ *oder* $f(K_S) \neq K_V$.

Der typische Ablauf eines asymmetrischen Signaturverfahrens ist wie folgt:

1. Jeder Teilnehmer generiert ein Schlüsselpaar (K_S, K_V) und hinterlegt den Ve-rifikationsschlüssel öffentlich zugänglich, so dass er ihm eindeutig zugeordnet werden kann.

2. Will Teilnehmerin Alice nun eine Nachricht m signieren, erstellt sie mit einer allgemein bekanten Hashfunktion H einen Digest $H(m)$ der Nachricht. Diesen Digest signiert sie mit ihrem geheimen Signierschlüssel K_S^{Alice} und erstellt die Signatur $Sig_m^{Alice} = S(H(m), K_S^{Alice})$. Diese sendet sie zusammen mit der origi-nalen Nachricht unverschlüsselt an den Empfänger Bob.

3. Um die Signatur im erhaltenen Paket m, Sig_m^{Alice} zu verifizieren, verwendet Bob dieselbe Hashfunktion H und den öffentlich zugänglichen, Alice zugeordneten Verifikationsschlüssel K_V^{Alice}. Er berechnet $H(m)$ und überprüft ob

$$V(H(m), Sig_m^{Alice}, K_V^{Alice}) = 1.$$

Beispiele für aktuell verwendete digitale Signaturverfahren sind der *Digital Signature Algorithm* (DSA) und der *Elliptic Curve Digital Signature Algorithm* (ECDSA), die beide ebenfalls von der NIST standardisiert sind [94].

2.2.4.1. Das RSA-Verfahren

Das RSA-Verfahren wurde 1977 von Rivest, Shamir und Adleman vorgeschlagen [216] und nach seinen Erfindern benannt und beruht auf dem Faktorisierungsproblem (Integer Factorization Problem - IFP). Es ist kann gleichermaßen zur asymmetrischen Verschlüsselung wie zur digitalen Signatur verwendet werden.

Die Schlüsselgenerierung zeigt Algorithmus 2.1. Der öffentliche Schlüssel besteht aus dem Modulus n und einem Exponenten e. $n = pq$ ist das Produkt zweier zufällig gewählter Primzahlen gleicher Bitlänge. e ist eine natürliche Zahl kleiner dem Wert der Euler'schen Phi-Funktion[8] $\varphi(n) = (p-1)(q-1)$ für n und teilerfremd zu $\varphi(n)$. Der geheime Schlüssel $d \in \mathbb{N}$ ist dann eine Zahl kleiner $\varphi(n)$ mit $ed \equiv 1 \mod \varphi(n)$. Die Berechnung von d aus (n, e) ist rechnerisch gleichwertig der Faktorisierung von n in pq [118].

Algorithmus 2.1 Generierung eines RSA-Schlüsselpaares

Input: Domänenparameter ℓ

Output: Öffentlicher Schlüssel (n, e), geheimer Schlüssel d

1: Wähle zufällig zwei Primzahlen p und q mit etwa derselben Bitlänge $\ell/2$.
2: Berechne $n = pq$ und $\varphi_n = \varphi(n) = (p-1)(q-1)$
3: Wähle zufällig eine natürliche Zahl e mit $1 < e < \phi$ und $\mathrm{ggT}(e, \varphi_n) = 1$.
4: Berechne die natürliche Zahl d mit $1 < d < \varphi_n$ und $ed \equiv 1 \mod \varphi_n$.
5: **return** (n, e, d)

Die RSA-Verfahren zur Verschlüsselung und digitalen Signatur nutzen die Eigenschaft, dass dann gilt:

$$m^{ed} \equiv m \mod n \ \forall\, m \in \mathbb{Z}. \tag{2.16}$$

---

[8]Die Euler'sche Phi-Funktion gibt für eine natürliche Zahl n die Anzahl $\varphi(n)$ der natürlichen Zahlen an, die kleiner n und zu n teilerfremd sind.

Für die digitale Signatur einer Nachricht m erzeugt man mit Hilfe einer kryptographischen Hashfunktion H einen Hashwert $h = H(m)$ der Nachricht und signiert diesen mit Hilfe des geheimen Schlüssels d zur Signatur $s = h^d \mod n$ (Algorithmus 2.2). Die Verifikation mit dem öffentlichen Exponenten e überprüft für eine Nachricht m' und eine Signatur s', ob $H(m') = (s')^e \mod n$ (Algorithmus 2.3).

Algorithmus 2.2 Erstellung einer RSA-Signatur

Input: Öffentlicher Schlüssel (n, e), geheimer Schlüssel d, Nachricht m und Hashfunktion H
Output: Signatur s

  1: Berechne $h = H(m)$.
  2: Berechne $s = h^d \mod n$.
  3: **return** s.

Algorithmus 2.3 Signaturverifikation mit RSA

Input: Öffentlicher Schlüssel (n, e), Nachricht m, Signatur s, Hashfunktion H.
Output: Annahme (accept) oder Ablehnung (reject) der Signatur.

  1: Berechne $h = H(m)$
  2: Berechne $h' = s^e \mod n$.
  3: **if** $h = h'$ **then**
  4:     **return** "accept"
  5: **else**
  6:     **return** "reject"
  7: **end if**

2.2.4.2. Das ECDSA-Verfahren

Ein aktuell viel verwendeter Vertreter digitaler Signaturen ist der "Elliptic Curve Digital Signature Algorithm" (ECDSA). Er ist unter anderem im IEEE WAVE Standard [134] für die Kommunikation zwischen Fahrzeugen festgelegt und wird auch von COMeSafety [44] für die C2X-Kommunikation vorgeschlagen.

Das ECDSA-Verfahren ist ein elektronischen Signaturverfahren über elliptischen Kurven bestehend aus den benötigten Algorithmen zur Generierung der Domänenparameter, Schlüssel und Signaturen und einem Algorithmus zur Verifikation von Signaturen. Grundlage des Verfahrens ist eine elliptische Kurve $E = E(K)$ über einem endlichen Körper K (vgl. Definition 2.6). Die für die Verwendung für C2X vorgeschlagenen Körper sind Primkörper $GF(p)$ mit Moduli und damit auch Charakteristiken $p >> 3$. Die vorgestellte Signatureinheit implementiert ECDSA über den Körpern $GF(P_{224})$ und $GF(P_{256})$, kongruent zu dem Restklassenkörper der ganzen Zahlen $\mathbb{Z}$ modulo p (kurz: $\mathbb{Z}/p\mathbb{Z}$) mit $p = P_{224} = 2^{224} - 2^{96} + 1$ oder $p = P_{256} = 2^{256} - 2^{224} + 2^{192} + 2^{92} - 1$.

Für die Durchführung des ECDSA-Verfahrens wird ein Satz von Parametern benötigt. Diese Parameter sind öffentlich bekannt und werden von allen Teilnehmern geteilt und benötigt. Jedes Schlüsselpaar aus geheimem und öffentlichem Schlüssel ist mit einem Satz von Domänenparametern assoziiert.

Definition 2.18 (Domänenparameter:): *Die gemeinsamen ECDSA-Domänenparameter $D = (q, a, b, G, n, h)$ setzen sich zusammen aus:*

Körperordnung q bzw. p: *q definiert den zugrundeliegenden endlichen Körper. Die hier betrachteten Körper sind alle von Primzahlordnung. In diesem Fall wird die Parameterbezeichnung p verwendet.*

Koeffizienten a, b: *Die Koeffizienten $a, b \in GF(p)$ definieren die Kurve E in der Weierstraß-Gleichung 2.11. Im Fall der NIST-Parameter wird $a = -3$ mod p fest gewählt.*

Basispunkt G: *$G = (x_G, y_G) \in E(GF(p))$ mit $x_G, y_G \in GF(p)$ ist ein Punkt möglichst hoher Ordnung auf der Kurve E in affiner Darstellung.*

Ordnung n: *Die Ordnung n des Punktes G.*

Kofaktor h: *Der Kofaktor $h = ord(E(GF(p)))/n$ gibt die Relation der Ordnung von G und der Gesamtanzahl der Punkte $ord(E)$ auf der Kurve an. Bei den NIST-Parametern ist $h = 1$, die Kurve ist also zyklisch.*

Die Domänenparameter sind von der NIST [195] für verschiedene Moduli standardisiert. Die entsprechenden Kurvenparameter für P-256 und P-224 finden sich im Anhang B.3. Basierend auf diesen Domänenwerten können dann Schlüsselpaare erstellt werden.

Definition 2.19 (ECDSA-Schlüsselpaar:): *Ein Schlüsselpaar (Q, d) zu den Domänenparametern $D = (q, a, b, G, n, h)$ besteht aus einem öffentlichen Schlüssel Q (Public Key PK) und einem geheimen Schlüssel d (Secret Key SK). Q ist ein zufällig gewählter Punkt aus der von G erzeugten zyklischen Gruppe $\langle G \rangle \subset E(GF(p))$. Der entsprechende geheime Schlüssel ist $d = \log_G Q$. Dabei bezeichnet $\log_G$ den diskreten Logarithmus in der von G erzeugten Gruppe $\langle G \rangle$.*

In der Realisierung erfolgt die Erzeugung eines Schlüsselpaares üblicherweise umgekehrt als durch die Definition suggeriert durch Wahl eines geheimen Schlüssels d und Berechnung des öffentlichen Schlüssels gemäß Algorithmus 2.4, vgl. [118].

Algorithmus 2.4 Generierung eines ECDSA-Schlüsselpaares

Input: Domänenparameter $D = (q, a, b, G, n, h)$
Output: Öffentlicher Schlüssel Q, geheimer Schlüssel d

1: Wähle zufälliges $d \in [1, n-1], d \in \mathbb{N}$
2: Berechne $Q = dG$
3: **return** (Q, d)

Mit Hilfe der festgelegten Domänenparameter und des generierten Schlüsselpaares ist es nun möglich, Signaturen für beliebige Nachrichten m mit dem geheimen Schlüssel d zu erstellen und mit dem öffentlichen Schlüssel Q zu verifizieren. Hierbei wird aus m mit Hilfe einer Hashfunktion H ein Hashwert fester Länge erzeugt, der anschließend als ganze Zahl interpretiert wird. Im Folgenden sei H eine kryptographische Hashfunktion, beliebig aber fest, deren Ausgabe eine Bitlänge nicht größer als n hat.

Algorithmus 2.5 Erstellung einer ECDSA-Signatur

Input: Domänenparameter $D = (q, a, b, G, n, h)$, geheimer Schlüssel d, Nachricht m
Output: Signatur (r, s)

1: Wähle zufälliges $k \in [1, n-1], k \in \mathbb{N}$
2: Berechne $kG = (x_1, y_1)$
3: Berechne $r = x_1 \mod n$. Falls $r = 0$ gehe zu Schritt 1
4: Berechne $e = H(m)$
5: Berechne $s = k^{-1}(e + dr) \mod n$. Falls $s = 0$ gehe zu Schritt 1.
6: **return** (r, s).

Die Algorithmen zur Erstellung (Algorithmus 2.5) und Überprüfung (Algorithmus 2.6) von Signaturen sind Bestandteil der Standards ANSI X9.62, FIPS 186-3 [94], IEEE 1363-2000 [130] und ISO/IEC 15946-2, sowie weiterer Standards und Standardisierungsentwürfe. Die Überprüfung der Signatur ergibt sich dabei wie folgt. Sei (r, s) eine korrekte Signatur für eine Nachricht m. Dann gilt $s = k^{-1}(e + dr) \mod n$. Durch Umordnung ergibt sich

$$k \equiv s^{-1}(e + dr) \equiv s^{-1}e + s^{-1}dr \equiv ew + rwd \equiv u_1 + u_2 d \mod n.$$

Mit $X = u_1 G + u_2 Q = (u_1 + u_2 d)G = kG$ gilt $v = r$ wie gefordert.

Die Sicherheit des Verfahrens beruht auf der Schwierigkeit der Berechnung des diskreten Logarithmus auf endlichen Gruppen, dem *Discrete Logarithm Problem – DLP*,

---

Algorithmus 2.6 Signaturverifikation mit ECDSA

Input: Domänenparameter $D = (q, a, b, G, n, h)$, öffentlicher Schlüssel Q, Nachricht m, Signatur (r, s).

Output: Annahme (accept) oder Ablehnung (reject) der Signatur.

```
 1: if ¬(r, s ∈ [1, n − 1] ∩ ℕ) then
 2:    return "reject"
 3: end if
 4: Berechne e = H(m)
 5: Berechne w = s⁻¹ mod n.
 6: Berechne u₁ = ew mod n und u₂ = rw mod n.
 7: Berechne X = (xₓ, yₓ) = u₁G + u₂Q.
 8: if X = ∞ then
 9:    return "reject"
10: end if
11: Berechne v = xₓ mod n.
12: if v = r then
13:    return "accept"
14: else
15:    return "reject"
16: end if
```

---

hier speziell auf einer elliptischen Kurve, daher *Elliptic Curve DLP* – ECDLP. Die Annahme besagt, dass die Umkehrung der skalaren Multiplikation $Q = kP$ nicht effizient berechnet werden kann, sich also aus Q und P nicht k in vertretbarem Aufwand errechnen läßt. Der auf unendlichen Körpern wie $\mathbb{R}$ verwendete Algorithmus der Intervallschachtelung ist auf endlichen Gruppen und Körpern (Charakteristik $\neq 0$) nicht anwendbar, da diese durch ihre zyklische Struktur oder Unterstruktur nicht geordnet sind. Im Folgenden wird davon ausgegangen, dass das ECDLP nur mit vernachlässigbarer Wahrscheinlichkeit von einem polynomial in Rechenleistung und Speicherplatz beschränken Angreifer gelöst werden kann.

2.2.5. Public Key Infrastruktur

Public Key Systeme basieren idealerweise auf einer öffentlichen Infrastruktur, da die Chiffrierung einer Nachricht an einen Empfänger B bzw. im Signaturfall die Verifikation einer Signatur von B davon abhängt, dass der öffentliche Schlüssel von B dem Chiffrierer bzw. Verifizierer bekannt ist. Grundlegend muss sichergestellt sein, dass die Zuordnung der öffentlichen Schlüssel zur entsprechenden Identität korrekt ist. Damit diese Zuordnung nicht von jedem Teilnehmer für jeden Kommunikationspartner einzeln überprüft werden muss, kann die Überprüfung an einen vertrauenswürdigen Dritten (Trusted Third Party - TTP) delegiert werden. Diese TTP wird oft als Zertifizierungsstelle oder *Certification Authority* (CA) bezeichnet. Um ein Schlüsselpaar einem Teilnehmer zuzuordnet, belegt der Teilnehmer der CA gegenüber seine Identität und die CA zertifiziert die Zuordnung der Identität zu dem entsprechenden öffentlichen Schlüssel durch ein Zertifikat. Dieses besteht aus der Identität und dem Schlüssel und wird von der CA digital signiert. Der öffentliche Schlüssel der CA wird als allgemein bekannt vorausgesetzt. Bei komplexeren Zertifizierungsbeziehungen können die Zertifizierungsstellen auch hierarchisch organisiert sein, so dass CAs der unteren Ebenen wiederum von solchen höherer Ebenen zertifiziert werden.

Um allgemein auch für Kommunikationsbeziehungen einsetzbar zu sein, in denen sich die Kommunikationspartner initial unbekannt sind, muss der Zugriff auf die Zertifikate sichergestellt sein. Bei einer digitalen Signatur kann das entsprechende Zertifikat mit der Nachricht gemeinsam versandt werden, doch bei einer Chiffrierung ist der benötigte Schlüssel schon bei der Erstellung der Nachricht nötig. Als Grundannahme, die die Anwendbarkeit sicherstellt, wird der Begriff des perfekten Public Key Systems eingeführt.

Definition 2.20 (Perfektes Public Key System): *In einem* perfekten Public Key System *gelten die folgenden Annahmen:*

1. *Die verwendeten Hashfunktionen sind starke kryptographische Hashfunktionen nach Definition 2.14.*

2. *Die verwendete öffentliche Schlüsseldatenbank und die Zertifizierungsstellen sind sicher, zuverlässig und können nicht manipuliert werden.*

3. *Jeder Protokollteilnehmer hat Zugang zu den öffentlichen Schlüsselteilen (Verifikationsschlüsseln) der verwendeten Zertifizierungsstellen.*

4. *Die geheimen Schlüsselteile sind jeweils nur dem rechtmäßigen Eigentümer bekannt.*

Über die Bestätigung der Identität eines Teilnehmers können die Aufgaben einer CA dahingehend erweitert werden, dass weitere Eigenschaften eines Teilnehmers überprüft und zertifiziert werden. In diesem Fall muss sichergestellt werden, dass die Verwendung des Zertifikats mit der Persistenz der Eigenschaften verknüpft ist. Beispiele hierfür sind etwa die verschiedenen an eine Trusted Platform vergebenen Zertifikate, die unterschiedliche Eigenschaften der Plattform bestätigen (vgl. Abschnitt 2.3.4).

2.2.6. Sicherheitslevel und Schlüssellängen

Aufgrund der unterschiedlichen Verschlüsselungsverfahren und der unterschiedlichen mathematischen Probleme, die ihnen zugrunde liegen, ist es schwer, eine Vergleichbarkeit des Sicherheitslevels zwischen den verschiedenen Verfahren der symmetrischen und asymmetrischen Kryptographie herzustellen. Allerdings gibt es Abschätzungen über den Sicherheitslevel, basierend auf der Annahme, dass die aktuell bekannten Verfahren zur Lösung der zugrundeliegenden Probleme tatsächlich die effizientesten sind, die existieren [118]. Die besten bekannten Algorithmen sind das Zahlkörpersieb (Number Field Sieve NFS, vgl. [172]) für das Problem, große ganze Zahlen zu faktorisieren (RSA), für das DLP (ElGamal) die Pollard'sche Rho-Methode [209] oder ebenfalls der NFS und für das ECDLP die Pollard'sche Rho-Methode [118]. Unter dieser Annahme finden sich in der Literatur Vergleiche der Sicherheitsstufen (etwa in [118, 195, 178]). Diese Abschätzungen stehen damit immer unter dem Vorbehalt, dass keine effizienteren Verfahren gefunden werden oder ein entsprechend leistungsfähiger Quantencomputer gebaut werden kann (vgl. dazu [246, 193]). Tabelle 2.2 zeigt eine Zusammenfassung der Abschätzungen.

Sicherheitslevel [Bit]	Beispielchiffre symmetrisch	ECC		RSA Modulus n
		$|p|$ bei $\mathbb{F}_p$	m bei $\mathbb{F}_{2^m}$	
80	SKIPJACK	192	163	1024
112	Triple-DES	224	233	2048
128	AES Small	256	283	3072
192	AES Medium	384	409	8192
256	AES Large	521	571	15360

Tabelle 2.2.: Sicherheitslevel und Schlüssellängen verschiedener Verfahren

Ein Sicherheitslevel von n Bit bedeutet dabei, dass der beste bekannte Algorithmus zum Brechen des Systems eine Laufzeit von ungefähr 2^n Schritten benötigt. Im Fall der angegebenen symmetrischen Beispielchiffren entspricht das einer vollständigen Suche im gesamten Schlüsselraum [118]. Die Größe der Körper für ECC entspricht den Empfehlungen des NIST [195]. Für die digitale Signatur auf elliptischen Kurven empfiehlt das NIST aktuell Schlüssellängen von 256 Bit [199]. In [196] sind Lebenszeiten für Schlüssellängen aus Sicht des NIST angegeben. So kann ein Sicherheitslevel von 80 Bit bis zum Jahr 2010 als sicher gelten, bis 2030 werden mindestens 112 Bits empfohlen und nach 2030 sind mindestens 128 Bit Sicherheitslevel nötig, damit das Verfahren als sicher gelten kann.

2.3. Trusted Computing

Vor dem Hintergrund zunehmender Bedrohung von Computersystemen durch Computerschädlinge (etwa Viren und Würmer) und Angreifer unterschiedlicher Motivation entstand Ende der 1990er Jahre das Konzept des Trusted Computing. Speziell mit dem Internet verbundene Personal Computer (PCs) sehen sich Angriffen gegenüber, die bspw. im Fall von Rootkits auch an Stellen des Softwaresystems angreifen, die von klassischer Antiviren- und Sicherheitssoftware nur schwer oder gar nicht erreicht werden. Hier soll Trusted Computing durch einen ganzheitlichen Vertrauensansatz und eine Hardwareverankerung einen Lösungsansatz für aktuelle und zukünftige Probleme der Computersicherheit bieten.

Die Konzeption und Standardisierung erfolgte durch ein Industriekonsortium, die 1999 von Intel, Microsoft, IBM, Hewlett-Packard und Compaq eigens dafür gegründete *Trusted Computing Platform Alliance* (TCPA). Die TCPA ging 2003 in die *Trusted Computing Group* (TCG) [273] über, um die Entscheidungsstrukturen zu vereinfachen und auch der etwas in Misskredit gekommenen TCPA einen neuen Namen zu geben. In den Konsortien entstand ein offener Industriestandard, der von der TCG weiterentwickelt wird.

2.3.1. Trusted Platform

Viele schützenswerte elektronische Vorgänge beruhen auf der Kommunikation mehrerer Partner, zwischen denen eine fast beliebige Entfernung liegen kann. Beispiele gehen von der Übertragung urheberrechtlich geschützten Materials über Bank- und Amtsgeschäfte vom PC aus bis zur Steuerung von Anlagen und Maschinen über Netzwerke verbundener Rechner. Im eingebetteten Bereich der Fahrzeugelektronik besteht die Bordelektronik aus vielen verschiedenen miteinander kommunizierenden ECUs, die gemeinsame, verteilte Funktionalitäten realisieren.

Um Kommunikation und Datenaustausch abzusichern, wird je nach Schutzziel der Übertragungskanal gegen Abhören verschlüsselt, gegen Störungen mit redundanter Übertragung abgesichert oder gegen Manipulation die Nachricht authentifiziert oder signiert. Das Wissen um einen abgesicherten Übertragungskanal und ein sicheres Protokoll erbringt aber nicht die Sicherheit, dass die Gegenstelle oder das eigene System nicht durch Schadprogramme korrumpiert sind.

Um zumindest das eigene System abzusichern, verfügt heute fast jeder PC über ein Virenschutzprogramm und eine Firewall. Diese Mechanismen basieren auf der Annahme, dass das Grundsystem, z.B. die zugrundeliegende Hardware und das Betriebssystem, vertrauenswürdig ist. Falls dies nicht zutrifft, können solche Sicherheitsmaßnahmen von gezielt agierenden Angreifern mit Rootkits, virtuellen Maschinen oder Hardwareangriffen ausgehebelt werden. Außerdem bleibt das Problem, dass Aussagen über die Vertrauenswürdigkeit und Integrität des Kommunikationspartners kaum möglich sind.

Das Konzept des Trusted Computing setzt an diesem Problem der Verankerung des Vertrauens an. Das Ziel ist die Schaffung einer Rechnerplattform, die ihre Konfiguration und ihre Eigenschaften beweisbar berichten kann. Aufgrund dieser Information kann dann ein beliebig entfernter Kommunikationspartner aber auch ein lokaler Benutzer etwa eines öffentlichen Terminals entscheiden, ob er dem System vertrauen will oder nicht. Basis dafür ist die Vertrauensdefinition der Trusted Computing Group [265]:

Definition 2.21 (Vertrauen (TCG)): *Vertrauen ist die Erwartung, dass ein Gerät sich für einen bestimmten Zweck in einer klar definierten Weise verhalten wird.*[9]

Die Grundidee zur Sicherstellung dieses Vertrauens ist die Verankerung einer Vertrauenskette in Hardware. Ausgehend von sogenannten Vertrauensankern (*Roots of Trust* – RoT) wird eine Kette von einzelnen Vertrauensprüfungen erstellt, entlang derer in induktiver Form ein durchgehendes, transitives Vertrauen aufgebaut wird. Bei ununterbrochener Kette ist dann sichergestellt, dass dem aktuell erreichten Systemzustand Vertrauen geschenkt werden kann. Dieses Vertrauen bezieht sich zunächst auf die Fähigkeit der Plattform, den eigenen Systemzustand korrekt zu berichten, das heißt zu attestieren. Somit kann eine Trusted Platform definiert werden [265].

Definition 2.22 (Trusted Computing Platform (TCG)): *Eine Trusted Computing Plattform ist eine Rechenplattform, der vertraut werden kann, dass sie ihre Eigenschaften korrekt berichtet.* [10]

Der Aufbau und die Eigenschaften eine Trusted Platform sind in [257, 258, 256, 263] spezifiziert. Hier werden auch drei notwendige Grundmerkmale einer Trusted Platform beschrieben:

Integritätsmessung Die Integritätsmessung (integrity measurement) ist die Fähigkeit, die Konfiguration des Systems zu messen und gesichert abzuspeichern. Sie muss sicherstellen, dass dem Sicherheitssystem jederzeit die aktuelle Konfiguration der Plattform bekannt ist und dass die Messung und Speicherung manipulationssicher ist bzw. eine Manipulation zumindest erkannt werden kann.

Beglaubigung Die Beglaubigung (attestation) dient dem gesicherten Nachweis der Glaubwürdigkeit von Informationsgehalt und -quelle, insbesondere auch der Echtheit der Integritätsmessung. Sie ermöglicht es einer Trusted Platform, sich gegenüber einem beliebigen Verifizierer als Trusted Platform auszuweisen und die Ergebnisse der Konfigurationsmessung gesichert zu übermitteln. Daraus kann der Verifizierer wesentliche Eigenschaften der Plattform ableiten. Dies kann auch erfolgen, ohne die Plattform selbst zu identifizieren.

Geschützte Fähigkeiten (protected capabilities) sind spezielle Kommandos, die nur autorisiert ausgeführt werden dürfen und Zugriff auf besonders geschützte Speicherbereiche ermöglichen. Die Autorisation erfolgt durch Eigentümerpasswörter und z.T. zusätzlich durch den Beweis der physikalischen Anwesenheit (physical presence) des Autorisationsgebers an der Plattform.

---

[9]"Trust is the expectation that a device will behave in a particular manner for a specific purpose"

[10]"A Trusted Computing Platform is a computing platform that can be trusted to report its properties"

2.3.2. Vertrauensanker und transitives Vertrauen

Basis für das Vertrauen in eine Trusted Platform sind sogenannte Vertrauensanker. Dies sind Komponenten, die in Hardware verankert eine bestimmte Funktionalität garantieren. Das Vorhandensein, die Integration in das Gesamtsystem, die Korrektheit und Sicherheit dieser Vertrauensanker oder -basen wird durch entsprechende Zertifikate bestätigt (siehe 2.3.4). Die TCG beschreibt drei Vertrauensbasen – für die Integritätsmessung (*Root of Trust for Measurement* RTM), für die Beglaubigung (*Root of Trust for Reporting* RTR) und für die Speicherung der Daten (*Root of Trust for Storage* RTS).

Während RTR und RTS sich mit der integren Verwaltung, Speicherung und Kommunikation von Daten befassen, trägt die Integritätsmessung die Verantwortung für die korrekte und kontinuierliche Erhebung der Konfigurationsdaten. Dies erfolgt in einem iterativen Verfahren, in dem während des Bootprozesses und im laufenden Betrieb eine Kette von Vertrauensbeziehungen aufgebaut wird, die die Weitergabe des im RTM verankerten Vertrauens erlaubt (transitives Vertrauen).

Die Integritätsmessung zeichnet im System die für die Integrität charakteristischen Informationen auf, reduziert sie mittels einer kryptographischen Hashfunktion H zu einem Hash und speichert diesen Extrakt sicher in speziellen Speichern, den sogenannten Konfigurationsregistern (Platform Configuration Register - PCR). Die Idee hinter der Integritätsmessung ist, dass es Plattformen erlaubt werden kann, jegliche Zustände, seien es unsichere oder ungewollte, einzunehmen, sie aber keine Möglichkeit haben, falsche Auskünfte darüber zu geben, in welchen Zuständen sie sich befinden oder befanden.

Dazu muss sichergestellt sein, dass auch Schadsoftware nicht verhindern kann, dass ihre Anwesenheit und Ausführung Teil der Messung des Plattformzustands ist. Daher wird jede wesentliche Softwarekomponente vor ihrer Ausführung gemessen und als Hash sicher gespeichert. Die Speicherung erfolgt in einem externen Hardwarebaustein, der nur über eine klar definierte Schnittstelle zugänglich ist und der sicherstellt, dass der gespeicherte Messwert später nicht mehr gelöscht oder verändert werden kann. Somit ist es für die entsprechend gemessene Komponente nicht mehr möglich, den sie selbst beschreibenden Wert zu verstecken, wenn sie nach der Messung zur Ausführung kommt. Der damit in der Integritätsspeicherung festgehaltenen Komponente wird dann die Verantwortung übertragen, die nachfolgenden Komponenten vor Ausführung zu messen und den Messwert zur sicheren Speicherung an den Hardwarebaustein zu übergeben.

Da zur Designzeit der Plattform nicht bekannt ist, welche und wie viel Software und welche Betriebssysteme auf dem System ausgeführt werden sollen, ist es nicht möglich, für jede mögliche Anzahl von ausführbaren Komponenten genügend einzelne Speicherplätze vorzusehen. Speziell da die Speicherung abgesichert in einem eigenen Baustein erfolgen soll, ist die Anzahl der Plätze ein Kostenfaktor. Lösungsansatz ist die Verkettung mehrerer nacheinander erhobener Messwerte mittels einer Erweiterung des Hashwerts, so dass wieder ein einzelner Messwert entsteht, der jedoch von allen beteiligten Messwerten gleichermaßen abhängt. Das dazu verwendete Verfahren der Hash-Erweiterung (*Hash-Appending*) zeigt Gleichung 2.17. Dabei bezeichne H_a die Hash-Erweiterungsfunktion basierend auf H, die Operanden A und B beliebige gemeinsam zu hashende Eingaben, und der binäre Operator '$||$' bezeichne eine einfache Konkatenation.

$$H_a(A, B) = H(A \| B) \tag{2.17}$$

Im Anwendungsfall wird durch die Hash-Erweiterung ein schon bestehender Hashwert $A = H(\text{Event}_1)$ mit einer weiteren Eingabe $B = H(\text{Event}_2)$ erweitert werden, ohne dass die ursprüngliche Eingabe Event_1 noch bekannt sein muss. Damit können eine theoretisch unbeschränkte Anzahl verschiedener Hashwerte gemeinsam in einem Speicherplatz abgelegt werden. Basierend auf der Annahme der Kollisionsresistenz der angewandten Hashfunktion ist es praktisch unmöglich (infeasible), eine andere Eingabe B' für $H_a(A, \cdot)$ zu finden, die einen Ausgabewert $H_a(A, B') = H_a(A', B)$ ergibt, der den vorangegangenen Zustand A verschleiert. Dies wäre aber notwendig, damit eine Komponente etwa die eigenen Eigenschaften oder die eigene Existenz auf dem System nachträglich verbergen könnte.

Parallel zur Speicherung der Hashwerte wird eine Beschreibung der Abfolge und Inhalte der Messungen im sogenannten EventLog gespeichert. Er enthält zu jeder Komponente K eine eindeutige Identifikation ID_K der Komponente und Version und den erhobenen Hashwert $H(K)$. Durch iterative Erweiterung des Zustandswertes mittels Anwendung von H_a kann so der aktuelle Zustand von einem Verifizierer nachvollzogen werden. Der EventLog beschreibt also den aktuellen Zustand, wird aber ungesichert gespeichert, da der gesicherte Speicherplatz beschränkt ist. Der sicher gespeicherte Hashwert des Zustands dient als Überprüfung, ob der EventLog manipuliert wurde. Der Ablauf einer solchen Integritätsmessung beim Booten eines PC-Systems ist im Abbildung 2.3 schematisch dargestellt.

Am Anfang der Bootphase wird die im RTM befindliche Anwendung ausgeführt. Sie sammelt die Hardwarekonfiguration der Plattform und schickt diese an den externen Hardwarebaustein, wo die Information gehasht und gespeichert wird. Nach der Hardwarekonfiguration wird der BIOS-Hash in einem PCR gespeichert. In diesem frühen Stadium der Bootphase ist es in den meisten Systemen noch nicht möglich, den Systemspeicher anzusprechen und aus diesem Grund werden die ersten Hash-Operationen auf dem Hardwarebaustein selbst ausgeführt. Später wird üblicherweise aus Performance-Gründen auf die CPU zurückgegriffen.

Nachdem das BIOS gemessen wurde, wird es gestartet. Es initialisiert das System, hasht und speichert die nachfolgende Ausführungsschicht, in diesem Fall den Bootloader. Ist dies geschehen, wird der Bootloader gestartet. Dieser wiederum misst den Kernel und speichert den Extrakt im nächsten PCR. Letztendlich wird der Betriebssystemkernel gestartet.

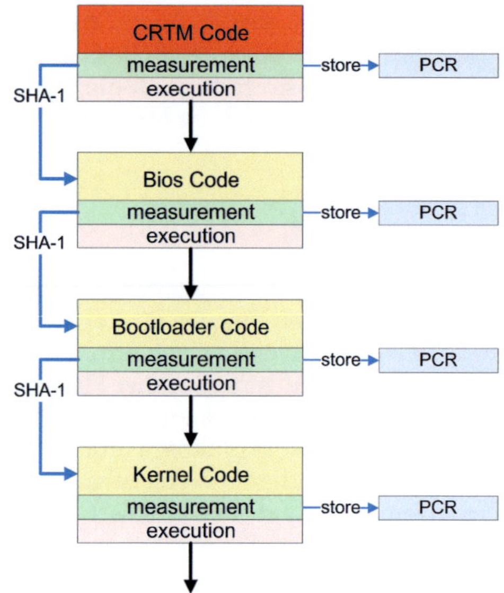

Abbildung 2.3.: Chain of Trust der Integritätsmessung

Lemma 2.23 (Vertrauenskette:): *Die Vertrauenskette (CoT) in Verbindung mit einer korrekten Beglaubigung ermöglicht einem Verifizierer V verlässliche Aussagen über die attestierende Plattform TP.*

1. *Im Fall einer vertrauenswürdigen Konfiguration ist die Vertrauenskette vollständig und intakt. Das kann von V nachvollzogen und überprüft werden. V kann damit sicher sein, dass TP die angegebene Konfiguration besitzt.*

2. *Im Fall einer nicht vertrauenswürdigen Konfiguration ist dies für V erkennbar. Entweder enthält die CoT eine nicht vertrauenswürdige Komponente oder der EventLog stimmt nicht mit den übermittelten Hashwerten überein. In diesem Fall ist keine Aussage über die Vertrauenswürdigkeit von TP möglich.*

Die Weitergabe des Vertrauens innerhalb der CoT erfolgt grundsätzlich nach einem Prinzip ähnlich der vollständigen Induktion. Angelehnt an die Induktion erfolgt die Argumentation in den entsprechenden drei Schritten.

Grundannahme für den Vertrauensanker ist, dass die RTM sicher in Hardware verankert ist und sicherstellt, dass beim Systemstart als erstes eine Komponente in Software oder Hardware zur Ausführung kommt, die eine Integrationsmessung der ersten Funktionskomponente (im PC-Fall der Bootloader) vornimmt. Diese Messung und die Speicherung des Ergebnisses mit Hilfe der RTS erfolgt vor Ausführung der Funktionskomponente.

Sei das System nun in einem beliebigen Zustand n mit bis dorthin intakter, ununterbrochener Vertrauenskette. Bevor eine neue Hardware- oder Softwarekomponente zur Ausführung gebracht wird, überprüft das laufende System die Integrität der betroffenen Komponente. Dies erfolgt durch Hashen des Codes oder zumindest der wesentlichen Teile. Der Hashwert wird sicher gespeichert bevor die gemessene Komponente ausgeführt wird. Einmal gespeicherte Hashwerte können wie oben eingeführt nachträglich nicht mehr geändert werden. Im nach dem Start der neuen Komponente dann erreichten Zustand $n + 1$ ist die Vertrauenskette weiterhin ununterbrochen.

Die ununterbrochene Durchführung dieser Kette stellt sicher, dass jede Komponente vor der Ausführung gemessen wird und somit den eigenen Messwert nicht beeinflussen kann. Der gespeicherte Hashwert stellt einen Fingerabdruck dar, zu dem bei Wahl einer geeigneten starken kryptographischen Hashfunktion nur mit vernachlässigbar kleiner Wahrscheinlichkeit eine Kollision gefunden werden kann. Also kann davon ausgegangen werden, dass anhand des Fingerabdrucks die gemessene Komponente eindeutig identifiziert werden kann. Wenn eine Komponente geladen wird, die die Vertrauenskette nicht korrekt fortführt, kann das der Verifizierer anhand des Hashwerts erkennen und über die Vertrauenswürdigkeit entscheiden.

Um dem Verifizierer das Nachvollziehen der geladenen Komponenten zu ermöglichen, wird parallel zur Speicherung der Hashwerte der EventLog geschrieben. Anhand dieses Logs kann der Verifizierer das Hashing nachvollziehen. Wenn die sich ergebenden Hashwerte übereinstimmen kann mit sehr hoher Wahrscheinlichkeit die Korrektheit des Logs und die Integrität der Plattform angenommen werden. Wenn nicht, ist jedoch keine Aussage möglich, welche Art Änderung oder Fehler vorliegt, da die Hashfunktion per Konstruktion nicht informationserhaltend und damit unumkehrbar ist.

2.3.3. Technischer Aufbau – Das Trusted Platform Module

Zur Realisierung des TP-Konzeptes spezifiziert die TCG das Trusted Platform Module (TPM) [256, 263, 259, 260, 261]. In der Regel ist dies eine Hardwarelösung in Form eines speziell abgesicherten Chips, es kann aber auch ohne externe Hardware umgesetzt werden, obwohl davon aus Sicherheitsgründen abgeraten wird. Der Vorteil einer chip-basierten Lösung ist, dass alle sicherheitskritischen Bereiche in einem Baustein konzentriert und hinter einer klar definierten Schnittstelle gekapselt sind. Dieser kann speziell gegen Angriffe geschützt bzw. gegen Manipulation gehärtet (*tamper resistance*) werden. Bei rein softwarebasierten Lösungen ist es üblicherweise schwieriger, etwa den Speicher gegen unberechtigtes Auslesen zu schützen.

Im weiteren Verlauf der Arbeit wird bei einem TPM immer auf die Hardware-Lösung Bezug genommen, die folgende vier Grundfunktionen beherrschen muss:

- Das Trusted Platform Module beherrscht folgende **Kryptographiefunktionen**: Einen Hash-Algorithmus (SHA1) und die authentifizierte Version HMAC [19, 66], eine asymmetrische Verschlüsselung (RSA) zum Ver- und Entschlüsseln

von Daten und Schlüsseln, ein Signaturverfahren (RSA) sowie ein Verfahren
zur Zufallszahlengenerierung.

- **Sicheres Speichern** und **signiertes Berichten** von Hash-Werten, welche die aktuelle Systemkonfiguration wiedergeben.

- **Geschützte Speicherbereiche** für das Speichern von Daten und Schlüsseln. Das Trusted Platform Module beinhaltet sowohl flüchtige wie auch nicht-flüchtige Speicher.

- **Verwaltungs- und Initialisierungsfunktionen** um das TPM über eine klar definierte Schnittstelle ansprechen zu können.

Das TPM realisiert die oben eingeführten Vertrauensanker RTR und RTS. Zusätzlich ist ein RTM nötig, das normalerweise in einem speziellen Teil des BIOS untergebracht ist, der als erstes ausgeführt wird. Um den Zugriff auf die Funktionalitäten zu erlauben schreibt die Spezifikation noch das Vorhandensein eines vertrauenswürdigen Softwarestacks (Trusted Software Stack - TSS) vor. Eine genauere Beschreibung und Einführung in das Konzept von Trusted Computing Platforms findet sich in [17]. Abbildung 2.4 zeigt den schematischen Aufbau eines typischen TPM-Bausteins. Wichtig für die oben beschriebene Integritätsmessung sind die Platform Configuration Register (PCRs), von denen nach der Spezifikation [256] mindestens 16 vorhanden sein müssen. Die meisten heute erhältlichen TPMs besitzen darüber hinaus noch weitere PCRs [140, 251].

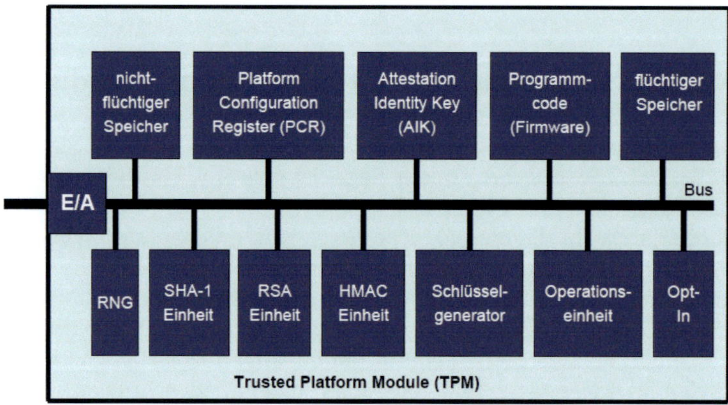

Abbildung 2.4.: Schematischer Aufbau des Trusted Platform Module [68]

2.3.3.1. Platform Configuration Register

Die Platform Configuration Register sind jeweils 160 bit große Speicherbereiche in einem besonders geschützte Speicher für den Hash-Extrakt der Integritätsmessung. Um mit einer begrenzten Anzahl von Speicherplätzen trotzdem beliebige Konfigurationen abbilden zu können, werden mittels Hash-Erweiterung gewöhnlich mehrere Werte in ein PCR abgelegt.

PCR [0..15] bilden den *Host Platform's Static Pre-Operating System* Status und den *Host Platform's Static Operating System Present* Status ab [260]. Sie werden nur bei einem Systemreset gelöscht (d.h. definiert überschrieben) und können bis zum nächsten Neustart nur noch aktualisiert werden, indem ein neuer Hash-Extrakt aus dem alten Extrakt gebildet wird, dem die neuen Daten angehängt werden. Die Aktualisierung erfolgt mittels Hash-Erweiterung:

$$PCR\,[i] \longleftarrow \text{SHA-1}\,(PCR\,[i]\ ||\ \text{SHA-1}(neue\ Daten)) \qquad (2.18)$$

Damit wird verhindert, dass die PCRs nachträglich manipuliert werden. Jeder Wert hängt so immer vom vorherigen ab und eine gezielte Belegung wäre nur über eine SHA-1 Kollisionsberechnung möglich.

2.3.3.2. Geschützte Schlüssel- und Datenspeicherung

Wird ein TPM das erste Mal in Betrieb genommen, so muss, um die volle Funktionalität des Chips nutzen zu können, ein Besitzer (Owner) festgelegt werden. Dieser Besitzer ist der Systemverantwortliche mit vollen Befugnissen. Er ist sowohl für die System- und Datensicherheit, als auch für den Schutz der Privatsphäre zuständig. Alle sicherheitsrelevanten Befehle des TPM können nur mit der Besitzer-Autorisation ausgeführt werden. Der Besitzer kann nur angelegt werden, wenn die physische Anwesenheit (*Physical Presence*) garantiert ist – üblicherweise über einen speziellen Pin. Dieser Pin setzt voraus, dass der User tatsächlich anwesend ist und die Besitz-Übernahme nicht durch Software oder Remote durchgeführt wird.

Beim Anlegen des Besitzers wird auch der *Storage Root Key* (SRK) angelegt. Dieser asymmetrische Schlüssel ist neben dem vom Hersteller angelegten *Endorsement Key* (EK) die Grundlage für alle weiteren Schlüsseloperationen. Beide Schlüssel bestehen aus einem 2048 bit langen RSA-Schlüsselpaar, wobei nur der öffentliche Anteil der Schlüssel das TPM verlässt. Der private Teil wird nur für interne Operationen verwendet und verlässt niemals das TPM. Der EK wird bereits bei der Produktion vom Hersteller erzeugt[11] und identifiziert das TPM eindeutig. Mit Hilfe dieser Schlüsselidentität können dem TPM und der Trusted Platform über Zertifikate Eigenschaften

---

[11]Idealerweise wird der EK vom TPM selbst erzeugt, so dass niemand – auch nicht der Hersteller – den privaten Schlüssel kennen kann. Aufgrund von Geschwindigkeitsvorteilen erzeugen manche Hersteller den Schlüssel dennoch extern.

bestätigt werden. Außerdem kann der EK verwendet werden, um Nachrichten an die Plattform asymmetrisch zu verschlüsseln.

Für die eigentliche Beglaubigung von Eigenschaften und PCR-Werten werden sogenannte *Attestation Identity Keys* (AIK) verwendet. Diese werden vom TPM erstellt und von einer CA zertifiziert. Mit dem Zertifikat ist zugesichert, dass der Schlüssel zu einer korrekten Trusted Platform gehört, die Verbindung zur eigentlichen Identität der Plattform ist jedoch nur der CA bekannt. Die Verwendung von AIK unterstützt also eine eigenschaftsbasierte Authentifizierung.

Aufgrund des begrenzten Speichers des TPM werden generierte Schlüssel immer nur im flüchtigen Speicher abgelegt. Um diese aber bei Herausgabe zu sichern, wird der private Teil des Schlüssels mit einem *Storage Key*, z.B. dem SRK verschlüsselt. Wird nun bei einer Operation ein vorher neu angelegter Schlüssel verwendet, muss dieser mit einem Verweis auf den dazugehörigen *Storage Key* und dessen Autorisierungspasswort in das TPM geladen werden. Ist der Schlüssel im flüchtigen Speicher geladen, können mit ihm, entsprechend seinen Attributen, Operationen durchgeführt werden. Die Attribute eines Schlüssels werden ihm bei der Erzeugung zugewiesen und weisen eine der folgenden Kategorien zu:

- **Signatur-Schlüssel** (Signing Keys): Diese Schlüssel werden zum digitalen Signieren von Daten, Nachrichten oder anderen Schlüsseln verwendet. Dadurch lassen sich die signierten Daten eindeutig einem System bzw. TPM zuordnen.

- **Binde-Schlüssel** (Binding Keys): Es handelt sich hierbei um eine Schlüsselart, mit der Daten, Zertifikate oder andere Schlüssel (meistens symmetrische, etwa AES-Schlüssel) verschlüsselt werden. Diese Daten können dann nur in dem dazugehörigen TPM entschlüsselt werden. So können Daten an ein spezifisches TPM gebunden werden.

- **Identitäts-Schlüssel** (Attestation Identity Keys): Diese Schlüssel wurden mit der Version 1.2 der TGC Spezifikation eingeführt und dienen dazu, das System bei einer Kommunikation gegenüber einem Dritten zu authentifizieren. Anders als der Endorsement Key identifizieren sie das TPM jedoch nicht. Allerdings können sie zertifiziert werden, so dass ihre Zugehörigkeit zu einer Trusted Platform belegt ist.

- **Speicher-Schlüssel** (Storage Keys) werden verwendet, um beliebige Daten und Schlüssel anderer Kategorien verschlüsselt zu speichern. Sie bilden einen Schlüsselbaum mit dem SRK als Wurzel.

Neben der Anwendung der eingeführten Schlüssel ist als zusätzliche Funktionalität das **Versiegeln** (sealing) von Daten spezifiziert. Beim Versiegeln werden Daten oder Schlüssel mit Hilfe der PCR-Inhalte an die aktuelle Systemkonfiguration gebunden. Diese Daten können dann nur vom TPM entschlüsselt werden und das nur dann, wenn die Inhalte der PCRs identisch derer zum Verschlüsselungszeitpunkt sind. Auf diese Weise können Daten nur dann zugänglich gemacht werden, wenn feststeht, dass sich die Plattform in einem klar definierten Zustand befindet.

2.3.3.3. Mobile Trusted Module

Als Erweiterung und Anpassung für den Einsatz in eingebetteten Systemen und speziell Mobiltelefonen ist aufbauend auf der TPM-Spezifikation das Mobile Trusted Module (MTM) spezifiziert [262, 264]. Einen Überblick über die Änderungen gibt [72]. Im Gegensatz zum TPM ist explizit auch die Möglichkeit vorgesehen, ein MTM als Funktionalität in Software anstatt in einem speziellen Sicherheitschip zu implementieren.

Neu eingeführt wird die Funktionalität des sicheren Bootens (Secure Boot), die die Integrität eines eingebetteten Systems garantieren soll. Dabei wird während des Bootprozesses der Aufbau der Vertrauenskette überwacht und mit einem hinterlegten zertifizierten Ablauf, einer Reference Integrity Metric (RIM) verglichen. Bei Abweichungen wird der Bootvorgang unterbrochen. Es sind zwei verschiedene Profile vorgesehen, ein Mobile Remote Owner Trusted Module (MRTM) und ein Mobile Local Owner Trusted Module (MLTM). Vor allem ersteres erweitert die TPM-Spezifikation, da hier der EK nicht in des MTM eingebettet werden muss, sondern bereits bei der Herstellung AIKs fest hinterlegt werden können, so dass die Beglaubigung nur gegenüber einer festen CA möglich ist. Das MRTM spiegelt damit vor allem den Anwendungsfall wider, wenn der Hersteller die Integrität der Plattform in einem definierten Zustand sicherstellen will [72].

2.3.4. Zertifizierung einer Trusted Platform

Das Vertrauen in eine Trusted Platform beruht darauf, dass die grundlegenden Eigenschaften jeder TP als gesichert gelten können, auch wenn die konkrete Instanz der TP nicht direkt bekannt ist. Dafür muss sich ein System einem Verifizierer gegenüber als Trusted Platform ausweisen, das heißt ein entsprechendes Credential vorweisen können. Dies geschieht über eine Reihe von Zertifikaten. Der Verifizierer delegiert damit die Überprüfung der geforderten Eigenschaften der Plattform an die entsprechende Zertifizierungsstelle als vertrauenswürdigem Dritten (TTP). Um alle Bereiche der Trusted Platform abzudecken, sind einige Zertifikate nötig, die sich gegenseitig referenzieren. Sie sind spezifiziert in [257, Seite 83ff].

Das **Endorsement Zertifikat** garantiert die Echtheit des TPM. Es stellt sicher, dass das TPM von einem von der TCG zertifizierten Hersteller hergestellt wurde und den Spezifikationen genügt. Die Zertifizierungsstelle bestätigt damit einem Dritten, dass es sich beim enthaltenen öffentlichen Anteil eines Endorsement Keys tatsächlich um den echten Schlüssel eines bestimmten TPMs handelt.

Das **Plattform Zertifikat** wird vom Hersteller der Systemplattform ausgestellt. Es garantiert, dass alle Plattformkomponenten der Spezifikation genügen, und die Plattform eine korrekte Implementierung der benötigten Funktionen, der gesicherten Speicherbereiche und ein TP-Modul enthält. Das **Conformance Zertifikat** bescheinigt der Plattform und dem enthaltenen TPM, dass sie den Design-Spezifikationen der TCG genügen. Ein **Identitätszertifikat** wird verwendet, wenn gezeigt werden soll, dass eine anonyme Identität zu einem authentischen TCG-System gehört.

Zusätzlich zu den genannten Zertifikaten bieten Validierungsdaten für die Plattform eine Referenz für Zustände der PCRs, die einer korrekten, vertrauenswürdigen Konfiguration der Plattform entsprechen.

2.3.5. Aussage über die Sicherheit einer Trusted Platform

Aufbauend auf den obigen Betrachtungen besteht eine Sicherheitsaussage für ein konkretes System aus drei aufeinander aufbauenden Fragestellungen, die schrittweise beantwortet werden müssen. So hat die Betrachtung einer Frage nur dann Sinn, wenn die vorangehenden positiv beantwortet werden konnten.

1. Ist das System eine Trusted Plattform?

2. Stimmen die berichteten Werte der Konfigurationsregister mit den in den zugehörigen EventLogs gespeicherten Konfigurationsbeschreibungen überein?

3. Erfüllt die beschriebene Konfiguration die erforderlichen Eigenschaften? Ist sie vertrauenswürdig für die gewünschte Anwendung?

Für die Beantwortung der ersten Frage muss überprüft werden, inwiefern das Design und die Implementierung des Systems die korrekte Integritätsmessung, Speicherung und Beglaubigung sicherstellen. Zur Erleichterung werden die Trusted Platform als Ganzes und die zentralen Komponenten vom Hersteller oder dritten Zertifizierungsstellen entsprechend zertifiziert (vgl. Abschnitt 2.3.4), so können die Eigenschaften mit Hilfe der Zertifikate des verwendeten AIK überprüft werden.

Die zweite Fragestellung erfordert ein Nachvollziehen der im EventLog gegebenen Konfigurationsabfolge und einen Vergleich mit den vom TPM unterschriebenen Inhalten der angefragten Konfigurationsregister. Falls der Vergleich positiv ausfällt, kann davon ausgegangen werden, dass die Angaben korrekt sind.

Die dritte Frage schließlich interpretiert die von der Plattform übermittelten Konfigurationsinformationen bezüglich der Eigenschaften der implementierten Funktionalität. Da die Betrachtung und Interpretation auf dem Binärcode beruht und daher sehr aufwändig der Quellcode und der verwendete Compiler betrachtet werden müssen, wird hier eine zentrale Durchführung bei einer Prüfstelle angenommen, die für entsprechende Konfigurationen einen repräsentativen Eigenschaftsvektor bestimmt, veröffentlicht und zertifiziert. Hierauf wird in Abschnitt 6.8 am Beispiel der C2X-Kommunikation detaillierter eingegangen. Die Betrachtung des zur übermittelten Konfiguration gehörenden Eigenschaftsvektors liefert dann die eigentliche Aussage, ob die berichtende Plattform den Anforderungen genügt.

2.4. Fahrzeug-zu-Fahrzeug Kommunikation

Das Forschungsgebiet der Fahrzeug-zu-Fahrzeug Kommunikation (Vehicle-to-Vehicle V2V oder Car-to-Car C2C) betrachtet den Datenaustausch zwischen Fahrzeugen und generell den Austausch von Informationen zwischen Fahrzeugen und ihrer Umgebung. Dies kann neben Fahrzeugen auch Infrastruktur (V2I, C2I) oder andere Knoten wie Mobiltelefone oder PDAs umfassen, so dass allgemein von Fahrzeug-zu-X (C2X, V2X) Kommunikation gesprochen wird. Hintergrund ist vor allem eine Erhöhung der Verkehrssicherheit und Verkehrseffizienz durch Austausch von Zustands- und Umgebungsdaten zwischen Fahrzeugen [36]. Damit ist eine Erweiterung der Datenbasis über den von der On-Board-Sensorik erfassbaren Bereich hinaus und eine frühere Reaktion auf Gefahrensituationen möglich. Dies kann aus einem schnelleren Warnen des Fahrers bestehen oder sogar aus einem gezielten Eingreifen der Elektronik in das Fahrzeugverhalten zur Vermeidung von Gefahrensituationen oder zur Abschwächung ihrer Auswirkungen. Für das EU-Ziel der Halbierung der Verkehrstoten bis 2010 wurde die C2X-Kommnikation als eine wesentliche Technologie genannt [46].

Erste Ansätze zur drahtlosen Vernetzung von Fahrzeugen waren bereits in den 1980er Jahren Thema einzelner Projekte wie Prometheus [286], doch lediglich einzelne Anwendungen wie OnStar von GM [201] und ConnectedDrive von BMW [27], die auf Kommunikation über bestehende Netze beruhen, oder Spezialanwendungen wie Toll-Collect [269] mit eigener Infrastruktur wurden kommerziell realisiert. Die Mehrzahl der Projekte und wissenschaftlichen Untersuchungen zur allgemeinen Vernetzung von Fahrzeugen untereinander entstand erst im letzten Jahrzehnt.

2.4.1. Hauptanwendungen und Klassifikation

Basierend auf der Möglichkeit, den Datenaustausch zwischen Fahrzeugen zu nutzen, wurden eine Vielzahl von Applikationen für verschiedene Szenarien vorgeschlagen. Diese stammen im Wesentlichen aus drei Anwendungsbereichen ([36], [44]): *Verkehrssicherheit* (Safety), *Verkehrseffizienz* und *Infotainment und Mehrwertdienste*. Der erste Bereich beschäftigt sich vor allem mit der Warnung des Fahrers vor Gefahrensituationen und der Vermeidung von Unfällen bzw. der Verminderung der negativen Auswirkungen dieser Unfälle. Die zweite Anwendungsgruppe betrachtet die Erkennung von Verkehrszuständen und die Optimierung des Verkehrsflusses wie bspw. die Stauvermeidung oder die Information des Fahrers vor Stauungen. Auch optimierte Routenfindung kann diesem Bereich zugeordnet werden. Im dritten Bereich werden alle weiteren Anwendungen zusammengefasst, bspw. drahtloser Zugriff auf das Internet oder Remote Diagnostics.

Eine etwas andere Einteilung nach vier Kategorien findet sich in [239]. Abbildung 2.5 zeigt die Einteilung mit einigen Beispielanwendungen. Im Gegensatz zu [36] wird hier Public Service als eigene Kategorie angesehen.

	Situation /Purpose	Application Examples
Active Safety (60 500ms latency)	Dangerous road features	Curve speed warning, Low bridge warning, Warning about violated traffic lights or stop signals
	Abnormal traffic and road conditions	Vehicle based road condition warning, Infrastructure based road condition warning, Visibility enhancer, Work zone warning
	Danger of collision	Blind spot warning, Lane change warning, Intersection collision warning, Forward/Rear collision warning, Emergency electronic brake lights, Rail collision warning, Warning about pedestrians crossing
	Crash imminent	Pre crash sensing
	Incident occurred	Post crash warning, Breakdown warning, SOS service
Public Service	Emergency response	Approaching emergency vehicle warning, Emergency vehicle signal preemption, Emergency vehicle at scene warning
	Support for authorities	Electronic license plate, Electronic drivers license, Vehicle safety inspection, Stolen vehicles tracking
Improved Driving	Enhanced Driving	Highway merge assistant, Left turn assistant, Cooperative adaptive cruise control, Cooperative glare reduction, In vehicle signage, Adaptive drivetrain management
	Traffic Efficiency	Notification of crash or road surface conditions to a traffic operation center, Intelligent traffic flow control, Enhanced route guidance and navigation, Map download/update, Parking spot locator service
Business / Entertainment	Vehicle Maintenance	Wireless diagnostics, Software update/flashing, Safety recall notice, Just in time repair notification
	Mobile Services	Internet service provisioning, Instant Messaging, Point of interest notification
	Enterprise solutions	Fleet management, Rental car processing, Area access control, Hazardous material cargo tracking
	E Payment	Toll collection, Parking payment, Gas payment

Abbildung 2.5.: Kategorisierung der C2X-Applikationen nach [239]

Eine weitere mögliche Einteilung findet sich in [64] nach Anwendungscharakteristiken wie Situationsdynamik, Datenquellen und Einfluß auf den Fahrer.

2.4.2. Nachrichtenaustausch und Kommunikationssystem

Grundlage für die vielfältigen möglichen Applikationen ist ein Kommunikationssystem, das den Datenaustausch durch Nachrichten organisiert. Die einzelnen Kommunikationsteilnehmer bilden dabei die Knoten eines Kommunikationsnetzwerks. Dieses wird oft als *Vehicular Ad Hoc NETwork* (VANET) bezeichnet[12]. Eine Einführung findet sich bspw. in [120]. Die Teilnehmer können dabei neben Fahrzeugen auch Infrastruktur (Roadside Units (RSU)) oder Personal Stations wie PDAs (vgl. [44]) sein. Abbildung 2.6 visualisiert mögliche Szenarien aus Sicht der Europäischen Standardisierungsbehörde ETSI [85].

Kommunikation in VANETs basiert auf zwei Arten des Nachrichtenversands. Direkte Kommunikation (Single-Hop) ist zwischen Knoten in der gegenseitigen Empfangsreichweite als Unicast, Multicast oder Broadcast möglich. Für die Kommunika-

---

[12]Üblich ist auch die Bezeichnung *Intelligent Transportation System* (ITS) für das Kommunikationssystem zwischen Fahrzeugen

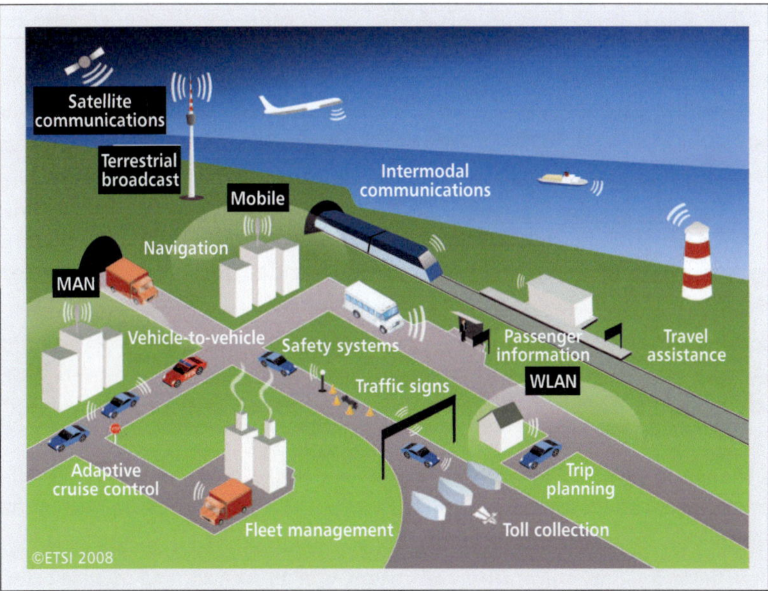

Abbildung 2.6.: ETSI ITS Szenarienübersicht [164, 80]

tion mit weiter entfernten Knoten müssen die Nachrichten über Infrastruktur oder andere Knoten weitergeleitet werden (Multi-Hop, vgl. auch Abschnitt 2.4.4). Grundlage für VANET-spezifische Applikationen bilden im Wesentlichen drei Kommunikationsmuster [239]:

Beaconing bezeichnet eine regelmäßige Verteilung von Zustandsdaten wie Position und Geschwindigkeit als Single-Hop Broadcast. Die Nachrichten dienen den umliegenden Fahrzeugen als Basis für ein detailliertes Zustandsbild der Umgebung.

Geobroadcast bezeichnet die gezielte Multi-Hop-Verbreitung einer Nachricht in einem definierten Zielgebiet. Dies kann etwa verwendet werden, um einen Hinweis auf einen Stau oder eine Gefahrensituation an Fahrzeuge in einem bestimmten Gebiet zu verteilen, beispielsweise den davorliegenden Straßenabschnitt.

Unicast Routing bezeichnet die gezielte Kommunikation (Single- oder Multi-Hop) mit einem einzelnen Empfängerknoten zum Transport beliebiger Informationen im Gegensatz zum Verteilungsfokus der vorangehenden Muster. Ein Anwendungsbeispiel ist die verschlüsselte Übertragung von Zertifikaten oder auch spezielle Dienste wie Mauterfassung oder Fahrzeugdiagnose.

Für Europa wurde auf Grundlage der Standardisierung von IEEE [132], SAE [224], ETSI [81] und ISO CALM [149] im Rahmen des COMeSafety-Projekts [45] ein Kommunikations- und Transportprotokoll mit vier wesentlichen Nachrichtentypen entworfen.

Cooperative Awareness Message (CAM): Beaconing Nachricht, welche regelmäßig von jedem Netzknoten als Broadcast versandt werden muss, aktuell mit einer Frequenz von 2 Hz. Sie enthält verpflichtend Informationen über Position, Geschwindigkeit, Richtung und weitere Zustandsvariablen des Knotens, kann aber auch zusätzliche applikationsabhängige Daten enthalten.

Decentralized Environmental Notification Message (DENM): Stellt generell Informationen über ein lokales Ereignis zur Verfügung, das nicht unbedingt mit einem Netzknoten oder einem teilnehmenden Fahrzeug verbunden sein muss (etwa Nebel oder Glatteis). Wird ereignisbasiert von detektierenden Teilnehmern generiert, periodisch aktualisiert und über mehrere Hops verbreitet.

Periodic Message (PM): Regelmäßig versandte Nachricht, um vor vor allem für Safety-Applikationen höhere Aktualisierungsraten zu erhalten (aktuell beschränkt auf maximal 10 Hz). Der Aufbau ist applikationsabhängig und wird im entsprechenden Header festgelegt.

Service Message (SM): Zusammenfassung für alle in den obigen drei Nachrichten nicht abgedeckten Nachrichtentypen, beispielsweise ServiceInit, ServiceAck, ServiceRequest und ServiceResponse.

Eine detaillierte Beschreibung und Definition von Funktion und Aufbau der Nachrichten kann [44, 43] entnommen werden.

2.4.3. Standardisierung und regionale Unterschiede

Die Interoperabilität der Knoten, und die Harmonisierung und Standardisierung der Kommunikation über verschiedene Regionen hinweg ist Thema vieler Arbeitsgruppen und Projekte weltweit. Im Folgenden wird ein kurzer Überblick über die drei aktivsten Regionen und die spezifischen Unterschiede gegeben [227].

2.4.3.1. USA

In den USA liegt der Fokus auf den Zielapplikationen Verkehrssicherheit, Verkehrseffizienz, Straßenmaut (Electronic Toll Collect ETC) und Customer Relationship Management (CRM) und damit mit einem gewissen Schwerpunkt auf infrastrukturbasierter Kommunikation [185], deren Einführung bei entsprechender Verbreitung angestrebt wird [238]. Das US Verkehrsministerium (USDOT) startete 2003 die Vehicle Infrastructure Integration (VII) Initiative [277], die durch Industriekonsortien wie das VIIC, das Vehicle Safety Consortium VSC [95] und das Collision Avoidance Metrics Partnership CAMP [34] unterstützt wird. Ziele sind Tests und Demonstration, Entwicklung und Standardisierung der Technologie (z.B. Dedicated Short Range Communication DSRC), Feldtests [143] und die Untersuchung zukünftiger potentieller Weiterentwicklungen [185].

Bereits 1999 wurden in den USA 75 MHz Bandbreite für C2X-DSRC reserviert, aufgeteilt in 7 Kanäle zu je 10 MHz im 5,9 GHz-Band (5,85-5,925 GHz). Hauptziel ist die Verkehrssicherheit und Verkehrseffizienz. Für die Übertragung wird der IEEE 802.11p-Standard [137] entwickelt. Darauf aufbauend definiert die IEEE 1609 WAVE (Wireless Access in Vehicular Environments) [132] Standardfamilie[13] die darüberliegenden Schichten. Der SAE-Standard J2735 [224] legt ein DSRC-Nachrichtensystem fest.

2.4.3.2. Japan

Erste Forschung zur C2X-Kommunikation in Japan wurde bereits Anfang der 1980er-Jahre am heutigen Japan Automobile Research Institute durchgeführt [274]. Seit 1996 existiert die Advanced Cruise-Assist Highway System Research Association (AHS-RA) mit aktuell 18 Voll- und 260 assoziierten Mitgliedern [4]. Sie beschäftigt sich mit der Entwicklung und Markteinführung neuartiger Fahrerassistenzsysteme [95] und der Erhöhung der Verkehrssicherheit. Unterstützung und Förderung bieten verschiedene japanische Ministerien (vgl. [238]). Weitere Projekte sind DSSS (Driving Service Support Systems) und ASV (Advanced Safety Vehicle) [185].

Auch in Japan liegt der Schwerpunkt vor allem auf infrastrukturbasierter Kommunikation. Als erste kommerzielle Anwendung von C2I-Kommunikation existiert ein elektronischen Mauterfassungssystem (ETC) basierend auf dem ARIB-Standard STD-T55 [12] für DSRC. Für weitere Anwendungen sind erweiterte Standards ARIB STD-T75 [13] und T88 [14] verfügbar. Sie fließen in die internationale Standardisierung der ISO TC 204 [146] ein. Die Kommunikation erfolgt im 5,8 GHz Band im Nahbereich bis zu 30m [142]. Ein weiteres, bereits in Betrieb befindliches System ist das Vehicle Information and Communication System (VICS) [279], das einen Echtzeitempfang von Verkehrsinformationen ermöglicht.

2.4.3.3. Europa

In Europa liegt anders als in den USA und Japan der Schwerpunkt vor allem auf der infrastrukturlosen C2C Kommunikation [170]. Eine Vielzahl von Konsortien und Projekten auf nationaler und internationaler Ebene beschäftigt sich mit den verschiedenen Teilbereichen. Abbildung 2.7 gibt einen Überblick über die Zusammenarbeit einiger aktueller Projekte.

Das Car2Car Communication Consortium [35] mit Industrie- und akademischen Mitgliedern konsolidiert die Ergebnisse und arbeitet mit den Standardisierungsgremien, vor allem der europäischen Behörde ETSI [85], zusammen. Die Ergebnisse der vielfältigen sowohl national als auch international durchgeführten und geförderten Projekte werden vom COMeSafety Projekt [45] zusammengefasst und zu einer Architektur vereinigt. Einige wesentliche Projekte sind beispielsweise CVIS [47], NOW

---

[13]IEEE 1609 WAVE besteht aus vier Substandards: 1609.1 [133] definiert Basisplattformen und Basisprotokolle, 1609.2 [134] Security Services, 1609.3 [135] Netzwerk- und Transportschichten und schließlich 1609.4 [136] Mehrkanalbetrieb und Management.

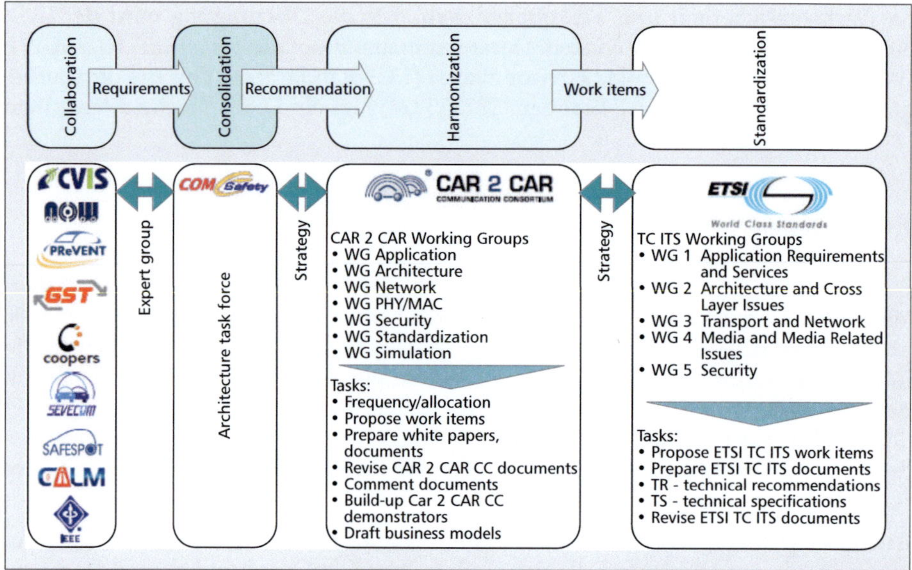

Abbildung 2.7.: Überblick über die Konsolidierung, Harmonisierung und Standardisierung von C2X Kommunikation in Europa [164]

[200], PReVENT [240], GST [108], COOPERS [48], SEVECOM [244], SAFESPOT [225] und CALM [149]. Auf einige Projekte, die sich speziell mit der Sicherheit (Security) und dem Datenschutz (Privacy) in VANETs beschäftigen, wird im Rahmen der Betrachtung des Stands von Forschung und Technik in Kapitel 3 genauer eingegangen.

Auch in Europa konnte inzwischen ein Frequenzband von 30 MHz Breite um 5,9 GHz für die C2X-Kommunikation zur Verbesserung der Verkehrssicherheit reserviert werden [83]. Weitere 20 MHz stehen für die Verkehrseffizienzverbesserung zur Verfügung [238, 84].

2.4.4. Eigenschaften und Herausforderungen

Ad Hoc Netzwerke sind speziell im Bereich der Sensor-Aktor-Netze ein in der Forschung intensiv betrachtetes Thema. Allerdings zeigen VANETs im Gegensatz zu allgemeinen Ad Hoc Netzen einige spezielle Eigenschaften und Herausforderungen (vgl. etwa [185, 191, 227]) und bilden damit ein eigenes Forschungsgebiet. Hier werden einige der Besonderheiten kurz vorgestellt.

Bei Fahrzeugnetzen treten aufgrund der hohen individuellen Dynamik der einzelnen Knoten sehr unterschiedliche relative Geschwindigkeiten der Knoten von 0 km/h bis zu 300 km/h auf [239, 191]. Dies stellt eine besondere Herausforderung für die

Übertragungstechnik dar. Außerdem bewegen sich die Kommunikationszeiten der einzelnen Knoten in den entsprechenden Szenarien lediglich im Sekundenbereich [242]. Insgesamt liegt eine hochdynamische Netztopologie mit sehr unterschiedlichen Knotendichten vor. Auch lässt sich durch die zugrundeliegende Straßentopologie das Verhalten der Knoten nicht realistisch im sonst oft verwendeten Random-Walk-Modell beschreiben [25, 239], sondern erfordert ein gezieltere Modellierung (vgl. [123]). Diese Dynamik der Netztopologie und -dichte stellt besondere Herausforderungen an Mediumzugriff und Übertragung, um Kanalüberlastung auch bei hohen Knotendichten zu vermeiden (congestion control, vgl. [270]).

Ein wesentliches aktuelles Forschungsgebiet stellt auch die Informationsverteilung und das Multi-Hop Routing und Weiterleiten von Nachrichten dar. Hier liegt die Herausforderung einerseits in der nicht vorhandenen Infrastruktur und andererseits in der dynamischen Netztopologie und unterschiedlichen Knotendichte. Es existieren eine Vielzahl von Ansätzen für Routing, einen Überblick geben [185, 159]. Außerdem können VANETs in untereinander zumindest temporär unverbundene Netzpartitionen zerfallen, was besondere Ansätze für Routing wie Store-and-Forward-Strategien nötig macht (vgl. [289, 287, 288]).

Die wesentliche Motivation für die Einführung von C2X-Kommunikation ist die Verbesserung der Verkehrssicherheit durch eine bessere Informationsbasis für Fahrerassistenz- und Active-Safety-Maßnahmen. Grundlegend notwendig dafür ist, dass empfangenen Daten sowohl in ihrer Syntax als auch in ihrer Semantik entweder korrekt sind oder als falsch erkannt werden [173]. Nötig sind daher Security-Maßnahmen zum Schutz der Zuverlässigkeit und Vertrauenswürdigkeit der Daten vor Manipulation und anderen Angriffen [44, 204, 155, 11]. Zentrale Schutzziele sind Authentizität und Integrität der Nachrichten, Nichtabstreitbarkeit (Non-Repudiation), und Liveliness des Senders (Entity Authentication) [11, 204]. Diese Anforderungen werden üblicherweise über digitale Signaturen und Zertifizierung behandelt. In seltenen Fällen ist zusätzlich Vertraulichkeit der Nachrichten über Verschlüsselung der Daten nötig (vgl. etwa [179]). Ein weiterer Punkt ist der Schutz der internen Fahrzeugnetze und der Funktionalität der Steuergeräte vor Angriffen über das VANET [173], da die externe Kommunikation einen potentiellen neuen Angriffspfad eröffnet.

Ein weiterer wichtiger Punkt ist die Wahrung der Privatsphäre (Privacy) der Benutzer, also die Gewährleistung des Datenschutzes. Verschiedene Untersuchungen belegen, dass dieser Punkt entscheidend zur Benutzerakzeptanz des Systems beiträgt [248, 128, 61, 275]. So sollen Fahrzeuge durch die Einführung von C2X-Kommunikation nicht besser oder einfacher verfolgbar (tracking) sein als vorher [204]. Dies steht in einem gewissen Konflikt zum oben genannten Ziel der Authentifizierung, zumindest falls diese identitätsbasiert abläuft. Genereller Ansatz zur Absicherung der Privacy ist die Verwendung von regelmäßig wechselnden Pseudonymen in Verbindung mit einer eigenschaftsbasieren Authentifizierung und Zertifizierung [204, 214].

Für die Realisierung zeitkritischer Active-Safety-Maßnahmen, beispielsweise zur Kollisionsvermeidung, ist Einhaltung von Obergrenzen für Übertragungs- und Verarbeitungslatenzen von grundlegender Wichtigkeit [309]. Ziel ist die Verbesserung der vom menschlichen Reaktionsvermögen vorgegebenen Verzögerung zwischen Reiz und etwa Bremsreaktion von etwa 1,5s [112, 24], bei Ablenkung bis zu 2,5s [174]. Die in der Literatur genannten Anforderungen für die Gesamtlatenz der Nachrichten für Active-Safety-Maßnahmen bewegen sich zwischen 20 und 200 ms [192, 308], meist wird eine Maximallatenz von 100 ms angenommen [95, 310]. Dabei müssen sowohl die Übertragungslatenz ([73] geben hier bis zu 20 ms Single-Hop-Latenz an) als auch die Verarbeitungslatenzen bei Sender und Empfänger berücksichtigt werden.

Die Markteinführung der VANET-Technologie beinhaltet ebenfalls spezielle Herausforderungen. Der Nutzen der avisierten C2X-Applicationen beruht auf dem Datenaustausch der Verkehrsteilnehmer untereinander, so dass eine gewisse Mindestdurchdringung der Fahrzeugflotte nötig ist. Diese liegt schätzungsweise zwischen 3% [289, 287] und 10% [96, 177] der Verkehrsteilnehmer. Für Erstausstatter ist der Anreiz zur Investiton daher gering, da kein unmittelbarer Nutzen den Ausstattungskosten gegenübersteht. Zusätzlich ist davon auszugehen, dass selbst bei Ausstattung aller Neufahrzeuge eine ausreichende Durchdringung frühestens nach 18 Monaten erreichbar ist (vgl. [177], Zahlen für Deutschland [166]). In [177] wird daher eine mehrstufige Einführung als verpflichtende Standardausstattung vorgeschlagen.

2.5. Field-Programmable Gate Arrays

Neben den klassisch im Automobilbereich eingesetzten Mikrocontrollern oder generell General Purpose Prozessoren (GPP) auf der einen und anwendungsspezifischen integrierten Schaltkreisen (ASIC) und Prozessoren (ASIP) auf der anderen Seite gewinnen durch ein sich verbesserndes Preis-Leistungs-Verhältnis zunehmend auch rekonfigurierbare Hardwarestrukturen an Attraktivität, die auch die Zielarchitektur für die vorliegende Arbeit darstellen. Sie bieten die Möglichkeit, Adaptivität und Flexibilität mit Hardwareimplementierung und Parallelisierung zu verbinden und finden schon länger für Prototypen und Kleinserien Verwendung. Alleinstellungsmerkmal dieser Technologie ist die dynamische Anpassbarkeit der Hardwarestrukturen zur Laufzeit.

Erste Ansätze für rekonfigurierbares Rechnen gab es bereits 1960 [79], die aktuell verbreitetsten und auch in dieser Arbeit betrachteten Vertreter rekonfigurierbarer Hardware, die Field-Programmable Gate Arrays (FPGAs), wurden jedoch erst 1985 eingeführt.

2.5.1. Basisarchitektur

FPGAs sind programmierbare Hardwarebausteine, die praktisch beliebige Logikfunktionen realisieren können. Sie bestehen aus den drei programmierbaren Hauptkomponenten Logikzellen, Verbindungsnetz und Input/Output-Zellen, die jeweils vom Benutzer programmiert werden können. Abbildung 2.8 zeigt eine Darstellung des Grundaufbaus. Je nach verwendeter Technologie kann das Programmieren einmalig oder mehrmals erfolgen. Die zu realisierende Logikfunktion wird dazu zunächst in Teilfunktionen zerlegt, die jeweils auf einzelne Zellen gemappt werden können. Diese werden dann über das programmierbare Verbindungsnetzwerk miteinander verschaltet (vgl. [32, 110, 28, 121]).

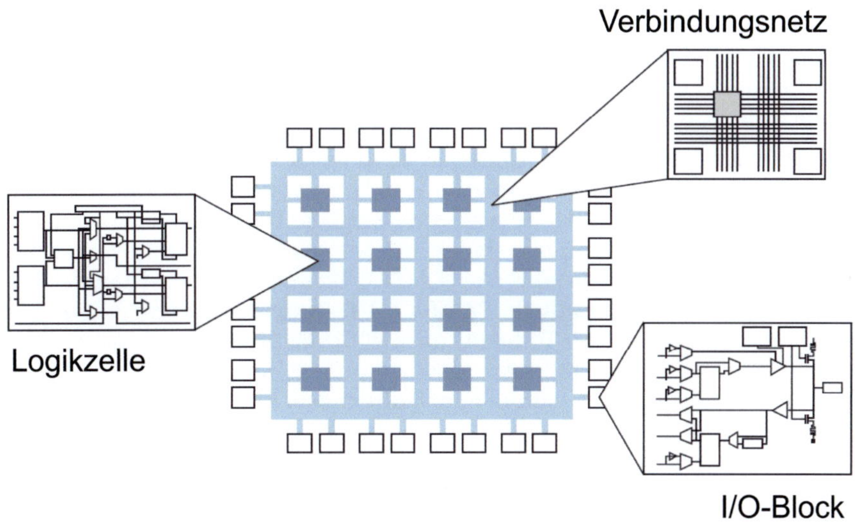

Abbildung 2.8.: Schematischer Aufbau eines FPGA [159]

Für die Realisierung der Verbindungsnetzwerke auf FPGAs werden im Wesentlichen drei verschiedene Technologien verwendet. Antifuse-basierte Verbindungen werden beim Programmieren einmalig durch das gezielte Durchschmelzen eines Dielektrikums geschaffen. Im Gegensatz dazu stehen SRAM- und Flash-basierte FPGAs, die während ihrer Laufzeit immer wieder reprogrammierbar sind. Die Verbindungen werden hier durch die Ausgaben von Speicherzellen definiert. Im Falle der SRAM-Verwendung verlieren die Zellen ihren Informationsinhalt bei Unterbrechung der Spannungsversorgung, so dass entsprechende Bausteine bei jedem Systemstart erneut aus einem nichtflüchtigen Speicher programmiert werden müssen. Bei Verwendung von Flash-Speichern behalten die Speicherzellen ihre Programmierung auch bei Spannungsverlust.

Die Realisierung der Logikfunktionen erfolgt ebenfalls über die beiden speicherbasierten Technologien. Für die Umsetzung der Funktionsgeneratoren existieren zwei Alternativen. Der von Actel [3, 2] favorisierte Ansatz verwendet Multiplexer (MUX) als Generatoren. Xilinx [291] und Altera [7] verwenden LookUp Tabellen (LUT) als

Grundlage. In FPGAs besteht ein LUT aus einer Anzahl von SRAM-Speicherzellen, die alle möglichen Resultate einer Funktion für eine gegebene Menge Eingabewerte enthalten. Die Kombination der Eingabewerte dient zur Auswahl des entsprechenden Speicherwerts. Bei n Eingabewerten können so 2^n Zustände eingenommen und beliebige n-wertige Funktionen realisiert werden. Üblicherweise werden LUTs zusammen mit zusätzlichen Funktionselementen wie Multiplexern und FlipFlops (FF) in einem größeren Basisblock zusammengefasst, die dann weiter gruppiert werden. Bei Xilinx werden die Basisblöcke zunächst zu sogenannten Slices und diese wiederum zu *Configurable Logic Blocks* (CLB) kombiniert. In den Xilinx Virtex und Spartan-Bausteinen bestand ein CLB aus jeweils zwei Slices à zwei Basisblöcken, in Spartan3, Virtex-II, Virtex-II Pro und Virtex-4 aus jeweils vier solcher Slices, während im Virtex-5-Baustein ein CLB zwei Slices à vier Basisblöcken enthält [28, 295].

Um komplexere Funktionen zu realisieren als in eine Zelle abgebildet werden können, werden die einzelnen Blöcke über das Verbindungsnetzwerk zusammengeschaltet. Je nach Hersteller und Baustein sind die Logikzellen verschieden angeordnet. Man unterscheidet vier Hauptkategorien für die Anordnung [28]: Symmetrisches Array (Xilinx Virtex), reihenbasiert (Actel ACT3), hierarchie-basiert (Altera Cyclone, Stratix) und als Sea-of-Gates (Actel ProASIC). Die Verschaltung erfolgt über Multiplexer, Pass-Transistoren oder Tri-State Puffer [110]. Für die Kommunikation des Designs im FPGA mit off-chip Modulen stehen ebenfalls programmierbare I/O-Zellen zur Verfügung, die als Input, Output oder bidirektional betrieben werden können.

2.5.2. Spezielle Funktionsblöcke

Zusätzlich zu den vorgestellten Grundkomponenten enthalten viele FPGAs zusätzliche Ressourcen. Sehr häufig sind Speicherelemente integriert, die einige KByte Daten auf dem Chip vorhalten können. Auch festverdrahtete Prozessoren und Spezialblöcke für die digitale Signalverarbeitung (DSPs) können integriert sein. Manche Hersteller wie bspw. Xilinx bieten Bausteine in verschiedenen Klassen an, die auf unterschiedliche Anwendungen optimiert sind. So gibt es in der Virtex-5-Serie [295] drei Ausprägungen. FX für System-on-Chip (SoC)-Anwendungen mit integrierten Prozessoren, SX mit einer großen Anzahl von DSP-Slices und LX mit einer maximalen Anzahl von Logikzellen.

Da die DSP-Slices im Folgenden speziell verwendet werden, werden sie hier explizit betrachtet. Sie sind in vielen Bausteinen beispielsweise der Virtex-4 [294], Virtex-5 [301], Virtex-6 [303] und Spartan-6 [304] FPGA-Serien von Xilinx enthalten. Die DSP-Slices erlauben Addition/Subtraktion, Multiplikation und Multiplikation mit Akkumulation bis zu einer gewissen Bitbreite in hohen Taktfrequenzen. Neben der eigentlich geplanten Kernanwendung bspw. in Filtern, lassen sie sich auch für generelle Arithmetik einsetzen. In dieser Arbeit wird ein Virtex-5 Baustein als Hardwarebasis verwendet. Im Folgenden werden daher die dort integrierten Virtex-5 DSP48E XtremeDSP Slices [301] kurz vorgestellt. Abbildung 2.9 zeigt den Aufbau.

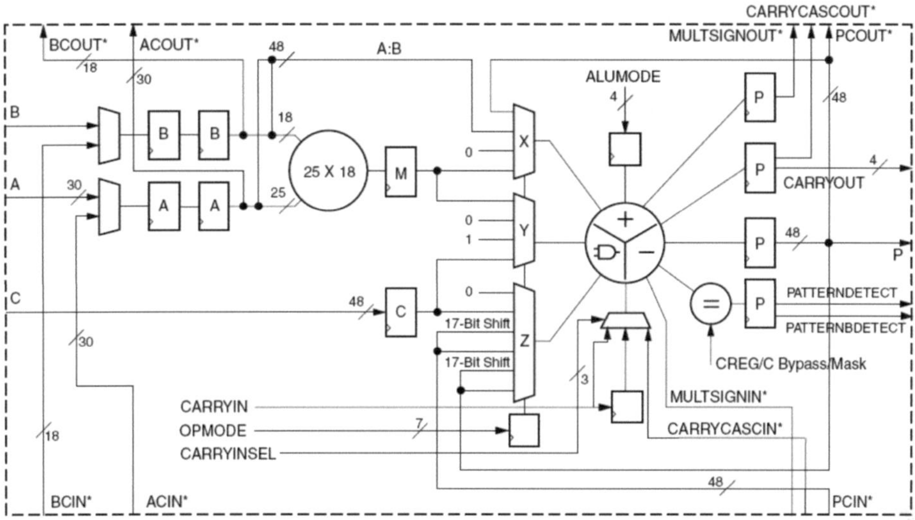

Abbildung 2.9.: Aufbau des Xilinx DSP48E Slice (aus [301])

Die DSP-Slices sind auf dem Baustein in Spalten angeordnet, um Teilergebnisse und Carrys schnell zwischen den einzelnen Verarbeitungseinheiten propagieren zu können. Die in Abbildung 2.9 mit einem Stern ($*$) gekennzeichneten Signale bezeichnen spezielle Routingpfade innerhalb der DSP-Spalten, die nicht von extern zugänglich sind.

Jeder DSP48E-Slice enthält einen 18×25 Bit Multiplizierer und einen 48 Bit Addierer mit bis zu drei Eingängen und kann mit bis zu 550 MHz betrieben werden. Über 4 Bit ALUMODE kann die Funktionalität zur Laufzeit eingestellt werden. Intern bestehen vielfältige Möglichkeiten zur Verschaltung über Register, Multiplexer und 17 Bit-Shifter, so dass eine breite Palette an unterschiedlichen Funktionen realisiert werden kann. Eine Auflistung und Anwendungsbeispiele bietet das Xilinx Benutzerhandbuch [301].

Im Rahmen der Arbeit werden die DSP-Slices vor allem als 17×17 Bit Multiplizierer und als 42 Bit Addierer eingesetzt. Ensprechend dem jeweiligen Einsatz werden unterschiedliche vereinfachte Darstellungen gewählt, um die Verschaltung und das Zusammenspiel der Komponenten zu verdeutlichen.

2.5.3. FPGA Entwicklungsmethodik

Die Standard-Entwicklungsmethodik für FPGA-Designs orientiert sich am ASIC Designflow. Die Abfolge der Schritte für die Hardwarekonfiguration zeigt Abbildung 2.10. Zusätzlich wird ggf. die Software in einem eigenen Prozess entwickelt.

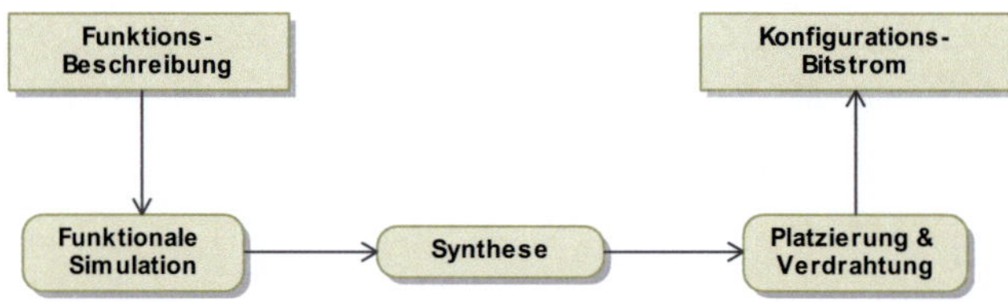

Abbildung 2.10.: Typischer FPGA-Designflow (vgl. [28])

Das Design, das heißt die Funktionsbeschreibung, erfolgt in einem Editor als Schaltbild oder endlicher Automat oder in einer höheren Hardwarebeschreibungssprache (HDL) wie VHDL oder Verilog. Danach kann das Design simuliert werden, um es anhand von Testeingaben funktional zu verifizieren. Anschließend erfolgt die Übersetzung und Optimierung, an deren Ende eine Repräsentation der Funktionalität in Elementen der Funktionsbibliothek der Zielarchitektur in Form einer Netzliste steht. Darauf folgt die Platzierung und Verdrahtung auf die Bausteintopologie, die als Ergebnis einen Konfigurationsfile, den sogenannten Bitstrom, liefert. Dieser enthält alle Bits, die zur Konfiguration der programmierbaren Logik, des Verbindungsnetzes, der I/O-Zellen und ggf. der speziellen Funktionsblöcke nötig sind [28].

Die Entwicklung auf höheren Abstraktionsleveln wird vereinfacht durch die Verwendung vorgefertigter Funktionsblöcke (IP-Cores), die als Teil von Designs verwendet werden können. So können etwa Prozessorsysteme mit Hilfe der Xilinx EDK [293] unter Verwendung vorgefertigter logikimplementierter (softcore) Prozessoren (bei Xilinx etwa PicoBlaze [305] oder MicroBlaze [299]) und Speicherelementen auf dem FPGA realisiert werden. Auch eine HDL-Codegenerierung für modellbasierten Entwurf etwa in Matlab Simulink/Stateflow [267] ist zunehmend möglich. Zusätzlich können festverdrahtete Spezialmodule wie eingebettete Prozessoren (vgl. etwa [306]) integriert und so Teile des Designs in Software realisiert werden.

2.5.4. Bitstromaufbau

Da im Rahmen der Arbeit ausschließlich Xilinx-FPGAs betrachtet werden, bezieht sich der folgende Abschnitt auf den Aufbau von Bitströmen für Xilinx-Bausteine, konkret der Virtex-5 Serie [300]. Der generelle Aufbau stimmt jedoch bei vergleichbaren Bausteinen überein. Der Konfigurationsbitstrom enthält die Belegungen für die LookUp-Tabellen (LUT), die Verschaltungsstrukturen auf dem Baustein und die Initialbelegung der internen BlockRAM-Speicher. Neben diesen Konfigurationsdaten sind Kommandos an die Konfigurationslogik enthalten. Nach einer automatischen Bitbreitenerkennung für parallele Konfigurationsschnittstellen beginnt der eigentliche Bitstrom mit einem 32-Bit Synchronisationswort (SYNCH). Alles dem SYNCH Vorangehende wird von seriellen Konfigurationsschnittstellen wie dem JTAG-Interface (siehe unten Abschnitt 2.5.5.2) ignoriert.

Die Konfiguration erfolgt durch Beschreiben des Konfigurationsspeichers. Dieser ist in kleinste Einheiten, sogenannte *Frames*[14] eingeteilt, die über eine eindeutige Frameadresse identifiziert werden können. Die Datenübertragung innerhalb des Bitstroms erfolgt über Register. Um Konfigurationsdaten zu übetragen, wird zunächst eine Frameadresse in das entsprechende Adressregister FAR geschrieben. Anschließend werden die Daten in das Daten-Eingangsregister FDRI geschrieben. Ebenso können Kommandoregister angesprochen werden. Eine detaillierte Darstellung von Aufbau und Inhalt eines Bitstroms findet sich in [300] für die Virtex-5 Serie.

2.5.5. Konfiguration des FPGA

Die initiale Konfiguration eines FPGAs erfolgt in einer Konfigurationssequenz aus mehreren Schritten. Abbildung 2.11 zeigt die Sequenz für Xilinx Virtex-5 Bausteine [300].

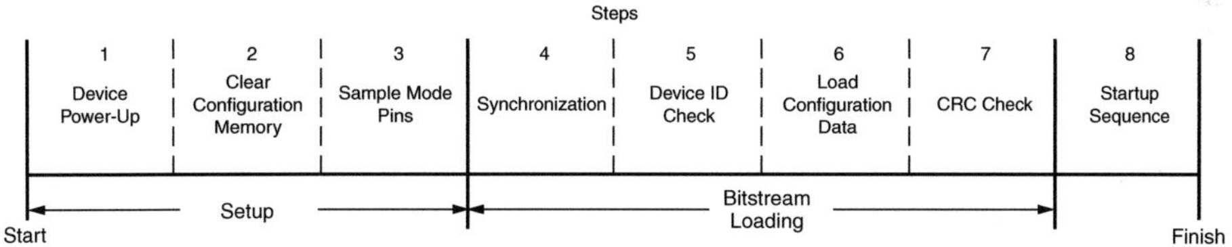

Abbildung 2.11.: Konfigurationssequenz für einen Xilinx Virtex-5 FPGA [300]

Nach Herstellen der Spannungsversorgung wird zunächst der Konfigurationsspeicher gelöscht. Danach wird über Abfrage von Mode-Pins die verwendete Konfigurationsschnittstelle bestimmt. Im Rahmen der Arbeit wird die Konfiguration über das serielle JTAG-Interface betrachtet. Anschließend beginnt die eigentliche Konfiguration durch Übertragung des Bitstroms beginnend mit dem SYNCH-Wort. Eine Überprüfung der im Bitstrom gespeicherten Zieldevice-ID stellt sicher, dass der Bitstrom und das zu programmierende Device kompatibel sind. Die Übertragung der Konfigurationsdaten wird mit einer Checksummenüberprüfung (CRC) abgeschlossen. Daraufhin wird der Baustein mit der programmierten Konfiguration gestartet.

2.5.5.1. Partiell dynamische Konfiguration zur Laufzeit

Viele Xilinx-FPGAs, unter anderem Virtex-II Pro und Virtex-5, bieten die Möglichkeit zur partiell dynamischen Rekonfiguration, das heißt zum Austausch von Teilen der

---

[14]Bei Xilinx Virtex-5 Devices umfasst ein Frame jeweils 1312 Bit in 41 Worten à 32 Bit [300].

Konfiguration zur Laufzeit. Eine Darstellung und Einteilung in Durchführungsvarianten findet sich in [122]. Beispiele für solche Systeme wurden in [18, 207] vorgestellt. Hier werden die Logikressourcen des FPGA je nach Anwendungsanforderung in einer Art zeitlichem Multiplex unterschiedlich verwendet, indem Teile des FPGA zur Laufzeit immer wieder rekonfiguriert werden, um die aktuell angeforderte Funktionalität zu implementieren. Dies erlaubt eine bessere Ausnutzung der Chipfläche, was speziell bei eingebetteten Systemen deutlich zur Kostenersparnis beitragen kann.

Eine Möglichkeit dafür ist, komplett voneinander unabhängige Teile mit eigenen Eingängen und Ausgängen auszutauschen und den FPGA virtuell in mehrere Ausführungseinheiten zu zerlegen, die unabhängig auf einem Chip untergebracht sind. Oder aber das Gesamtsystem auf dem FPGA beinhaltet eine statische Kommunikationsstruktur mit on-Chip-Schnittstellen und oft auch einen Rekonfigurationscontroller. Die ausgetauschten Teile beschreiben dann klar definierte Bereiche (sogenannte *Slots*) auf dem Chip [10]. Eine detaillierte Darstellung eines solchen Systems für den Einsatz in Kraftfahrzeugen findet sich in [18], den Aufbau des dort präsentierten Systems zeigt Abbildung 2.12.

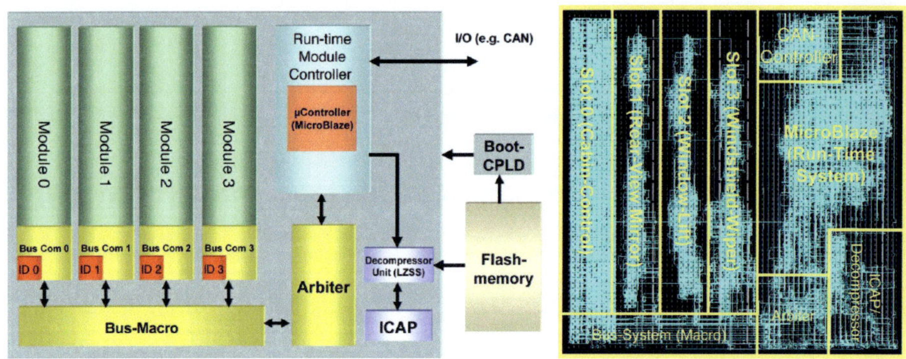

Abbildung 2.12.: Darstellung des Slotbasierten Systems aus [18]

2.5.5.2. Die JTAG-Konfigurationsschnittstelle

Das Akronym JTAG steht für die Joint Test Action Group und bezeichnet üblicherweise den IEEE-Standard 1149.1 *Test Access Port and Boundary-Scan Architecture* [131]. Für viele FPGAs, unter anderem auch die Xilinx-Bausteine, existiert eine serielle Konfigurationsschnittstelle basierend auf [131], über die Konfiguration, Rekonfiguration und auch das Auslesen von Konfigurationsdaten möglich ist [300]. Sie besteht aus den vier Pins *Test Data In* (TDI), *Test Data Out* (TDO), *Test Mode Select* (TMS) und *Test*

Clock (TCK). Die Kommunikation erfolgt zwischen einem Master-Device und einer beliebigen Anzahl Slave-Devices, die topologisch in einer Kette angeordnet sind, die beim Master geschlossen wird. TCK und TMS werden zentral vom Master getrieben. Jedes Device empfängt Daten über TDI und gibt über TDO aus, wobei TDO von Device n mit TDI von Device $n + 1$ verbunden wird. Bei Kommunikation zwischen einem Slave und dem Master shiften die unbeteiligten Devices die Daten lediglich weiter. Für die Xilinx Virtex-Serien ist die maximale JTAG-Konfigurationsfrequenz mit 33 MHz angegeben [290], bei serieller Übertragung ist also ein Durchsatz von 33 MBit/s möglich.

2.5.6. Verwendete Hardwareplattformen

Im Rahmen der Arbeit wurden zwei Evaluationsplattformen aus dem *Xilinx University Program* (XUP) [292] verwendet, die jeweils einen zentralen rekonfigurierbaren Hardwarebaustein und eine Vielzahl an Schnittstellen zur Verfügung stellen. Weiter bieten sie die Möglichkeit, externen DDR-Speicher und CompactFlash-Karten anzusprechen. Zur Realisierung der TPM-Erweiterungen und Verifikation der Testsysteme wurde das XUP Virtex-II Pro Entwicklungsboard [298] mit Virtex-II Pro XC2VP30 Baustein verwendet. Er beinhaltet 30816 Logikzellen und zwei integrierte PowerPC-Kerne, die jedoch nicht verwendet wurden.

Die Umsetzung des C2X-Signatursystems und der ECDSA-Hardware erfolgte auf einer XUP ML505 Evaluationsplattform [302] mit Virtex-5 XC5VLX110T FPGA. Dieser bietet mit 69120 wesentlich mehr Logikzellen und stellt vor allem 64 der oben vorgestellten DSP48E-Slices [301] zur Verfügung, die als Basis für die $\mathbb{F}_p$-Arithmetik dienen.

3. Stand der Technik

3.1. Security-Architekturen für C2X-Kommunikation

VANETs weisen durch ihre Struktur, Größe und Dynamik und durch die Tatsache, dass unmittelbar sicherheitskritische Anwendungen auf der Kommunikation beruhen, spezielle Sicherheitsanforderungen auf [213]. Der Untersuchung der Anforderungen und Schutzziele und dem Entwurf von Strategien und Architekturen, um sie zu erreichen, widmet sich ein eigenes Forschungsgebiet. Einführungen finden sich bspw. in [285] oder [266].

Für die Sicherstellung einer zuverlässigen und vertrauenswürdigen Datenbasis lassen sich einige Schutzziele identifizieren [213, 204]:

Authentizität Es muss für den Empfänger überprüfbar sein, dass die Nachricht von einem legitimen Sender in einem bestimmten (kleinen) Zeitintervall erzeugt wurde. Hierbei ist nicht die Identität des Senders wesentlich, sondern dass seine Eigenschaften oder Attribute den Vorgaben des Protokolls entsprechen und er vertrauenswürdig ist [11].

Integrität Die Nachrichten dürfen nicht verändert oder manipuliert werden können, bzw. muss eine Veränderung als solche erkennbar sein.

Privacy Schutz der Privatsphäre bedeutet hier idealerweise *Anonymität* der Nachrichten. Zusätzlich soll die *Location Privacy* geschützt, also verhindert werden, dass einzelne Knoten anhand ihrer Nachrichten verfolgt werden können.

Nichtabstreitbarkeit Ein Sender soll die Urheberschaft einer Nachricht nicht abstreiten können. Dies ist zur Erkennung illegitimer Knoten aber auch zur Strafverfolgung wünschenswert, muss aber in Berücksichtigung der Privacy-Anforderungen an strikte Regeln gebunden sein.

Weitere Ziele für spezielle Applikationen umfassen Autorisierung für verschiedene Protokolle, Vertraulichkeit von Nachrichten und Zurechenbarkeit [204] und technische Ziele wie Verfügbarkeit und Echtzeitfähigkeit (Latenzminimierung) [213], die ebenfalls einen Einfluß auf die Realisierung der Sicherheitsmechanismen haben.

3.1.1. Die Sicherheitsarchitektur des SEVECOM-Projekts

SEVECOM [244] war ein im Rahmen das sechsten Rahmenprogramms der EU gefördertes Projekt von 2006 bis 2008 mit dem Ziel, ein Sicherheitssystem für C2X-Kommunikation zu entwickeln [244]. Das Projektkonsortium bestand aus Industrieunternehmen (TRIALOG, Bosch, Daimler, FIAT) und akademischen Partnern (Universitäten Budapest, Leuven, Ulm und EPFL Lausanne). Das Projekt ist eingebettet in die eSafety-Initiative [76] und das COMeSafety-Projekt [45].

Im Rahmen von SEVECOM wurde eine Sicherheitsarchitektur entwickelt [167, 11], die auch Grundlage der COMeSafety-Sicherheitsarchitektur ist [44]. Hierbei wurden speziell die Besonderheiten der C2X-Kommunikation auf Basis einer Applikationsbetrachtung [167] berücksichtigt; in [11] werden unter anderem die One-Way-Broadcast-Kommunikation, die Relevanz von Datenschutz und Anonymität, die beschränkte Paketgröße und die Eigenschaft, dass der Datenaustausch zeitkritisch ist, genannt. Ziel ist vor allem die Absicherung der Kommunikation zur Erreichung eines sicheren Broadcast und Geocast und einer sicheren Pseudonymverwaltung [204].

3.1.1.1. Aufbau des Sicherheitssystems

Das Security-System basiert auf der digitalen Signatur der Nachrichten, die Authentizität, Integrität und Nichtabstreitbarkeit gewährleisten kann [213]. Die teilnehmenden Fahrzeuge werden von CAs anhand ihrer Identität und Eigenschaften überprüft und erhalten zertifizierte Pseudonyme. Diese werden für die Signatur verwendet und zum Schutz der Privatsphäre regelmäßig ausgetauscht. Das Schlüsselmanagement erfolgt über eine zentrale PKI. Außerdem wird meist eine manipulationsresistente Hardware-Security-Einheit in den Fahrzeugen vorausgesetzt, die Schlüssel und Zertifikate sicher speichert und alle Operationen durchführt, die geheime Schlüssel benötigen [204, 155, 214, 213].

Der grundlegende Ablauf für die Absicherung ist damit wie folgt: Jeder Teilnehmer X, bzw. die installierte Kommunikationseinheit (On-Board Unit OBU) hat eine feste Langzeit-Identität ID_X, vergleichbar einer Fahrgestellnummer, assoziiert mit einem Schlüsselpaar (SK_X, PK_X) aus geheimem und öffentlichem Schlüssel und einem Satz von Attributen, die technische Eigenschaften des Knotens und der OBU beschreiben (Sensoren, Rechenleistung, Typ). Dies wird mit einem Teilnehmerzertifikat $\mathsf{Cert}_A(X)$ durch eine CA A bestätigt.

Die OBU erstellt nun Pseudonyme, das heißt eine Menge von neuen Schlüsselpaaren $\{(SK_X^1, PK_X^1),\ \dots,\ (SK_X^n, PK_X^n)\}$. Diese werden anhand der Attribute von einer CA bestätigt und zertifiziert. Für die Kommunikation zwischen OBU und CA muss dabei Vertraulichkeit garantiert werden. Die OBU erhält damit Pseudonyme $((SK_X^i, PK_X^i) \,||\, \mathsf{Cert}_A(PK_X^i))$, bestehend aus einem Schlüsselpaar und einem Zertifikat. Dieses bestätigt die Legitimität der OBU, ist aber (außer von der CA) nicht mit der Langzeit-Identität ID_X in Verbindung zu bringen.

Für die Signatur der VANET-Nachrichten werden ausschließlich Pseudonyme verwendet. Jede Nachricht m wird mit einem SK_X^i signiert und zusammen mit dem entsprechenden Zertifikat $Cert_A(PK_X^i)$ versandt. Jede Nachricht enthält einen Zeitstempel und eine Sendeposition, zusammen Geo-Stamp genant. Er wird als Teil der Nachricht mit signiert. Für den Empfänger sind damit Authentizität und Integrität der Nachricht überprüfbar. Um Anonymität und Nichtnachverfolgbarkeit sicherzustellen, werden die Pseudonyme in regelmäßigen Intervallen gewechselt. Nichtabstreitbarkeit ist gegeben, da unter zu reglementierenden Umständen die CA die Verbindung zwischen den Pseudonymen und der Langzeitidentität wieder herstellen kann [213, 204]. Einen stark vereinfachten Überblick über das Absicherungssystem zeigt Abbildung 3.1.

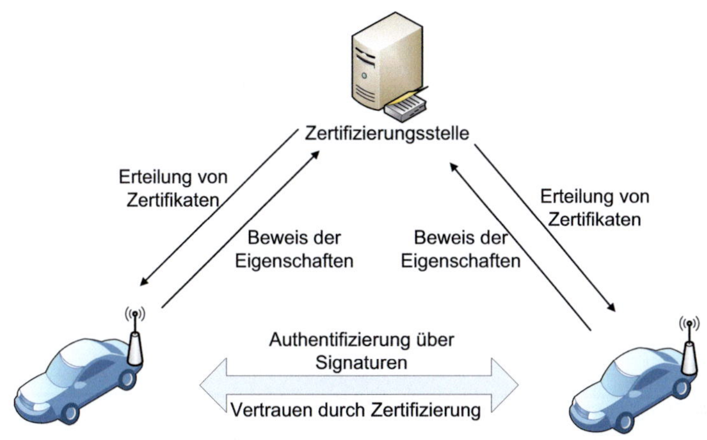

Abbildung 3.1.: Zertifizierung und Signierung im VANET (vereinfacht)

3.1.1.2. Konkretisierung der Mechanismen

SEVECOM kommt zu dem Ergebnis, dass die Signatur jeder einzelnen Nachricht zur Erreichung einer sicheren Datenbasis erforderlich ist [155]. Die Erzeugung, Übertragung und Verifikation der Nachrichten erzeugt einen erheblichen Aufwand bzgl. Rechenleistung der OBUs und Übertragungskapazität des Kanals. Dabei geht SEVECOM von einer Beaconing-Frequenz von 10 Hz aus. Gleichzeitig muss ein adäquater Sicherheitslevel garantiert werden. Zur Auswahl eines optimalen Verfahrens wurden drei im Federal Information Processing Standard FIPS 186 [94] des NIST standardisierte Verfahren bzgl. Größe von Signaturen, Schlüsseln und Parametern und Rechenaufwand verglichen: das Rivest-Shamir-Adleman-Verfahren RSA [216], der

Digital Signature Algorithm (DSA) basierend auf dem ElGamal-Signaturschema [74] und das ECDSA-Verfahren basierend auf elliptischen Kurven. Als optimal wurde das ECDSA Verfahren ermittelt [11] und eine Schlüssellänge von mindestens 224 Bit vorgeschlagen [155].

Es wird angenommen, dass erste Realisierungen eine ähnliche Leistungsfähigkeit aufweisen, wie die in den Feldtests verwendeten OBUs mit PowerPC-Prozessoren bei 400 MHz [155] und dass diese Plattformen nicht in der Lage sein werden, mehr als einige Dutzend Signaturverifikationen pro Sekunde durchzuführen. Daher wird eine ASIC-Hardwareimplementierung als mögliche Lösung vorgeschlagen. Allerdings wird gleichzeitig darauf hingewiesen, dass die Sicherheitsanforderungen über die Lebenszeit eines Fahrzeuges nicht sicher vorhersagbar seien und daher ein Austausch des Verfahrens und der Schlüssellänge möglich sein sollte [155]. Zur sicheren Speicherung von Schlüsseln und Zertifikaten wird ein manipulationsresistentes Hardware-Securitymodul (HSM) vorgesehen. Dieses soll auch alle kryptographischen Operationen ausführen, die die Verwendung eines privaten, geheimen Schlüssels erfordern.

3.1.2. EVITA

Das EVITA-Projekt (E-safety Vehicle Intrusion proTected Applications) [86], gefördert im 7. Rahmenprogramm der EU, beschäftigt sich mit einer Hardware-Securityarchitektur für Automobilsteuergeräte vor dem Hintergrund der C2X-Kommunikation [87]. Projektzeitraum ist Juli 2008 bis Juni 2011. Es wird ein mehrschichtiges System mit drei unterschiedlichen Sicherheitsklassen für die einzelnen Steuergeräte vorgeschlagen, die je nach Klasse unterschiedlich leistungsfähige Hardwaremodule (HSM) enthalten sollen [125].

Das *HSM light* dient als Hardwareerweiterung für Security-kritische Sensoren und Aktoren, das *HSM medium* für die fahrzeuginternen Domänencontroller und das *HSM full* speziell für die C2X-OBU. Letzteres enthält als einziges eine Funktionseinheit für asymmetrische Kryptographie, konkret für ECC über der 256-Bit NIST-Primkurve P-256 [195]. Für eine FPGA-Implementierung werden 2000 Slices bei einer Leistungsfähigkeit von 200 Signaturen pro Sekunde veranschlagt [125, 115]. Außerdem sind unter anderem ein 32-Bit Microcontroller und Funktionseinheiten für symmetrische Kryptographie (AES) und Hashing (WHIRLPOOL) enthalten. Die HSMs sollen gegen Manipulation geschützt sein und im Rahmen des Projekts entworfen, verifiziert und prototypisch implementiert werden.

3.1.3. sim^{TD}

Das Projekt *Simulierte Intelligente Mobilität Testfeld Deutschland* (sim^{TD} [248]) führt gefördert von verschiedenen Bundesministerien von 2008 bis 2012 einen C2X-Feldversuch mit insgesamt 400 Fahrzeugen und etwa 100 RSUs durch. Hierbei werden verschiedene Funktechnologien und Algorithmen, aber auch eine Security-Architektur getestet, die sich am IEEE WAVE-Standard [132] und den Ergebnissen verschiedener Projekte, u.a. SEVECOM, NOW und Pre-Drive C2X, orientiert.

Die Absicherung von Safety-Nachrichten (v.a. CAM und DENM) erfolgt analog zur SEVECOM-Architektur mittels pseudonymisierten digitalen Signaturen. Die Realisierung erfolgt in Software auf einer *Communication & Control Unit* (CCU) mit einem 400 MHz Prozessor mit PowerPC-Architektur. Die Beacon-Rate für CAMs wurde auf maximal 2 Hz festgelegt. Aufgrund von Performancebeschränkungen wurden nicht der in [132] vorgeschlagene Signaturalgorithmus ECDSA-256 verwendet, sondern RSA mit einer Schlüssellänge von 512 Bit [97] (für einen Vergleich der Sicherheitslevel siehe auch Abschnitt 2.2.6). Obwohl die Verifikation hiermit um Faktor 27 schneller war (1,9 ms im Vergleich zu 54 ms für ECDSA-256), wird bei Situationen mit hoher Verkehrsdichte auf einen Fallback-Algorithmus zurückgegriffen, da die Signaturverifikation nicht mit dem nötigen Durchsatz durchgeführt werden kann [23]. Für die Zukunft wird hier ebenso wie bei SEVECOM die Verwendung von Spezialhardware und ECDSA vorgeschlagen.

Die Pseudonymisierung erfolgt über eine zentrale PKI und manuell eingebrachte Digitale Token. Für die Verifikation der Plattformeigenschaften von Seiten der CA wird eine Momentaufnahme der Softwarekonfiguration übertragen. Der Pseudonymwechsel erfolgt etwa alle 30 Minuten [23]. Die Gültigkeitsdauer ist wegen der geringen Schlüssellänge für die Signaturen auf 24 Stunden begrenzt.

3.1.4. COMeSafety

Das COMeSafety-Projekt [45] ist eine EU-geförderte *Specific Support Activity* mit einer Projektlaufzeit von 2006 bis 2010 und dem Ziel, die internationalen Forschungsergebnisse und ihre Implementierung zu koordinieren und zu konsolidieren [42]. Das Konsortium bestehend aus europäischen Automobilherstellern und dem ITS Niedersachsen [145] unterstützt dabei die weltweite Harmonisierung und Standardisierung. Dazu werden in Zusammenarbeit mit dem C2C Communication Consortium [35] die Ergebnisse unterschiedlicher Forschungsprojekte gesammelt und ausgehend von den vereinigten Anforderungsanalysen zu einem einheitlichen Architekturvorschlag zusammengefasst [44]. Ein weiteres Ziel ist die Unterstützung des eSafety-Forums [76], einer Initiative von EU und Industrie, die die Erhöhung der Sicherheit des Straßenverkehrs zum Ziel hat [82]. Abbildung 3.2 visualisiert die Einbettung und Projektvernetzung. Als Ergebnis entstand eine Kommunikationsarchitektur für C2X-Netze [44]. Betrachtet werden vier Arten von Knoten: Fahrzeuge, RSUs, Zentralstationen und Mobile Geräte. Allen gemeinsam ist eine Referenzarchitektur, die in Abbildung 3.3 dargestellt ist.

Bezüglich Security wurden im Wesentlichen die Ergebnisse des SEVECOM-Projektes und des C2C Communication Consortiums übernommen. Die Sicherheitsmaßnahmen beziehen sich auf alle Ebenen des Protokollstacks und sind jeweils Schnittstellen

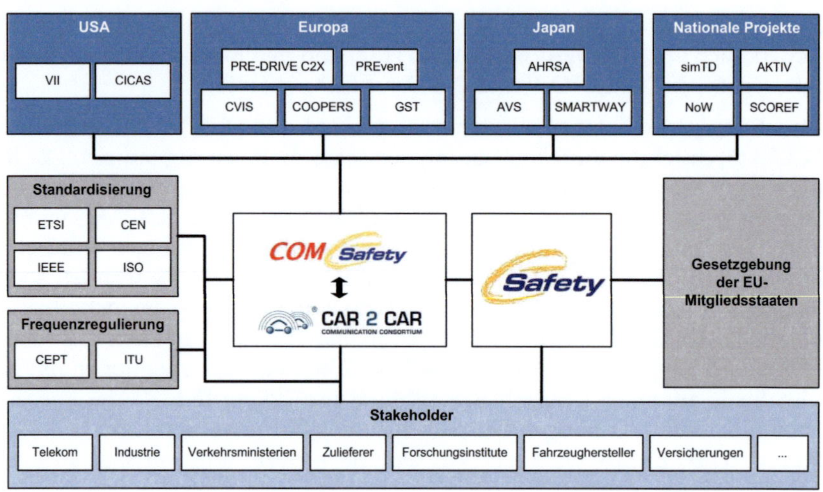

Abbildung 3.2.: COMeSafety Projektnetzwerk, vgl. [45]

zu den einzelnen Schichten. Speziell in Situationen mit hoher Auslastung der Signaturüberprüfung wird eine adaptive Verwendung vorgeschlagen. Hierzu wird zuerst der Inhalt der Nachricht betrachtet und die Signaturverifikation nur durchgeführt, falls sie individuell nötig ist [44]. Zusätzlich sollen Plausibilitätschecks auf den Daten durchgeführt werden.

Die Securityarchitektur besteht aus vier Modulen. Das Modul zur Authentifizierung, Autorisierung, Vertraulichkeit und zum Profilmanagement realisiert die sichere Kommunikation (Beaconing, Geocast, Routing). Pseudonyme und Zertifikate werden im Security Information Base Module verwaltet. Dies betrifft sowohl eigene Pseudonyme als auch Zertifikate von Kommunikationspartnern. Auch die Plausibilitätsüberprüfungen sind hier verortet. Das Firewall-Modul kontrolliert den Zugriff auf die Fahrzeugsysteme und führt eine Angriffserkennung durch. Das HSM bietet sicheren Speicher für geheime Schlüssel und Hardwareunterstützung für Kryptographie.

3.1.5. C2X-Hardwareplattformen

Bisher sind wenige konkrete Hardwareplattformen für die Realisierung der C2X-Kommunikation in der Literatur bekannt. Der sim^{TD}-Feldtest verwendet CarPCs mit 400 MHz Power-PC Prozessoren [23]. Ähnliches wird auch von Seiten des SEVE-COM-Projekts für erste Marktrealisierungen erwartet [155]. Drüber hinaus sind nur wenige konkrete Realisierungen erhältlich.

DENSO [54] bietet mit der *Wireless Safety Unit* (WSU) [55] eine Hardwareplattform mit integrierter IEEE 802.11p-Schnittstelle [137] an. Die WSU enthält einen 400 MHz

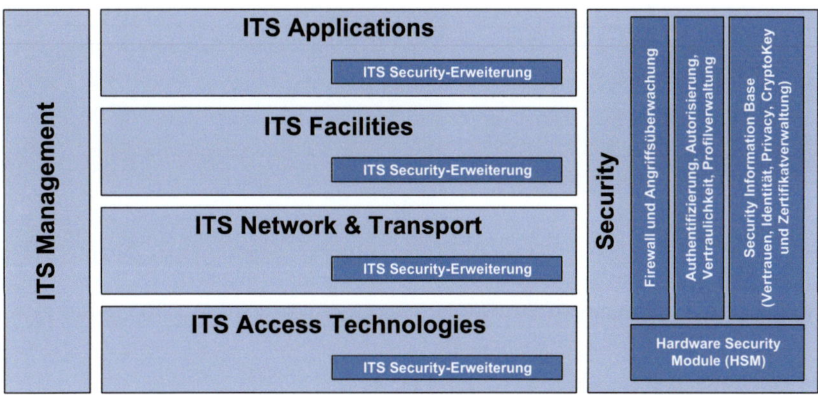

Abbildung 3.3.: COMeSafety ITS Basisarchitektur

PowerPC (SPC5200B), 128 MB RAM und 64 MB FlashROM für Firmware. Sie verfügt über vielfältige Schnittstellen wie CAN, Ethernet, RS-232, GPS und USB und erfüllt bereits einige Automotive-Anforderungen wie Toleranz gegen Spannungsschwankungen und Vibrationen [238]. Unterstützt werden die Protokollstacks aus den USA (WAVE), Europa (C2C-CC) und die japanischen Protokolle. Der Schwerpunkt liegt auf Realisierung und Test von Protokollen und Anwendungen. Ein Softwarestack für die europäischen und amerikanischen Protokolle steht in Form der von BMW initiierten OpenWAVE Engine [169] bereit.

NEC [190] stellt mit dem LinkBird-MX [189] eine Testplattform für die C2X-Protokollevaluierung zur Verfügung. Der LinkBird basiert auf einem 266 MHz 64-Bit MIPS Microprozessor mit 16 GB NAND-Flash, 16 MB NOR-Flash und 128 MB SDRAM. Neben der IEEE 802.11p-Schnittstelle sind Ethernet-, UART-, USB- und MOST-Schnittstellen vorhanden. Das System ist erschütterungs- und vibrationstolerant und resistent gegen Temperaturschwankungen. Auf Basis eines Linux Debian Etch-Betriebssystems [52] bietet NEC ein C2X-SDK Kommunikationssystem mit API an [188], das bereits Geo-Routing und einige Beispielapplikationen beherrscht.

Speziell für die Umsetzung von C2X-Security bietet die escrypt GmbH [78] die es-BOX 1609.2 V2X [77] an. Sie implementiert das IEEE 1609.2 [134] WAVE Security-Protokoll auf Basis TI Open Multimedia Application Platform mit ARM Cortex-A8 Prozessors bei 720 MHz und einem Xilinx Virtex4FX12-10 FPGA für die Durchführung der ECDSA-Operationen. Die Leistungsfähigkeit ist mit 400 Signaturoperationen (Generierung oder Verifikation) pro Sekunde angegeben. Der Anschluß an eine OBU ist per Ethernet möglich, zusätzlich stehen weitere Schnittstellen zur Verfügung, u.a. CAN, USB, RS232, JTAG, I^2C und SPI.

Abbildung 3.4.: DENSO WSU [5]   Abbildung 3.5.: escrypt esBOX [77]

3.2. Realisierungen für ECDSA

Da die Realisierung der arithmetisch aufwändigen Signaturverfahren auf ressourcen-beschränkten eingebetteten Systemen eine besondere Herausfordeung darstellt und durchaus den Flaschenhals für die Leistungsfähigkeit des Gesamtsystems bedeuten kann (vgl. etwa simTD [23]), gibt es eine Vielzahl von Ansätzen sowohl für Software-implementierungen als auch für Realisierungen in Hardware. Im Folgenden werden einige Ansätze und Ergebnisse für die Umsetzung von Kryptographie über Ellipti-schen Kurven gegeben. Da die Umsetzung je nach Kurve und Körpertyp (GF(2^m) oder GF(p)) unterschiedlich und nur bedingt vergleichbar ist, beschränkt sich die Darstellung auf Kurven über Primkörpern und eine Schlüssellänge von 256 Bit, falls möglich mit der NIST-standardisierten Kurve P-256 [195]. Als Vergleichsoperation dient die skalare Multiplikation kG für die Signaturgenerierung, bzw. doppelte ska-lare Multiplikation $kG + rQ$ für die Verifikation (vgl. Abschnitt 2.2.4.2), deren Aus-führung jeweils über 99,8% des Gesamtaufwands ausmacht (vgl. Abschnitt B.1 für ein Beispieltracing). Am Ende des Abschnitts wird ein tabellarischer Leistungsver-gleich gegeben.

3.2.1. Softwareimplementierungen

Brown et al. [31] präsentieren Softwareimplementierungen von NIST-Kurven über Primkörpern basierend auf verschiedenen Algorithmen. Hardwarebasis ist eine PC-Plattform mit Intel Pentium II Prozessor bei 400 MHz. Die Körperoperationen wur-den dabei in Assembler geschrieben, die Kurvenoperationen in C. Für die schnellsten Algorithmen für P-256 ist eine Laufzeit von 1,67 ms für kG (5,3 ms mit beschränktem Hauptspeicher) und 6,4 ms für $kG + rQ$ (10,5 ms bei Speicherbeschränkung) angege-ben. Eine Schätzung für PowerPC-Implementierungen bei 400 MHz findet sich bei [155]. Hier ist als maximaler Durchsatz einige Dutzend Signaturverifikationen pro Sekunde angegeben.

Das European Network of Excellence for Cryptology (ECRYPT II [67]), ein 2008 ge-startetes vierjähriges Projekt des siebten EU-Rahmenprogramms, bietet auf seiner

Webseite kryptographische Benchmarks verschiedener Algorithmen auf diverser aktueller Hardware (ECRYPT Benchmarking of Cryptographic Systems [65]). Die NIST P-256 ECDSA-Implementierung auf einem Intel Core 2 Duo bei 1,4 GHz ist hier mit 1,88 ms für Signaturgenerierung und 2,2 ms für Verifikation angegeben. Auf einem Intel Atom 330 bei 1,6 GHz ergeben sich 2,9 bzw. 3,4 ms. Die höchste Leistung konnte auf einem Intel Core i7 erzielt werden, der eine Signaturgenerierung in 662 μs durchführen konnte. Die Implementierung erfolgte in C unter Verwendung von OpenSSL und eines GCC-Compilers. Zu beachten ist, dass hier bei Systemen mit mehreren CPU-Kernen lediglich ein einzelner Kern getestet wird [65]. Einige weitere Werte finden sich in Tabelle 3.1 am Ende des Abschnitts.

Vor dem Hintergrund der Absicherung eingebetteter Systeme spielen Implementierungen auf Microcontrollern eine wesentliche Rolle. Drutarovsky et al. zeigen in [63] eine Implementierung auf einem ARM-7 32-Bit Microcontroller, allerdings für eine Bitlänge von 233 Bit. Hier werden 742 ms für die Generierung und 1240 ms für die Verifikation einer Signatur benötigt. Die Ausführungszeiten für ECC 256 einer Realisierung auf einem RIM Blackberry 7230 mit 32-Bit ARM 9EJ-S-Kern [215] gibt [117] mit 150 ms für die Verifizierung und 168 ms für die Generierung an.

3.2.2. Hardwarerealisierungen

Einen Überblick über ECC-Hardwareimplementierungen über verschiedenen Körpern und Kurven geben Dormale und Quisquater in [51]. Einen Ansatz speziell für Primkörper und 256 Bit Schlüssellänge erläutern McIvor et al. in [178]. Die Autoren implementieren einen speziellen ECC-Processor mit einem flexiblen Modularinverter und Montgomery-Multiplikator auf einem Xilinx Virtex-II Pro XC2VP125-7 FPGA und verwenden projektive Koordinaten für die Berechnung. Bei einer maximalen Taktfrequenz von 39,5 MHz werden für eine skalare Multiplikation 3,86 ms benötigt. Die Schaltung benötigt 15755 CLBs und 256 18 × 18 Multiplizierer.

Ghosh et al. [102] präsentieren eine spezialisierte GF(p)-ALU auf FPGA-Basis. Sie besteht aus einzelnen Hardwaremodulen für Addition, Subtraktion, Verdopplung, Multiplikation und Division auf dem Primkörper. Die Autoren geben Ergebnisse für Körperoperationen in verschiedenen Bitbreiten. Die Ressourcennutzung bei 256 bit Breite ist mit 8830 Slices (149K Gatter) auf einem Spartan-3 XC3S5000-fg900 angegeben. Eine skalare Multiplikation auf einer elliptischen Kurve ist nicht implementiert. Basierend auf den Angaben für Punktaddition und Punktverdopplung und unter Annahme eines Double&Add-Vorgehens für die Berechnung von $k \cdot G$ mit Bitbreite 256 ergäbe sich eine Laufzeit von etwa 23 ms. Orlando und Paar [203] verwenden einen high-radix Montgomery-Multiplizierer und eine Inversion auf Basis des kleinen Satzes von Fermat (vgl. [29]). Die Implementierung erfolgte auf einem Xilinx Virtex-E FPGA bei 40 MHz und benötigt 11416 LUTs, 5735 FFs und 35 BRAM-Blöcke. Bei optimaler Auslastung geben Sie eine geschätzte Laufzeit von 3 ms für eine skalare Multiplikation mit 192 Bit Schlüssellänge über GF($2^{192} - 2^{64} - 1$) an.

Satoh und Takano [233] stellen ein skalierbares ECC-Prozessordesign auf 0,13 μm CMOS Standardzellen vor. Das System beruht auf $r \times r$-Multiplikatoren und Montgomery-Modularmultiplikation (MMM). Die Version mit der höchsten Leistung beruht auf 64×64-Bit Multiplikatoren und führt bei 138 MHz Taktfrequenz eine skalare Multiplikation mit $|p| = 256Bit$ in 2,68 ms durch. Der ASIC benötigt 106000 NAND-Gatter für Logik und zusätzlich 13600 Gatter für Speicher. Realisierungsvarianten mit kleineren Multiplizierern erreichen weniger Leistung, bspw. 28 ms für kG bei 8×8-Multiplizierern, mit sparsamerem Ressourceneinsatz (32300 Gatter gesamt). Eine modulare ALU mit rekonfigurierbarem Datenpfad stellen Sakiyama et al. [226] vor. Sie verwenden ebenfalls MMM mit bitserieller Multiplikation und unterstützen sowohl ECC als auch RSA-Operationen auf Primkörpern. Die Autoren geben für eine Realisierung auf 0,25 μm CMOS-Technologie eine Laufzeit für skalare Multiplikation ($|p| = 256Bit$) 4,3 ms bei 159 MHz und 243K Gattern an.

Ein relativ neuer Ansatz für hochperformante ECC-Realisierung ist die Verwendung spezialisierter DSP-Slices, die auf vielen aktuellen FPGAs vorhanden sind (vgl. Abschnitt 2.5). Güneysu und Paar stellen in [115] eine Implementierung auf Basis eines Xilinx Virtex-4 FPGA vor, die gezielt die dort vorhandenen Xtreme DSP48-Slices [294] für ECDSA auf den NIST-Kurven P-224 und P-256 verwendet. Die Autoren entwerfen einen ECC-Kern, der spezialisierte Hardwareeinheiten für Modulare Multiplikation und Addition enthält und über eine Zustandsmaschine gesteuert wird. Durch Einsatz der DSP-Slices erreicht das System Taktraten von bis zu 490 MHz. Zur Berechnung werden projektive Chudnovsky-Koordinaten verwendet. Die GF(p)-Multiplikation erfolgt in einem Schritt nach Vorbild der koeffizientenweisen Polynommultiplikation mit entsprechend geshiftetem Aufaddieren der Teilprodukte. Die Reduktion der Ergebnisses modulo p erfolgt anschließend per NIST-Reduktion (vgl. Abschnitt 2.1.2) in einem entsprechenden Hardwaremodul. Die Autoren geben als Leistung eines einzelnen Kerns (P-256) 620 μs für eine skalare Multiplikation und 749 μs für eine doppelte skalare Multiplikation an. Zusätzlich wird die Verwendung eines Fensterungsverfahrens vorgeschlagen, was die Leistung auf geschätzte 495 μs für kG und 540 μs für $kG + rQ$ erhöhen würde. Den Ressourcenverbrauch geben die Autoren mit 2589 LUTs, 2028 FFs, 32 DSP-Blöcken und 11 BRAM-Blöcken für einen ECC P-256-Kern an.

3.2.3. Performanzvergleich

Tabelle 3.1 zeigt die Leistungsfähigkeit und den Durchsatz der vorgestellten Arbeiten für die einfache skalare Multiplikation im Vergleich. Die mit einem Stern (*) gekennzeichneten Werte beziehen sich auf die gesamte Signaturverarbeitung anstatt lediglich auf die Kernoperationen kG bzw. $kG + rQ$ (vgl. Abschnitt B.1).

Es zeigt sich, dass auch mit aktuellen PC-Prozessoren die Erreichung des benötigten Durchsatzes von 2000-3000 Signaturverifikationen pro Sekunde eine große Herausforderung darstellt. Auch mit der leistungsfähigsten dem Autor bekannten Im-

---

[1]Die zweiten Werte sind Schätzwerte für die Anwendung einer Fensterung.

	$|p|$	Ressourcen	clk [MHz]	kG		kG+rQ	
				Zeit	#/s	Zeit	#/s
Microcontroller-Implementierungen							
Drutar. [63]	233	ARM7	25	*742 ms	1,35	*1240 ms	0,8
RIM [117]	256	ARM9EJ-S	k.A.	*168 ms	5,95	*150 ms	6,7
PC-Prozessor-Implementierungen							
eBACS [65]	256	Mot. PowerPC G4 7410	533	*11,7 ms	85,2	*14,1 ms	70,7
Petit [206]	256	Intel Pentium D	3400	*3,33 ms	300	*6,63 ms	151
eBACS [65]	256	Intel Atom 330	1600	*2,9 ms	345	*3,4 ms	294
eBACS [65]	256	Intel Core 2 Duo U9400	1400	*1,88 ms	532	*2,2 ms	455
Brown [31]	256	Intel Pentium II	400	1,67 ms	599	6,4 ms	156
eBACS [65]	256	Core 2 Quad Q6600	2394	*1,28 ms	782	*1,51 ms	664
eBACS [65]	256	Intel Core 2 Duo E4600	2400	*783 μs	1277	*917 μs	1091
eBACS [65]	256	Intel Core i7 920	2673	*662 μs	1511	*773 μs	1294
FPGA-Implementierungen							
McIvor [178]	256	15755 CLB, 256 MUL	39,5	3,86 ms	259	k.A.	k.A.
Orlando [203]	192	11416 LUT, 35 BRAM	40	3 ms	333	k.A.	k.A.
ASIC-Implementierungen							
Sakiyama [226]	256	243K Gatter (0,25 μm)	159	4,3 ms	233	k.A.	k.A.
Satoh [233]	256	120K Gatter (0,13 μm)	138	2,68 ms	373	k.A.	k.A.
FPGA-Implementierungen mit DSP-Nutzung							
Güneysu [115]	256	2589 LUT, 32 DSP	490	620 μs	1614	749 μs	1335
Güneysu [1][115]	256	2589 LUT, 32 DSP	490	495 μs	2020	540 μs	1850

Tabelle 3.1.: Leistungsvergleich ECC-Operationen über Primkörper GF(p)

plementierung auf marktverfügbaren FPGAs ist der benötigte Durchsatz nicht mit einem Core zu erreichen [115]. Die für Feldtest verwendeten C2X-Kommunikations-OBUs [23, 189, 55] genügen ebenfalls aktuell nicht den Anforderungen, um die in [132] und [44] vorgeschlagene Absicherung mit ECDSA zu realisieren.

3.3. Trusted Computing für rekonfigurierbare Systeme

Seit der Einführung des Trusted Computing Ansatzes durch die Gründung der Trusted Computing Platform Alliance (TCPA) 1999 und Veröffentlichung der ersten Spezifikation 2003 [257] ist die Anwendung von Trusted Computing auch in eingebetteten Systemen Thema vielfältiger Untersuchungen. Ein spezielles Teilgebiet mit besonderen Herausforderungen ist die Anwendung und Umsetzung auf rekonfigurierbarer Hardware.

Eisenbarth et al. schlagen in [70, 71] und [69] erstmalig eine konkrete Anwendung von Trusted Computing auf rekonfigurierbarer Hardware vor. Um die rekonfigurierbare Hardwareschicht in die Vertrauenskette zu integrieren und gleichzeitig unabhängig zu werden von wenigen Hardware-TPM-Herstellern wird eine Integration der TPM-Funktionalität selbst in rekonfigurierbarer Hardware vorgeschlagen. Dazu wird eine Erweiterung des Ziel-FPGA um eine Konfigurationskontrolle und eine *Bitstream Trust Engine* (BTE) benötigt, die Authentifizierung, Entschlüsselung und nichtflüchtigen Speicher realisiert. Durch die Rekonfigurierbarkeit des TPM selbst entstehen zusätzliche Möglichkeiten für individuelle Anpassungen, Fehlerbehebung und Updates der Funktionalität. Das Konzept beruht grundlegend auf der Integration der benötigten Zusatzfunktionen in den FPGA-Baustein durch den Hersteller, so dass solche Systeme momentan noch nicht einsetzbar sind. Implementierungsvorschläge sind bisher nach Wissen des Autors nicht veröffentlicht. Auch ist nicht zweifelsfrei sichergestellt, dass die Vertrauenswürdigkeit des rekonfigurierbaren TPM für einem externen Verifizierer nachprüfbar ist, da die Funktionalität des TPM nicht statisch ist. Schellekens et al. [237] zeigen einen modifizierten Ansatz, der ebenfalls die Integration eines rekonfigurierbaren TPM in ein FPGA zum Ziel hat. Er beruht auf der Verfügbarkeit von einmalig programmierbarem nichtflüchtigem Speicher (NVM) auf dem FPGA und einem externen NVM mit Security-Erweiterung. Die Sicherheit basiert auf der Schwierigkeit, ein Reverse-Engineering von Bitströmen durchzuführen [62] und die enthaltenen Physically Unclonable Functions (PUF) [100, 99, 114] zu extrahieren.

Einen weiteren Ansatz, eine Trusted Computing Base auf FPGAs zu etablieren, präsentieren Kepa et al. in [158, 157]. Schwerpunkt ist hier der Schutz der Integrität und Vertraulichkeit von IPs Dritter. Basis ist die Integration eines Secure Reconfiguration Controller (SeReCon), der die Rekonfiguration überwacht. Dieser wird als Bitstrom geladen, benötigt allerdings einen im FPGA integrierten nichtflüchtigen, sicheren Speicher (ID-Register), der ausschließlich in der korrekten SeReCon-Konfiguration zugänglich ist. Dieser muss vom FPGA-Hersteller zur Verfügung gestellt und integriert werden. Basierend darauf wird eine Erkennung der Zielfläche und der Schnittstellen und eine Zertifizierung von Bitströmen vorgeschlagen, die bei Rekonfiguration überprüft wird, um die Konfiguration eines nicht-integren Bitstroms zu verhindern. Die Überwachung der Konfigurationsschnittstelle soll außerdem die Verschlüsselung von Bitströmen ermöglichen, um Vertraulichkeit der Inhalte sicherzustellen. Der vertrauenswürdige Beleg der Plattformkonfiguration gegenüber Dritten wird jedoch nicht betrachtet.

Huang et al. [127] präsentieren ein Absicherungssystem für eingebettete Prozessoren basierend auf einem Trusted Cryptographic Module[2] (TCM) und einem FPGA, das eine Integritätsmessung in Form einer Flashüberprüfung vor dem eigentlichen Systemstart vornimmt. Der FPGA selbst wird allerdings als sicher angenommen.

Mehrere Ansätze beschäftigen sich mit der Absicherung und dem Kopierschutz von IP (Konfigurationsdaten oder Software) für FPGAs (vgl. etwa [271, 156, 6, 151]). Die symmetrische Verschlüsselung von Bitströmen wird bereits von vielen FPGAs direkt unterstützt (vgl. etwa Xilinx Virtex II Pro [297]). Simpson und Schaumont präsentieren in [247] ein Authentifikationsverfahren von Hardware und Software zwi-

---

[2]Das TCM der Firma Nationz Technologies ist ein TPM-ähnliches Modul basierend auf einer Spezifikation der chinesischen Regierung. Nationz Technologies ist der Nachfolger des in der Veröffentlichung genannten Herstellers Shenzhen ZTEIC Design Co. [187].

schen Chiphersteller, Systementwickler und IP-Entwickler basierend auf symmetrischer Verschlüsselung und PUFs. Hierbei muss ein Security-Modul bestehend aus AES und PUF auf dem FPGA integriert werden. Diese Ansätze zielen auf die Sicherstellung von Integrität und Vertraulichkeit und ermöglichen die Bindung von Konfigurationsdaten an spezielle Devices. Allerdings ist es auch hier nicht möglich, einem Kommunikationspartner gegenüber einen vertrauenswürdigen Zustand zu beweisen.

4. Angreifermodell

Um die Bedrohungslage des betrachteten Gesamtsystems zu analysieren wird ein klassisches Angreifermodell betrachtet, dass auf Dolev und Yao [60] zurückgeht. Im Folgenden wird davon ausgegangen, dass die Absicherung der C2X-Kommunikation durch ein perfektes Public Key System nach Definition 2.20 erfolgt und außerdem das verwendete ECDSA-Verfahren selbst sicher ist.

4.1. Angreifermodellierung

Definition 4.1 (Angreifer): *Der* Angreifer $\mathcal{A}$ *ist eine polynomial in Speicherkapazität und Rechenleistung beschränkte Entität mit folgenden Fähigkeiten.*

1. $\mathcal{A}$ *kann jede Nachricht im Netzwerk empfangen, lesen, löschen und zurückhalten, das heißt die Auslieferung beliebig verzögern.*

2. $\mathcal{A}$ *ist ein legitimierter Benutzer des Netzwerks und kann beliebig Nachrichten einfügen und verändern.*

Die Modellierung beschreibt einen Angreifer mit umfassendem Zugriff auf die Kommunikation. Dies bildet den Umstand ab, dass die C2X-Kommunikation über einen drahtlosen, öffentlichen Kanal erfolgt, der auf der einen Seite leicht abgehört und auf der anderen Seite zumindest lokal auch leicht gestört werden kann, etwa indem mit einem starken Sender weißes Rauschen auf der verwendeten Frequenz gesendet wird. Diese Kanaleigenschaften werden als gegeben angenommen und können auch nicht auf kryptographischem Wege geändert werden. Auch müssen die zur Kommunikation notwendigen Informationen wie Zugriffsverfahren und Frequenzen öffentlich sein, um Interoperabilität aller Teilnehmer zu erreichen. Es wird im Folgenden also davon ausgegangen, dass der Angreifer $\mathcal{A}$ vollständige Kontrolle über den Übertragungskanal hat.

Die Menge der Angreifer kann nun unterteilt werden in verschiedene Klassen. *Passive* Angreifer hören bzw. lesen den Nachrichtenverkehr lediglich mit und interpretieren die enpfangenen Daten, wohingegen *aktive* Angreifer auch verändernd in die Kommunikation eingreifen. Weiter kann eine Unterteilung in *interne* und *externe* Angreifer vorgenommen werden, wobei ein externer Angreifer als Außenstehender versuchen kann, einen legitimierten Teilnehmer zu simulieren, wohingegen ein interner Angreifer als kompromittierter legitimer Benutzer verstanden werden kann, der alle Fähigkeiten eines legitimen Teilnehmers hat, diese jedoch zu seinem Vorteil ausnutzt ohne sich unbedingt an die Vorgaben des Protokolls und des Gesamtsystems zu halten. Drittens können Angreifer nach ihrer Motivation unterschieden werden. Die Einflußnahme kann einerseits zur Erreichung eines persönlichen Vorteils erfolgen (*egoistischer* Angreifer), als Beispiel hierfür könnte schon die Verweigerung von kooperativer Weiterleitung von Nachrichten zur Energieersparnis dienen. Andererseits sind Angreifer aus böswilliger, zerstörerischer Absicht (*destruktiver* Angreifer) denkbar, die die Funktionalität des Systems be- oder verhindern, ohne einen eigenen Vorteil daraus zu erlangen. Ein einfaches Beispiel hierfür wäre etwa das Unterbinden jeglicher Kommunikation auf dem Kanal durch einen hinreichend starken Störsender.

Eine weitere Klassifizierung von Angreifern kann anhand der zur Verfügung stehenden Ressourcen, also der Fähigkeiten und der Ausstattung der Angreifer erfolgen. Eine grundlegende darauf aufbauende Taxonomie wurde von IBM veröffentlicht [1, 8], weitere Klassifikationen finden sich bspw. in [211, 162]. Hier wird eine C2X-domänenspezifische Taxonomie angelehnt an die Angreifertaxonomie des IEEE WAVE Standard [134] gewählt.

Definition 4.2 (Angreifertaxonomie nach IEEE 1609.2): *Die Menge der Angreifer $\mathcal{A}$ wird nach den jeweils dem Angreifer zur Verfügung stehenden Möglichkeiten unterteilt in vier Klassen:*

Klasse 1: *$\mathcal{A}$ hat die Möglichkeit zum Kanalzugriff (Empfänger und Transmitter), hat aber keinen Zugriff auf Schlüsselmaterial.*

Klasse 2: *$\mathcal{A}$ ist im Besitz einer validen OBU.*

Klasse 3: *$\mathcal{A}$ hat das geheime Schlüsselmaterial einer oder mehrerer legitimer OBUs ausgelesen und kann sich als diese OBU ausgeben, bzw. das Schlüsselmaterial frei verwenden.*

Klasse 4: *$\mathcal{A}$ ist ein Organisationsinsider mit Security-relevanten Administrationsaufgaben (bspw. bei einem OBU-Hersteller, Fahrzeug-OEM oder einer CA).*

Betrachtet werden in Rahmen der vorliegenden Arbeit Angreifer der Klassen 1 und 2, die Angriffe auf Software- und Protokollebene ausführen. Dies umfasst auch die Manipulation der Konfiguration und möglicher Updatevorgänge oder das Einschleusen von kompromittiertem Softwarecode. Angriffe auf die Hardware, etwa über Seitenkanäle, werden im Folgenden nicht betrachtet. Diese beruhen gewöhnlich sehr stark auf der konkret eingesetzten Hardware und ihrer Resistenz gegen Angriffe, so dass Aussagen aufgrund von prototypischen Implementierungen auf Evaluationsplattformen nur begrenzt aussagekräftig sind.

4.2. Angriffsarten

Viele verschiedene Angriffe auf das C2X-Kommunikationssystem sind denkbar und die folgende Darstellung und Einteilung möglicher Angriffsarten erhebt keinen Anspruch auf Vollständigkeit oder Eindeutigkeit, sondern soll vielmehr zur Verdeutlichung der Bedrohungslage beitragen. Eine Anlehnung erfolgt an die Klassifizierungen aus dem PRE-DRIVE C2X-Projekt [101].

Auslesen oder Modifizieren geheimer Daten Der Angreifer A findet einen Weg, die in einer OBU B vorliegenden geheimen Daten, vor allem die privaten Schlüssel und Pseudonyme, auszulesen oder zu manipulieren. Damit ist er in der Lage, die Identität des Knotens B anzunehmen, dessen Daten er entwenden konnte, und Nachrichten zu versenden, die von den anderen Protokollteilnehmern als authentische, von B signierte Nachrichten akzeptiert werden.

Dieser Angriff entspricht einem Angriff der Klasse 3 nach obenstehender Definition 4.2 bzw. einem internen Angreifer ohne Verhaltensbeschränkung. Da der Angreifer damit auf Signaturebene völlig legitime Nachrichten beliebigen Inhalts erzeugen kann, ist die Erkennung eines solchen Angriffs durch andere Knoten auf Protokollebene unmöglich. Die geheime Schlüsselmaterial der OBUs muss daher vor Auslesen und Missbrauch geschützt werden.

Manipulation der Funktionalität einer OBU Der Angreifer manipuliert die Funktionalität einer legitimen OBU, so dass sie inkorrekte oder nicht protokollkonforme Nachrichten verschickt, ohne dass der Angreifer direkten Zugriff auf die geheimen Schlüsselinformationen der OBU erlangt. Dies könnte etwa durch Manipulation eines Software- oder Konfigurationsupdates oder das Ausnutzen von Schwachstellen im OBU-Code erfolgen und erfordert einen Angreifer der Klasse 2.

Manipulation des OBU-Umfelds Dieser Angriff zielt auf die Beeinflussung der von einer OBU B gesendeten Nachrichten durch Manipulation der Eingaben an B, ohne B selbst zu manipulieren. Dies kann etwa durch Ändern der B an den Schnittstellen zur Verfügung gestellten Sensordaten geschehen, durch Manipulation der Sensoren oder durch Simulation eines Umfelds für die Sensoren. Das Erkennen eines solchen Angriffs ist ebenfalls nicht auf Protokollebene, sondern lediglich durch Plausibilitätsüberprüfungen der Daten auf der betroffenen OBU oder bei anderen Knoten möglich. Der Angriff entspricht Klasse 2.

Stören des Kommunikationskanals oder von Ressourcen Eine Störung der Kommunikation bzw. des Netzwerks kann lokal durch einen Störsender erfolgen oder auch potentiell weiträumiger durch Denial-of-Service (DoS)-Angriffe. Hierbei werden zahlreiche korrupte Pakete bspw. mit invaliden Signaturen verschickt, um die Kommunikationssysteme zu überlasten. Dies kann auf den Übertragungkanal aber auch auf die Überlastung der Signaturüberprüfung in den empfangenden OBUs abzielen. Durch das Weiterleiten korrupter Pakete über mehrere Hops ist der Effekt dieses DoS-Angriffs potentiell großräumiger. Ein solcher Angriff erfordert einen Angreifer der Klasse 1.

Veränderung von Nachrichten Legitime Nachrichten können von einem Angreifer verändert werden, entweder durch Manipulation von Nachrichten vor der Weiterleitung oder etwa durch Überlagerung des originalen Senders durch ein stärkeres Signal. Da eine Veränderung des Datenfeldes einer Nachricht die Signatur invalidiert, sind solche Angriffe basierend auf der Annahme einer starken kryptographischen Hashfunktion erkennbar.

Einfügen gefälschter Nachrichten Der Angreifer versucht durch Einbringen gefälschter Nachrichten, Fehlinformationen im Netzwerk zu verbreiten, bspw. Warnmeldungen zu verschicken, ohne dass eine eigentliche Gefahr vorliegt. Der Inhalt der Nachrichten wird aber beim betrachteten System vom Empfänger nur dann berücksichtigt, wenn die Nachricht eine korrekte, zertifizierte Signatur enthält. Auf Basis der Annahmen ist die Erstellung solcher Nachrichten lediglich einem Angreifer mindestens der Stufe 3 möglich. Auch Wiederholungsangriffe (*replay attacks*) können zu dieser Angriffsklasse gezählt werden, bei denen aufgezeichnete legitime Nachrichten zu einem späteren Zeitpunkt ohne weitere Veränderung nochmals gesendet werden. Da jede Nachricht einen Zeitstempel beinhaltet, können Wiederholungsangriffe auf Empfängerseite erkannt werden, wenn eine hinreichend genaue gemeinsame Zeitbasis vorhanden ist. Davon kann im vorliegenden Fall durch die Verwendung von GPS-Koordinaten im Allgemeinen ausgegangen werden, da die einzelnen Knoten entweder durch Satellitenkontakt eine gemeinsame Zeitbasis bekommen oder aber eine hinreichend genaue interne Uhr besitzen, um die eigene Position bei Unterbrechung der Satellitenverbindung nachzuvollziehen.

Vortäuschen legitimer Knoten Diese Angriffsklasse bezieht sich auf den Versuch eines Angreifers, die Einheit von OBU und Identität bzw. Pseudonym aufzuheben und gleichzeitig mehrere Protokollteilnehmer zu simulieren. Dies kann als Basis für einen DoS-Angriff verwendet werden, aber auch zur Unterstützung der Verbreitung inkorrekter Informationen, um Plausibilitätsüberprüfungen zu täuschen. Auch hier ist für eine erfolgreiche Durchführung ein Angreifer der Stufe 3 erforderlich.

Erlangen schützenswerter persönlicher Daten Ein Angreifer A kann versuchen, durch Interpretation der im Netzwerk übertragenen Daten datenschutzrelevante Informationen zu erlangen. Im vorliegenden System ist speziell der Fall relevant, in dem es dem Angreifer gelingt, verwendete Pseudonyme einer tatsächlichen Langzeit-Identität zuzuordnen oder zumindest einen Verkehrsteilnehmer über Pseudonymwechsel hinweg zu verfolgen. Da diese Zuordnung möglicherweise auf Basis der auf dem Kanal mitgehörten Botschaften erfolgen kann, ist ein solcher Angriff für Angreifer der Klasse 1 möglich.

4.3. Safety-Einfluss von Security-Angriffen

Um den unterschiedlichen Einflüssen von Security-Bedrohungen auf die Safety des Fahrzeugs und der Insassen Rechnung zu tragen, ist eine Klassifikation sinnvoll, die die Safety-Auswirkungen erfolgreicher Angriffe bewertet. Nilsson et al führen dazu in [194] für Security-Angriffe Safety Effect Level (SEL) auf Basis der Safety Integrity Level (SIL) [56] der betroffenen Fahrzeugsysteme ein (Tabelle 4.1).

Controllability	Acceptable failure rate	Safety Integrity Level (SIL)
Uncontrollable	Extremely improbable	4
Difficult to control	Very remote	3
Debilitating	Remote	2
Distracting	Unlikely	1

Tabelle 4.1.: Safety Integrity Level (SIL)

Nilsson et al klassifizeren basierend darauf Automobil-Steuergeräte je nach der Kategorie, der sie angehören [194]. Antriebsstrang und Fahrzeug-Safety erhalten SIL 4, Komfortsysteme SIL 2, Infotainment und Telematics SIL 1. Die SIL stellen eine Klassifikation der Relevanz der Systeme bezüglich der Safety dar und erlauben Aussagen, wie schwerwiegend ein Ausfall, ein Fehler oder eine Funktionsstörung der jeweiligen Systeme die Safety beeinflußt oder gefährdet. Analog dazu sollen Safety Effect Level eine Aussage erlauben, in wie weit ein betrachteter Angriff die Funktion des angegriffenen Systems beeinträchtigt. Tabelle 4.2 zeigt die an den SIL angelehnte SEL-Definition.

Safety Effect	Safety Effect Level (SEL)
Disastrous	4
Severe	3
Mediocre	2
Distracting	1

Tabelle 4.2.: Safety Effect Level (SEL)

Für eine Einschätzung des betrachteten C2X-Systems müssen die möglichen Auswirkungen von Angriffen und den entstehenden Funktionalitätsbeeinträchtigungen betrachtet werden. Je nach Applikation kann eine Manipulation von Daten unterschiedliche Auswirkungen haben. Als Basis für die Einstufung (Tabelle 4.3) werden die vom SeVeCom-Projekt [11] bzw. EVITA-Projekt [222] erarbeiteten Gefährdungseinschätzungen verwendet.

Angriff	Ziel / Effekt	Bereich	Quelle	Schwere	SEL
Fälschen von Kollisionswarnungen	Ablenkung, Maskieren von Warnungen, Kollision	Safety	SeVeCom [11]	fatal	4
Manipulation von aktivem Bremsen	Notbremsung Unfall	Safety	EVITA [222]	fatal	4
Manipulation von Kartendaten	Vertrauensverlust, Verhaltenseinfluß	Verkehrsfluß, Komfort	SeVeCom [11]	mittel-kritisch	2
Fälschen von Unfallwarnungen	Verlangsamung, Verkehrsbehinderung	Komfort	SeVeCom [11]	mäßig kritisch	1

Tabelle 4.3.: SEL-Einstufung ausgewählter Angriffe

Als Extremfall wird eine Applikation betrachtet, die im Gefahrenfall einen direkten elektronischen Eingriff in die Fahrdynamik ausführt. Als Beispiel dient eine automatische Bremsung bei Kollisionsgefahr (Tabelle 4.3, Nr. 2). Ein Fehler eines solchen System ist für den Fahrer allein durch die Schnelligkeit des Eingriffes unkontrollierbar. Bei einer Fehlauslösung verursacht durch eine Falschinformation und damit unzutreffende Datenbasis, kann ein Unfall die Folge sein, wenn etwa ein nachfolgendes Fahrzeug nicht mehr ausreichend verzögern kann und auffährt. Die Auswirkungen auf die Fahrer beider Fahrzeuge kann damit schwer bis katastrophal sein, bei Beteiligung spezieller Fahrzeuge wie Gefahrguttransporter kann sich die Auswirkung sogar auf größere Personenkreise schwerwiegend auswirken.

Um zu bestimmen, wie kritisch ein bestimmter potentieller Angriff bzw. eine Bedrohung einzuschätzen ist, werden nun SEL des Angriffs und SIL der betroffenen Systeme addiert. Es ergeben sich Werte zwischen Null (völlig unkritisch) bis acht (extrem gefährlich für die Safety). Somit erreichen Angriffe wie das betrachtete Beispiel, die das willkürliche Senden von Fehlinformation und damit eine Korrumpierung der Datenbasis erlauben den maximalen Wert 8 für den kombinierten Safety-Security Level.

Basierend darauf lässt sich die Anforderung ableiten, dass die Wahrscheinlichkeit, dass ein Angreifer erfolgreich die Möglichkeit erlangt, willkürlich Nachrichten beliebigen Inhalts zu verschicken, die von ehrlichen Teilnehmern des VANET als authentisch und vertrauenswürdig eingestuft werden, vernachlässigbar klein sein sollte. Hierzu muss verhindert werden, dass ein Angreifer von Klasse 3 auftritt, und dass ein Angreifer von Klasse 2 ausreichend Kontrolle über eine OBU erlangt, um die Funktionalität willkürlich zu manipulieren.

5. Sichere C2X Kommunikation

5.1. Motivation

Für die Einsetzbarkeit von Fahrzeug-zu-X-Kommunikation und den darauf aufbauenden Funktionen und Applikationen ist die Korrektheit, Verläßlichkeit, Sicherheit und Vertrauenswürdigkeit der empfangenen Informationen grundlegend notwendig. Zur Sicherstellung dieser Attribute müssen verschiedene Faktoren betrachtet werden, beispielsweise die Leistungsfähigkeit und Unversehrtheit der eingesetzten Sensorik und Verarbeitung bei der Datenerfassung, die fehler- und verlustfreie Übertragung der Nachrichten, die korrekte Verarbeitung auf beiden Seiten und der Schutz vor böswilligen Angriffen auf jeder Stufe des Gesamtablaufs.

Das folgende Kapitel widmet sich der Realisierung der Absicherung der Nachrichtenübertragung gegen böswillige Angriffe vor dem Hintergrund der besonderen Nebenbedingungen im Automobilbereich, speziell der Echtzeitfähigkeit. Das senderseitige Vorliegen korrekter Informationen und eine zuverlässige, fehlerfreie Übertragung der Nachrichten wird dabei vorausgesetzt, bzw. dafür nötige Maßnahmen wie etwa CRC-Verfahren nicht gesondert betrachtet. Die Umsetzung erfolgt unter Berücksichtigung des aktuellen Stands der Standardisierung in Europa [44, 36] und den USA [134].

Aufgrund der aufwändigen Arithmetik und des hohen Nachrichtendurchsatzes, der für die Erfüllung der Applikationsanforderungen an Umfang und Aktualität der zur Verfügung stehenden Daten nötig ist, stellt die Bereitstellung der Rechenkapazität eine Herausforderung dar [155]. Im Folgenden wird ein Ansatz präsentiert, die komplette Signaturverarbeitung transparent für die Anwendung in rekonfigurierbarer Hardware zu realisieren. Dazu wird eine Referenz-Hardwareimplementierung erstellt und diese an geeigneten Stellen optimiert, um die benötigte Leistungsfähigkeit zu erreichen.

5.2. Absicherung der C2X-Kommunikation

5.2.1. Verarbeitungskette der C2X-Nachrichten

Die von den C2X-Applikationen verarbeiteten Nachrichten bzw. die enthaltenen Daten durchlaufen von der Sensorerfassung beim sendenden Fahrzeug bis zur Nutzung der Daten in den empfangenden Fahrzeugen eine Verarbeitungskette. Abbildung 5.1 zeigt die Abfolge der Verarbeitungsschritte, wie sie in der vorliegenden Arbeit zugrundegelegt werden.

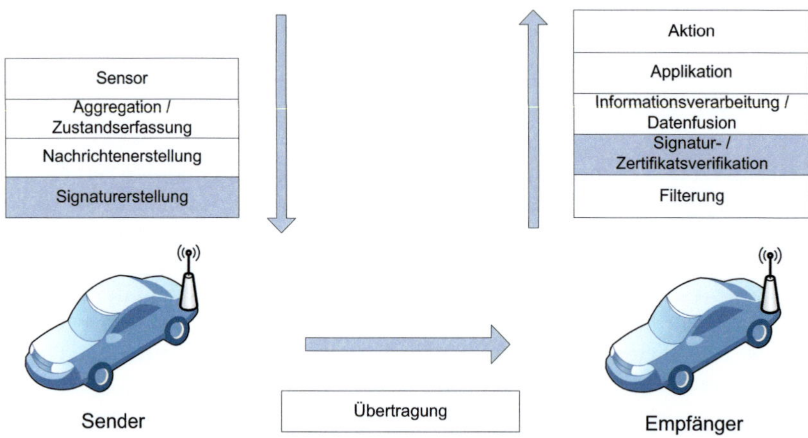

Abbildung 5.1.: Verarbeitungskette für C2X-Daten

Sensoren im sendenden Fahrzeug erfassen interne und externe Messwerte wie Geschwindigkeit, Lenkwinkel, Zustand der Fahrtrichtungsanzeiger und Bremsleuchten, und viele mehr. Diese werden zu einem Zustandsbild bzw. ein Modell von Fahrzeug und Umgebung aggregiert. Je nach Standardisierung wird dann ein Teil der Daten, eine Sicht auf das Modell in Nachrichten zusammengefasst, die regelmäßig als Broadcast an die Umgebung versandt werden [36]. Jede der Nachrichten wird vor dem Versand vom Sender signiert und mit einem Zertifikat versehen, das die Vertrauenswürdigkeit des Senders und damit das korrekte Umgehen mit Daten und die Einhaltung des Protokolls als von der CA überprüft bestätigt [204]. Das somit signierte Paket wird dann in das VANET per Broadcast versandt.

Nach der Übertragung und ggf. Multi-Hop-Routing wird das entsprechende Paket von anderen Fahrzeugen empfangen. Zunächst kann eine Filterung fehlerhafte, als irrelevant eingestufte oder zu anderen Protokollen gehörende Pakete entfernen bzw. umleiten. Für die als relevante C2X-Pakete eingestuften Nachrichten werden dann Signaturen und Zertifikate überprüft. Falls die Signatur valide ist und das Zertifikat von einer als TTP anerkannten, bekannten CA die gewünschten Eigenschaften des Senders bestätigt, wird die Nachricht als vertrauenswürdig akzeptiert. Daraufhin dient sie als Grundlage, um im Empfängerfahrzeug das Bild der Umgebung und der Situation zu verfeinern, und als Eingabe für C2X-Applikationen.

5.2.2. Sicherheitsmechanismen

Signaturerstellung auf Senderseite bzw. Signaturverifikation auf Empfängerseite für jede Nachricht garantiert, dass nur solche empfangene Nachrichten die Applikation erreichen, die mit einer korrekten Signatur und einem gültigen Zertifikat versehen sind. Durch das Zertifikat wird bestätigt, dass der darin zertifizierte öffentliche Schlüssel von einem VANET-Teilnehmer stammt, der zum Zeitpunkt der Zertifizierung den an ihn gestellten Anforderungen der CA genügte. Die korrekte Signatur der Nachricht wiederum belegt, dass der Sender der Nachricht im Besitz des zugehörigen geheimen Schlüssels war.

Die Sicherheit des Gesamtsystems, das heißt des VANET und aller Teilnehmer, beruht darauf, dass auf allen Ebenen die Sicherheitsvorschriften eingehalten werden. So darf die CA nur Zertifikate an ehrliche, korrekt handelnde Teilnehmer ausstellen und auf jedem Teilnehmersystem muss sichergestellt sein, dass keine geheimen Schlüssel ausgelesen und anderen Parteien verfügbar gemacht werden können. Darüber hinaus muss jedes System sicherstellen, dass die eigenen geheimen Schlüssel der Plattform nur dann zur Verfügung stehen, wenn sie sich in einem Zustand befindet, der korrekte, ehrliche, vertrauenswürdige Funktionalität garantiert, die Plattform also die Eigenschaften hat, die zur Ausstellung eines Zertifikats nötig sind.

5.2.3. Herausforderungen für das Sicherheitssystem

Das in diesem Kapitel betrachtete Sicherheitssystem übernimmt die gesamte Signatur- und Zertifikatbehandlung für eingehende und ausgehende Nachrichten. Neben der Korrektheit der Operationen ist vor allem die Leistungsfähigkeit grundlegend wichtig. Um im Einsatz in der C2X-Kommunikation geeignet zu sein, muss die Signaturüberprüfung leistungsfähig genug sein, den benötigten Durchsatz an Nachrichten in allen relevanten Situationen in Echtzeit zu verarbeiten.

Da die entsprechenden Systeme noch nicht im Feld eingeführt sind und selbst größere Feldtests wie etwa im sim^{TD}-Projekt [248] noch am Anfang stehen, ist man für die Bestimmung des notwendigen Nachrichtendurchsatzes auf Abschätzungen und Simulationen angewiesen. Die Anzahl der zu verarbeitenden Nachrichten hängt ab von der Verkehrsdichte (Anzahl der Fahrzeuge pro Straßenabschnitt), der Straßen- und Verkehrssituation, der Kommunikationsreichweite, der Senderate (Anzahl Nachrichten pro Fahrzeug und Sekunde) und dem Durchdringungsgrad (prozentualer Anteil der mit C2X-Systemen ausgestatteten Fahrzeuge). Vereinfacht kann die Anzahl der empfangenen Nachrichten pro Sekunde nach folgender Formel abgeschätzt werden.

$$N = V_{\mathrm{mean}} \cdot L \cdot D \cdot f \cdot \frac{2 \cdot R_{\mathrm{UD}}}{1000} \tag{5.1}$$

Dabei bezeichnet N die Anzahl empfangener Nachrichten pro Sekunde, V_{mean} die durchschnittliche Verkehrsdichte in Fahrzeugen pro Spur und Kilometer, L die Anzahl der Spuren insgesamt, R_{UD} die nominelle Kommunikationsreichweite in Metern, D den Durchdringungsgrad als Anteil der Gesamtfahrzeugmenge, und f die Senderate in Nachrichten pro Sekunde und Fahrzeug. Grundlage hierfür ist das Beaconing der Fahrzeuge, eventbasiert zusätzlich auftretende Nachrichten werden hierbei nicht explizit berücksichtigt. Das Vorhandensein mehrerer Straßen und Richtungen, etwa an Kreuzungen, wird implizit in L codiert. Weiter wird vereinfachend eine Signalausbreitung im Unit-Disc-Modell angenommen, also der Empfang aller Nachrichten, die von Sendern innerhalb eines Radius von R_{UD} Metern um den Empfänger gesendet werden.

In verschiedenen Veröffentlichungen finden sich Annahmen zu den einzelnen Parametern; so geht Torrent Moreno [270] von $f = 20$, $R_{UD} = 1000$, $V_{mean} = 11$ und $L = 6$ aus. Xu et al [307] setzen $f = 10$, $R_{UD} = 300$, $V_{mean} = 33$ und $L = 8$. Hierbei wird stets eine vollständige Durchdringung der Fahrzeugflotte mit der C2X-Technik ($D = 1$) angenommen, um obere Schranken für das Nachrichtenaufkommen zu erhalten. Tabelle 5.1 stellt verschiedene Abschätzungen basierend auf unterschiedlichen Parameterannahmen dar.

Szenario	f	R_{UD}	V_{mean}	L	D	N
Normaler Verkehr	10	500	15	6	1	900
Kreuzungssituation	10	300	50	8	1	2400
SEVECOM [11]	10	300	40	6	1	720
Papadimitratos et al [205]	10	200	50	8	1	1600
Xu et al [307]	10	300	33	8	1	1600
Torrent Moreno [270]	20	1000	11	6	1	2640

Tabelle 5.1.: Abschätzung des Nachrichtenaufkommens

Dabei können speziell die Annahmen zu Sendereichweite und Senderate lediglich grobe Abschätzungen darstellen, da diese Parameter von vielen Algorithmen zur Regelung des Kanalzugriffs und zur Kontrolle der Kanalauslastung (*congestion control*) [270] auf dem drahtlosen Kanal dynamisch angepasst werden und der zugrundeliegende Kanal selbst großen Variationen unterliegt. So wird bei hohem Verkehrsaufkommen, etwa in einem Verkehrsstau oder an Kreuzungen, die Senderate oder die Sendeleistung verringert, um eine Überlastung des Kanals zu verhindern.

Aus den Abschätzungen ergibt sich im Extremfall ein Nachrichtenrate von bis zu 2640 Nachrichten pro Sekunde. Bei gleichmäßiger, serieller Berechnung stehen in diesem Fall für die Signatur- und Zertifikatsüberprüfung einer Nachricht zusammen $380\mu s$ zur Verfügung.

Auch die Betrachtung der akzeptablen Gesamtlatenzen der Nachrichten bzw. der Aktualität der übertragenen Information begründet die hohen Leistungsanforderungen an die Signaturbehandlung. Das SeVeCom-Projekt etwa gibt in [11] als Abschätzung für eine maximal akzeptable Latenz für eine Kollisionswarnung 500*ms* an. In [192] werden Anforderungen für die Gesamtlatenz der Paketauslieferung an die empfangende Applikation von maximal 60*ms* formuliert. Da diese Werte die Verarbeitung auf Sender- und Empfängerseite und die Übertragung mit möglicherweise Verzögerungen beim Kanalzugriff enthalten, ist eine Latenzminimierung auf allen Stufen der Verarbeitungskette notwendig.

5.3. C2X-Kommunikationssystem

Da noch kein allgemeiner internationaler Standard für die C2X-Kommunikation vorliegt, mussten für die im folgenden vorgestellte Umsetzung auf Basis der vorliegenden Ergebnisse der Standardisierungsgremien Entwurfsentscheidungen getroffen werden. Wichtig war in diesem Zusammenhang auch, dass das System die Möglichkeiten bieten soll, Änderungen an Standards mit möglichst wenig Aufwand zu realisieren.

Die daher bestehende Notwendigkeit nach Flexibilität wird von weiteren Umständen begleitet, die eine Adaptivität des Systems erfordern. So sind im Bereich der Routing- und Forwarding-Mechanismen noch viele Fragen offen, sowohl in der Standardisierung als auch in der Situationsadaptivität. Und auch im Bereich der Applikationen muss davon ausgegangen werden, dass im Lauf der Zeit neue Ideen und Anwendungen dazu kommen. Speziell im hier fokussierten Bereich der Security ist eine Anpassung an sich entwickelnde Standards eine besondere Herausforderung, da die Performanzanforderungen eine Hardwareimplementierung erfordern.

Als Hardwarebasis für die Realisierung von C2X-Systemen kommen grundsätzlich zwei Möglichkeiten in Frage. Ein Prozessorsystem basierend auf einem universalen Mikroprozessor[1], oder ein spezialisierter Hardwarebaustein. Aktuell verfügbare (Teil-)Implementierungen auf GPP-Basis wie in Kapitel 3 vorgestellt, haben Schwierigkeiten, die nötige Performanz speziell für das Sicherheitssystem zur Verfügung zu stellen. Das SeVeCom-Projekt [155] und auch das IEEE-Standardisierungsgremium für den 1609-Standard [132] gehen davon aus, dass speziell für die kryptographischen Einheiten Spezialhardware zur Verfügung stehen muss.

Auf der anderen Seite ist spezialisierte Hardware unflexibel, was Änderungen der kryptographischen Primitive oder generell der auszuführenden Algorithmen angeht. Da durch noch andauernde Standardisierung, situationsbedingt verschiedene Anforderungen und evtl. nötige Änderungen der Verfahren [155], evtl. sogar zur Laufzeit, absehbar sind, hat eine feste, hochspezialisierte Hardware in dieser Hinsicht Nachteile. Außerdem haben Fahrzeuge im Allgemeinen sehr lange Einsatzzeiten - bis zu mehreren Jahrzehnten - so dass es bei Bruch eines verwendeten kryptographischen Verfahrens sehr schwer wäre, das Verfahren kurzfristig zu ersetzen.

---

[1]GPP - General Purpose Processor

Die im Rahmen der vorliegenden Arbeit entworfene C2X-Kommunikationseinheit kommt demgegenüber den Anforderungen durch eine sehr flexible, modulare Architektur auf Basis von rekonfigurierbarer Hardware nach. Damit ist es möglich, Aufgaben mit hohen Performanzanforderungen schnell und effizient in Hardware zu implementieren und trotzdem eine Basis zur Verfügung zu stellen, die in Software und Hardware flexibel angepasst werden kann und auf der Applikationen und Algorithmen direkt implementiert werden können.

Grundlage der hier getroffenen Entwurfsentscheidung zugunsten der Verwendung rekonfigurierbarer Hardware in Form von FPGAs ist die Einschätzung, dass diese Bausteine aufgrund der Kombination von Flexibilität, Vielseitigkeit und gezielter Hardwarebeschleunigung optimale Voraussetzungen für die C2X-Kommunikation darstellen. Durch Verwendung programmierbarer Softcore-Mikroprozessoren kann die Grenze zwischen Realisierung in Hardware und Software fließend verschoben werden und so zielgerichtet aufwändige und häufig benötigte Funktionen in Hardware implementiert werden. Zusätzlich können die Verfahren mitsamt der spezialisierten Hardware bei Bedarf durch Rekonfiguration ausgetauscht werden, ohne kostspielig Hardwarebausteine ersetzen zu müssen. Die konkret für die Realisierung verwendeten Hardwareplattformen wurden in Abschnitt 2.5.6 kurz vorgestellt. Für die im Folgenden vorgestellte Implementierung wurde ein XUPV5-LX110T Evaluationsboard [58, 292] als Basis eingesetzt.

Die vorliegende Arbeit fokussiert sich auf die Betrachtung der Absicherung des Kommunikationssystems gegen manipulative Angriffe und die dazu nötigen Maßnahmen. Ein detailliertes Bild und eine weiterreichende Betrachtung des Gesamtsystems finden sich in [227, 229]. Die Darstellung hier beschränkt sich auf die für das weitere Verständnis notwendigen Aspekte.

5.3.1. Architektur des Kommunikationssystems

Die C2X-Kommunikationseinheit besteht aus in sich geschlossenen, selbständig und parallel arbeitenden Funktionsmodulen, die über ein speziell designtes On-Chip-Kommunikationssystem [230] verbunden sind. Abbildung 5.2 gibt einen Überblick über die Gesamtarchitektur.

Das System stellt eine Verbindung her zwischen dem VANET, in dem das einzelne Fahrzeug als Knoten auftritt und dem fahrzeuginternen Elektrik/Elektronik-System, das innerhalb des Fahrzeugs die verschiedenen Steuergeräte, Sensoren und Aktoren vernetzt. In diesem internen Netz wiederum stellt die C2X-Einheit bzw. das durch sie repräsentierte VANET einen Knoten im Sinne eines komplexen Sensors dar, der dem Fahrzeug Daten über die Umgebung liefert. Diese zwei unterschiedlichen Domänen werden im Folgenden als Inter-Vehicle Domain (InterVD) und Intra-Vehicle Domain (IntraVD) bezeichnet und spiegeln sich auch in der Hardwarearchitektur des Gesamtsystems wider.

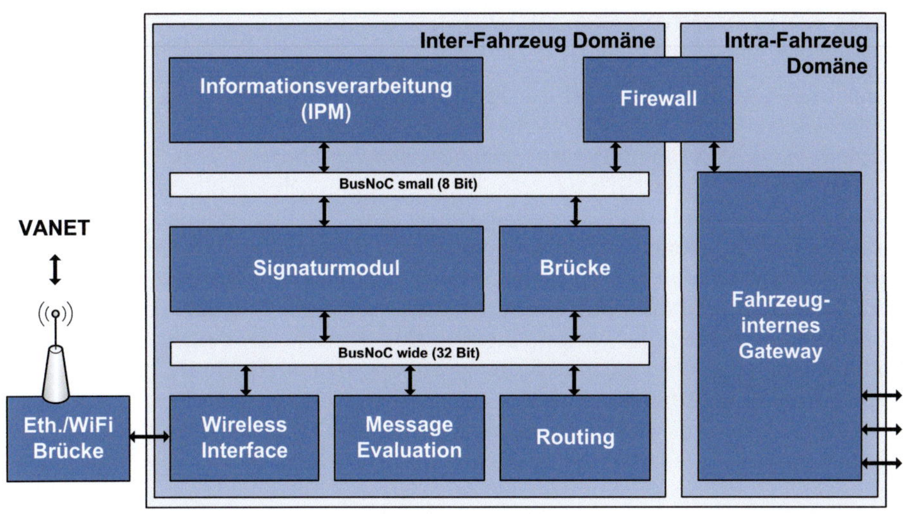

Abbildung 5.2.: Architekturüberblick der C2X-Kommunikationseinheit

Da für die unterschiedlichen C2X-Nachrichten und Applikationen Daten aus verschiedenen On-Board-Bussystemen benötigt werden und auch umgekehrt Informationen aus der Inter-Vehicle Domain an ECUs im ganzen Fahrzeug fließen, wird eine Integration mit dem zentralen Fahrzeuggateway angestrebt. Dies ist auch naheliegend, um die Vernetzung nach außen möglichst flexibel handhaben zu können und Latenzen und Buslasten zu minimieren. Die dadurch entstehende Kommunikationseinheit verbindet das Fahrzeug an einem zentralen Punkt mit dem fahrzeugexternen Kommunikationsnetzwerk. Spätere Schritte können die Funktionalität um zusätzliche Protokolle und Kommunikationskanäle erweitern, die trotzdem zentral verwaltet werden können.

Abbildung 5.2 zeigt eine Aufteilung in die Domänen Inter-Vehicle und Intra-Vehicle. Letztere besteht aus der Integration eines FPGA-basierten Gateway-Ansatzes [228]. Für eine detaillierte Darstellung siehe [227].

Es ist ein wesentliches Schutzziel, negative Beeinflussung der Intra-Vehicle Domain und ihrer internen Kommunikation durch C2X-Applikationen zu verhindern. Daher sind die beiden Domänen in Hardware getrennt und lediglich durch eine Firewall verbunden, die sicherstellt, dass zwar Daten in beide Richtungen zur Verfügung gestellt werden können, aber die Kommunikation auf beiden Seiten protokollkonform verläuft und beispielsweise keine übermäßige Buslast erzeugt wird. Im Folgenden beziehen sich die Ausführungen so weit nicht anders angegeben auf die Inter-Vehicle Kommunikationsdomäne.

5.3.2. Komponenten des Systems

In der Inter-Vehicle Domain ist die Funktionalität in Einzelmodule aufgeteilt, die möglichst autark arbeiten und untereinander kommunizieren sollen. Außerdem sollen Module leicht ergänzt oder ausgetauscht werden können. Die C2X-Einheit wie in Abbildung 5.2 schematisch dargestellt besteht demnach aus einer Reihe von Einzelmodulen, die jeweils eine klar abgegrenzte Funktionalität erfüllen und über ein spezielles On-Chip-Kommunikationssystem mit standardisierten Schnittstellen miteinander kommunizieren. Das System erlaubt das flexible Ergänzen und Ersetzen von Modulen, so dass die hier getroffene Auswahl nicht abschließend sein muss. Im Folgenden werden die On-Chip-Kommunikation und die einzelnen Funktionsmodule kurz vorgestellt. Auf das Security-Modul wird in Abschnitt 5.3.4 gesondert ausführlicher eingegangen.

5.3.2.1. Interne On-Chip-Kommunikation

Die Funktionsmodule sind über ein paketbasiertes Kommunikationssystem verbunden, das strukturell einem Bussystem gleicht, jedoch viele Eigenschaften eines Network-on-Chip (NoC) aufweist. Um dieser hybriden Struktur Rechnung zu tragen, wird es im Folgenden als BusNoC bezeichnet. Die Kommunikation zwischen je zwei angeschlossenen Modulen erfolgt direkt über BusNoC-Pakete, die EmpfängerID und SenderID enthalten. So kann jedes Modul die an es gerichteten Pakete auf dem Bus identifizieren. Außerdem ist über Gruppen- und Broadcast-IDs ein Multi- und Broadcast realisierbar, was für die parallele Bearbeitung von Paketen vorteilhaft ist. Das Nachrichtenformat zeigt Anhang B.3.1.

Den Zugriff auf den Bus regelt ein zentraler Arbiter, der in Hardware implementiert ist und mit lediglich einem Takt Verzögerung das Arbitrierungsergebnis per Grant-Leitung an die anfragenden Module übermittelt. Die Arbitrierung erfolgt nach einem Round-Robin-Schema auf neun Prioritätsebenen (acht Applikationsprioritäten und ein Superprioritätslevel).

Der Anschluß der einzelnen Module an das BusNoC erfolgt über sogenannte Knotenschnittstellen (Node-Interfaces oder kurz NodeIF). Diese abstrahieren von der Busbreite (das BusNoC kann mit 8, 16 oder 32 Bit Breite instantiiert werden) und stellen dem Modul ein Register-Interface zur Verfügung, über das Daten versandt und empfangen werden können. Bei voller Breite (32 Bit) erreicht das System eine maximale Nutzdatenrate von 2,78 GBit/s [230]. Verschiedene BusNoCs etwa mit verschiedenen Breiten können durch Bridges verbunden werden, die im Wesentlichen zwei verschränkt verschaltete Node-Interfaces enthalten. Eine detaillierte Darstellung des Kommunikationssystems und der Implementierung mit Darstellung des Ressourcenverbrauchs und der Leistungsfähigkeit findet sich in [230] und in [218].

5.3.2.2. Wireless Interface

Das Wireless Interface-Modul stellt die drahtlose Schnittstelle des Systems zum VA-NET zur Verfügung. Extern empfangene Nachrichten werden auf dem BusNoC zur Verfügung gestellt und über das BusNoC empfangene über das VANET gesendet. Da auf den verwendeten Hardwareplattformen keine drahtlose Schnittstelle zur Verfügung stand, ist in der aktuellen Implementierung auf dem FPGA eine Ethernet-Schnittstelle realisiert und die drahtlose Kommunikation erfolgt über eine Ethernet-zu-WLAN-Brücke. Verwendet wird hierzu ein Lantronix WiPortG [168].

Für die C2X-Kommunikation sind in Europa und den USA Frequenzbänder um 5,9 GHz reserviert (vgl. Abschnitt 2.4) und die Kommunikation in einem eigenen Standard IEEE 802.11p [137] festgelegt. Aktuell unterliegt die Kommunikation in dem reservierten Frequenzband jedoch Auflagen, so dass eine einfache Verwendung des Standards für ein Testsystem nicht möglich war. Außerdem gibt es bisher nur wenige marktverfügbare Systeme, die die entsprechende physikalische Schicht beherrschen und auch aufgrund des Kleinseriencharakters einen erhöhten Kostenfaktor darstellen. Daher wurde im vorliegenden System ein übliches nach IEEE 802.11b [138] standardisiertes WLAN verwendet.

5.3.2.3. Message Evaluation

Das Message Evaluation Modul realisiert einen einfachen Vorfilter, der verwendet werden kann, um eine Überlastung des Systems bei hohem Nachrichtenaufkommen zu verhindern. Konkret kann das Informationsverarbeitungs-Modul durch Steuerbotschaften Filter setzen, so dass bestimmte Nachrichten, etwa von bekannterweise defekten oder kompromittierten Knoten, vom Filter zurückgehalten werden können. Ein weiterer Anwendungsfall ist das Ausfiltern oder die alternative Verarbeitung anderer Protokolle, sollte die drahtlose Schnittstelle zukünftig auch für weitere Anwendungen verwendet werden, etwa Datentransfer ins Fahrzeug in der Garage oder Werkstatt.

5.3.2.4. Zentrale Informationsverarbeitung

Im Informationsverarbeitungs-Modul (Information Processing Module IPM) werden die eigentlichen C2X-Applikationen ausgeführt. Hierzu ist ein universaler Microprozessor in der FPGA-Logik implementiert. Verwendet wird ein Xilinx MicroBlaze [299] Prozessor, der von Xilinx als IP-Core zur Verfügung steht. Dies bietet dem Entwickler und Anwender die Möglichkeit, Applikationen einfach in Software zu ersetzen oder zu ergänzen.

Das IPM erreichen ausschließlich C2X-Nachrichten, die vom Security-Modul überprüft und akzeptiert wurden. Die daraus entnommenen Daten stehen entweder direkt oder nach einer Vorberechnung oder Aggregation den Anwendungen zur Verfügung. Für Vorberechnungen können Hardwarebeschleuniger zur Verfügung gestellt werden, speziell für solche, die rechnerisch aufwändig sind und die von mehreren Applikationen benötigt werden. Im realisierten System ist beispielhaft ein CORDIC-Core [281, 284, 296] integriert, der eine Umrechnung der in den Nachrichten übertragenen Positionsdaten von kartesischen Koordinaten in Polarkoordinaten erlaubt.

Zusätzlich zur Verarbeitung der eingehenden Nachrichten in den C2X-Applikationen ist das IPM auch für die Erstellung der ausgehenden Nachrichten verantwortlich. Entsprechend der eingestellten Beaconing-Rate (üblicherweise 2-10 Hz, vgl. [132]) erzeugt das Informationsverarbeitungs-Modul CAMs, die dann nach der Signierung versandt werden. Außerdem können von Anwendungen, bspw. der Unfallwarnung, auf dem IPM ereignisbedingt DENMs erzeugt werden, die dann ebenfalls im Security-Modul signiert und versandt werden. Weitere Details zum Aufbau und Leistungsfähigkeit der Informationsverarbeitung finden sich in [231] und [218].

5.3.2.5. Hardware-Firewall

Die Kommunikation über Fahrzeuggrenzen hinweg öffnet grundsätzlich die bisher abgeschottete fahrzeuginterne Kommunikation nach außen. Die interne Kommunikation zwischen Steuergeräten eines Fahrzeugs zeichnet sich durch hohe Safety-Relevanz und oft auch strenge Echtzeitbedingungen aus, so dass Störungen durch zusätzliche Schnittstellen und Einflüsse von außen eine potentielle Gefährdung der Fahrzeugsicherheit und damit der Sicherheit der Insassen darstellen. Einen experimentellen Nachweis, dass der Zugang zu internen Bussystemen ein Security-Risiko darstellt, führt [165].

Die Hardware-Firewall stellt eine physikalische Trennung der beiden Domänen dar, die durch das C2X-Kommunikationsmodul miteinander kommunizieren. Auf der einen Seite die fahrzeuginterne Kommunikation, die oft statisch, priorisiert und zeitgesteuert abläuft, auf der anderen Seite die Kommunikation zwischen Fahrzeugen, die durch die hohe Mobilität der einzelnen Knoten in einem hochdynamischen Netz und stark ereignisgesteuert stattfindet. Um eine negative Beeinflussung vor allem der internen Kommunikation zu verhindern, trotzdem aber den Fahrzeugsystemen aktuelle Daten aus dem VANET zur Verfügung stellen zu können, werden Nachrichten nicht direkt zwischen den Systemen ausgetauscht, sondern die empfangenen Informationen in ein aktuell gehaltenes Bild der Umgebung aggregiert und eingepasst in das entsprechende interne Kommunikationsprotokoll zur Verfügung gestellt. Umgekehrt werden aus dem Fahrzeug erhobene Daten zu einem aktuellen Zustandsbild vereinigt, das entsprechend der zur Verfügung stehenden Informationen aktualisiert wird und als Basis für den Nachrichtenversand über das VANET dient. Die Trennung der Kommunikationssysteme stellt sicher, dass lediglich Informationen ausgetauscht werden, aber keine gegenseitige Beeinflussung der Kommunikationszeitpunkte oder -Abläufe stattfinden kann.

5.3.2.6. Routing

Das Routing-Modul befasst sich nahezu autark von der restlichen Verarbeitung des C2X-Systems mit der Weiterleitung (Forwarding) von empfangenen Nachrichten an weitere Empfänger. Dadurch wird im VANET die Kommunikation über größere Entfernungen möglich, als durch die beschränke Sende-/Empfangsreichweite vorgegeben, indem Nachrichten von Fahrzeug zu Fahrzeug weitergegeben werden. Man spricht in diesem Fall von Multi-Hop Kommunikation. Eine kurze Einführung zum aktuellen Erkenntnisstand und zur Standardisierung geben [185, 120].

Im Bereich der Weiterleitung ist noch weitgehend unklar, welche Anforderungen an die Verfügbarkeit von Informationen über größere Distanzen von den Anwendungen gestellt werden und welche Weiterleitungsalgorithmen diese am besten in einen Ausgleich mit der Kanal- und Verarbeitungskapazität bringen können. Außerdem stellen unterschiedliche Verkehrsszenarien sehr unterschiedliche Anforderungen an die Weiterleitung.

Die realisierte prototypische Implementierung bietet daher die Möglichkeit, vielversprechende aktuelle Algorithmen zu realisieren und zu testen, ist gleichzeitig aber flexibel genug, um schnelle Änderungen der Algorithmen auch zur Laufzeit zu ermöglichen. Ähnlich dem IPM wurde dazu ein MicroBlaze-basierter Ansatz mit Hardwareunterstützung [296] gewählt. Der auf dem Microprozessor in Software ausgeführte Algorithmus hat Zugriff auf die relevanten Daten der empfangenen Nachrichten über eine in Hardware implementierte Verwaltung, die den Speicherzugriff, die Timersteuerung und verschiedene Suchfunktionen bietet, die von vielen Algorithmen verwendet werden. Als vielversprechender Kandidat eines verwendbaren Forwardingverfahrens wurde Contention Based Forwarding (CBF) in Software implementiert, mit dem das Gesamtsystem getestet werden kann. Eine detaillierte Darstellung und Erläuterung von CBF findet sich in [270]. Details zur Implementierung des Routing-Moduls liefert [159].

Securitymechanismen und Forwarding. Da die angehängte Signatur einer Nachricht dem Empfänger eine Aussage über die Vertrauenswürdigkeit der Informationsquelle erlauben soll, werden die Signaturen in der vorliegenden Implementierung beim Forwarding nicht verändert, sondern vielmehr die Nachrichten mitsamt Originalsignatur weitergeleitet. Damit arbeitet das Routing-Modul parallel und unabhängig von der Signaturüberprüfung, um die zusätzliche durch die Signaturüberprüfung verursachte Latenz zu vermeiden. [204] und [119] schlagen vor, zusätzlich bei jedem Hop die weitergeleitete Nachricht zu signieren. Allerdings wird in der vorliegenden Arbeit davon ausgegangen, dass die ursprüngliche Sendersignatur von allen Empfängern verifiziert werden kann und so eine mit fehlerhafter oder gefälschter Signatur versehene Nachricht von allen VANET-Teilnehmern verworfen wird. Um die Belegung von Kanalkapazität durch die Weiterleitung solcher Nachrichten zu verhindern, die so evtl. als DoS-Attacke verwendet werden könnten, benachrichtigt das Security-Modul bei Auftreten einer nicht akzeptierten Signatur neben dem IPM auch das Routing-Modul. Dort wird die entsprechende Nachricht von der Weiterleitung ausgenommen, verworfen und aus dem Speicher entfernt.

5.3.3. Nachrichtenverarbeitung im C2X-System

Die in den vorgestellten Modulen durchgeführte Nachrichtenverarbeitung ist bis auf die Verarbeitung im IPM weitgehend unabhängig vom Inhalt und Typ der Nachrichten. Die eingehenden Nachrichten durchlaufen eine Reihe von Verarbeitungsschritten, bis sie im IPM semantisch interpretiert werden. Ebenso erfolgt die Verarbeitung von im IPM erzeugten Nachrichten vor dem Versand in festen Schritten.

Durch die Ausführung der einzelnen Prozessschritte in verschiedenen, parallel arbeitenden Hardwaremodulen durchlaufen die C2X-Nachrichten eine virtuelle Pipeline. Durch die Parallelität können zu jedem Zeitpunkt mehrere Nachrichten in der Pipeline verarbeitet werden. Abbildung 5.3 zeigt einen schematischen Überblick über die standardmäßig von eingehenden Nachrichten durchlaufenen Schritte.

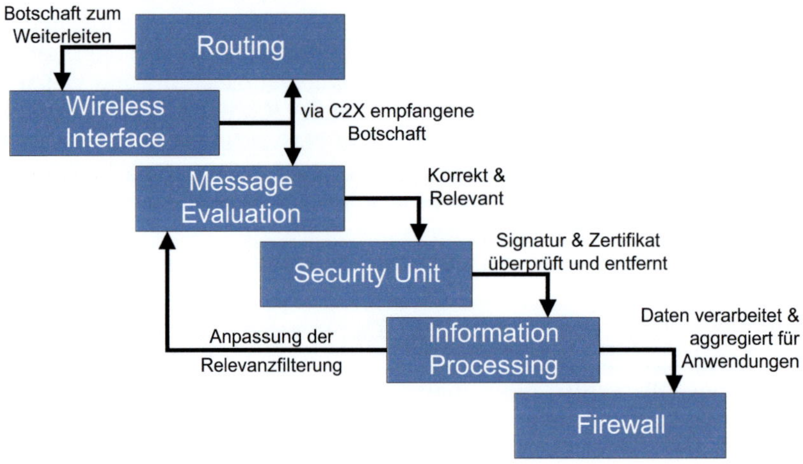

Abbildung 5.3.: Virtuelle Verarbeitungspipeline für eingehende C2X-Nachrichten

Man sieht eine Verarbeitungskette bestehend aus dem Empfang im WiFi-Interface, gefolgt von einer einfachen Filterung in der Message Evaluation. Danach werden die Sicherheitsmerkmale Signatur und Zertifikat im Security Modul überprüft. Die so überprüften Nachrichten erreichen die eigentliche Informationsverarbeitung in der dann Nachrichten in die Intra-Vehicle Domain erzeugt werden können. Die Verarbeitung im Routing-Modul ist im Wesentlichen unabhängig von den anderen Modulen und erfolgt parallel zur Pipeline.

Ein wesentlicher Vorteil dieses Aufbaus bzgl. der Absicherung ist, dass die Überprüfung der Sicherheitsmerkmale weitestgehend transparent für die übrigen Funktionsmodule erfolgt. Das Routing und das IPM erhalten zwar Benachrichtigungen über vom Sicherheitssystem verworfene Nachrichten (vgl. Abschnitt 5.3.4), müssen sonst aber keinerlei Absicherung berücksichtigen. Insbesondere sind sie indifferent bzgl. der verwendeten Absicherungsverfahren, etwa verschiedener Signaturalgorithmen. Somit ist bei einer situations- oder standardisierungsbedingten Veränderung der Verfahren oder der Algorithmik das Sicherheitsmodul leicht ohne Beeinträchtigung der anderen Module zu verändern oder auszutauschen. Hierbei ist durch die Realisierung auf rekonfigurierbarer Hardware inbesondere auch eine andere Hardwareimplementierung ohne Austausch des Bausteins möglich. Dies erhöht die Flexibilität wesentlich, da leichter auch Verfahren einzusetzen sind, die auf nichtregulärer, z.B. modularer, Arithmetik beruhen, was für viele verbreitete asymmetrische Verfahren zutrifft (bspw. alle auf endlichen Körpern arbeitenden Verfahren wie ECC [15], RSA [216] oder ElGamal [74]). Zusätzlich ergibt sich ein Vorteil für die Applikationsentwicklung, da an dieser Stelle davon ausgegangen werden kann, dass lediglich Daten die Applikation erreichen, die die Sicherheitsüberprüfung bestanden haben. Die im IPM vorliegenden Daten erfüllen also grundsätzlich die durch das Sicherheitssystem garantierten Eigenschaften bzgl. Zuverlässigkeit und Vertrauenswürdigkeit und können entsprechend in Verbindung mit Werten der On-Board-Sensorik als Entscheidungsgrundlage verwendet werden. Außerdem beeinträchtigt die Überprüfung nicht die Verarbeitungszeit und -belastung in IPM und Routing. Das Scheduling und die Entwicklung der Applikationen können also auch in dieser Hinsicht vollständig unabhängig erfolgen.

Analog zur Verarbeitung eingehender Nachrichten werden auch ausgehende Nachrichten für die Applikationsebene transparent vom Signaturmodul verarbeitet. Eine weitere Filterung ist bei vom IPM selbst erzeugten Nachrichten nicht nötig, die Nachrichten werden vom Signaturmodul direkt an das Wireless Interface weitergegeben. Der für Sicherung der Privacy von Fahrzeugnutzer und -Halter notwendige regelmäßige Austausch der Pseudonyme im Signaturmodul erfolgt ebenso transparent für die Applikation.

5.3.4. Das Signaturmodul im Überblick

Das Sicherheitsmodul fungiert innerhalb der Verarbeitungspipelines als Sicherheitsschranke im System, das die Verarbeitung ungesicherter von der Verarbeitung gesicherter Nachrichten trennt. Im schematischen Überblick von Abbildung 5.2 zeigt sich dies auch in den zwei getrennten Kommunikationsstrukturen. Über das mit 32 Bit Breite instantiierte *BusNoC wide* werden die C2X-Nachrichten mit enthaltener Signatur und Zertifikat übertragen, während auf dem lediglich 8 Bit breiten *BusNoC small* die Signaturen nicht mehr oder noch nicht enthalten und die einzelnen Nachrichten somit wesentlich kürzer sind. Als Sicherheitsschranke verarbeitet das Sicherheitsmodul die eingehenden Nachrichten unterschiedlich, je nachdem ob es vom eigenen System ausgehende Nachrichten oder eingehende Nachrichten sind.

5.3.4.1. Ausgehende Nachrichten

Ausgehende Nachrichten werden systemintern vom IPM erzeugt und dann ans Security-Modul über das BusNoC small übermittelt. Nach der Absicherung sendet das Security-Modul sie über das BusNoC wide weiter an das WiFi-Interface.

Zu jeder vom IPM kommenden Nachricht erstellt das Security-Modul mit dem aktuellen Signierschlüssel[2] eine elektronische Signatur, mit Hilfe derer der Empfänger die Integrität der Nachricht überprüfen kann. Diese Signatur wird nach der Erstellung an die Nachricht angehängt. Außerdem wird das von der entsprechenden Zertifizierungsstelle signierte Zertifikat des verwendeten Signaturschlüssels angehängt. Dieses enthält auch den dazugehörigen öffentlichen Schlüssel, der für die Signaturverifikation auf Empfängerseite notwendig ist. Der öffentliche Schlüssel der CA ist beim Empfänger bekannt (vgl. Kapitel 2.2.4 und 2.2.5).

5.3.4.2. Eingehende Nachrichten

Bei über das VANET eingehenden Nachrichten wird die Signatur anhand des mitgesendeten Zertifikats überprüft. Hierzu sind grundsätzlich zwei Schritte nötig. Zunächst die eigentliche Überprüfung der Signatur der Nachricht unter Verwendung des mitgesendeten zertifizierten Verifikationsschlüssels. Zusätzlich muss jedoch auch die Signatur der CA auf dem Zertifikat überprüft werden, die den Sender und die Signatur der Nachricht als vertrauenswürdig ausweist. Diese zweite Verifikation muss für einen festen Verifikationsschlüssel, das heißt für jedes verwendete Pseudonym eines Kommunikationspartners, nur ein Mal durchgeführt werden. Um dies zu realisieren enthält die ECDSA-Einheit einen Zertifikate-Cache, der bekannte, überprüfte Zertifikate speichert. Der Speicher wird parallel zur Signaturüberprüfung durchsucht. Den Ablauf einer Signaturverifikation zeigt Abbildung 5.4.

Wenn die Signaturüberprüfungen beide positiv ausfallen, werden die Signatur und das Zertifikat entfernt und das eigentliche Datenfeld an das IPM weitergeleitet. Sollte eine der Signaturüberprüfungen fehlschlagen, wird das Paket verworfen. In diesem Fall wird eine Statusmeldung an das IPM und das Routing versandt, dass die entsprechende Nachricht aufgrund der Signatur verworfen wurde. Aufgrund dieser Meldung wird die Nachricht dann auch im Routing-Modul gelöscht.

---

[2]Der aktuelle Signierschlüssel ist der geheime Schlüssel des aktuell aktiven Pseudonyms.

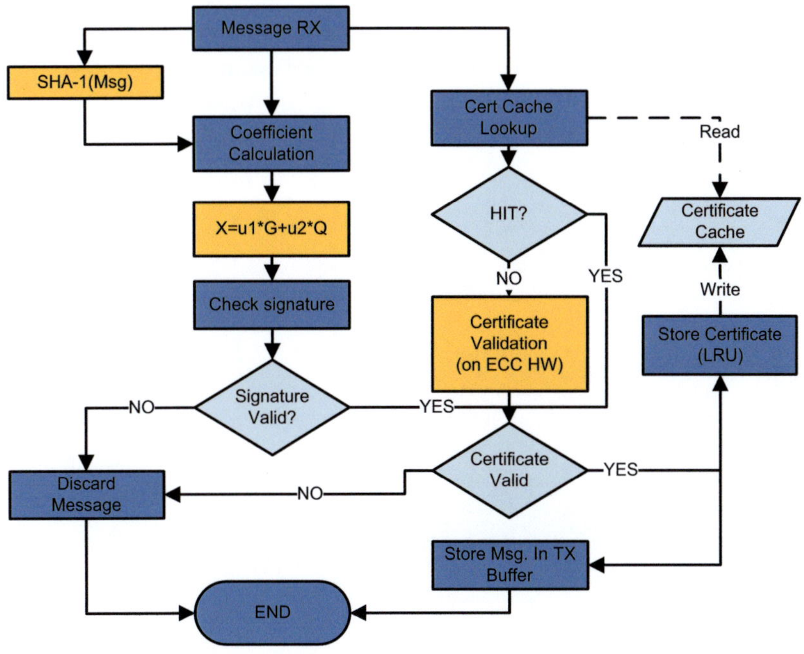

Abbildung 5.4.: Ablauf der Signaturverifikation

5.3.4.3. Signaturen bei CAM und DENM

Bei den auftretenden Nachrichten kann es sich um CAM oder DENM handeln, deren Behandlung im Security-Modul grundsätzlich übereinstimmt. Allerdings kann die Signatur der Nachrichten mit unterschiedlichen Schlüssellängen erfolgen. Die als Beacons versendeten CAMs enthalten aufgrund ihrer Häufigkeit ein geringeres Informationsdelta. Außerdem sind sie lediglich in der näheren Umgebung von Interesse und werden nach aktuellem Stand nicht ins Routing eingeschlossen. Die ereignisbasierten DENMs, die auch auf besonders gefährliche Situationen hinweisen werden als sicherheitskritischer eingestuft und können einen höheren Sicherheitslevel erhalten und mit einem längeren Schlüssel signiert werden. Das vorliegende System verwendet für CAM entweder P-224 mit 224 Bit Länge oder P-256 mit 256 Bit Länge. DENM werden immer mit 256 Bit Schlüssellänge signiert.

5.3.5. Komponenteninteraktion und Nachrichtenformate

Die Interaktion des Signaturmoduls mit den anderen Komponenten erfolgt über drei Typen von Nachrichten: C2X-Nachrichten mit Signatur und Zeritfikat, C2X-Nachrichten ohne Signatur und Zeritfikat und Status- bzw. Steuerbotschaften, um Module über fehlgeschlagene Signaturverifikationen zu informieren oder einen Pseudonymwechsel zu initiieren. Abbildung 5.5 zeigt den Botschaftsaustausch grafisch.

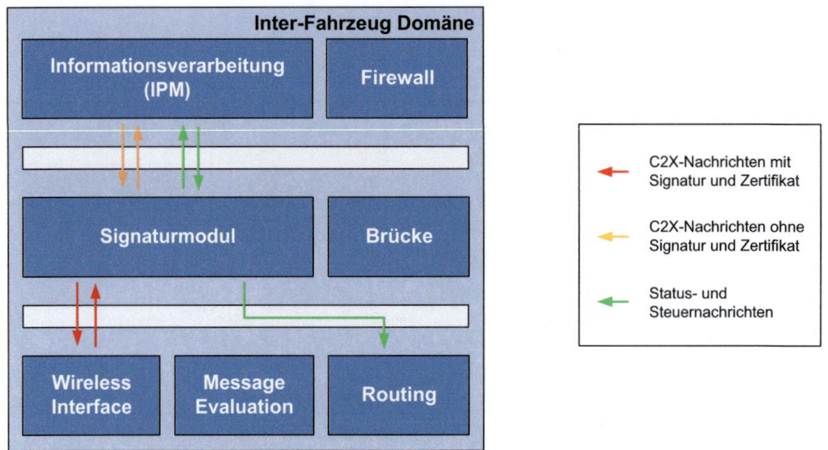

Abbildung 5.5.: Botschaftsaustausch zwischen den Modulen

Das verwendete Format für C2X-Nachrichten lehnt sich an die US-Standardisierung im IEEE 1609.2 WAVE-Standard [134] an. Der entsprechende Standardisierungsprozeß im COMeSafety-Projekt [44, 43] auf europäischer Seite beinhaltet bisher keine konkreten Standards zum Format der Security-Anteile.

5.3.5.1. Zertifikate

Signierte C2X-Nachrichten enthalten ein Zertifikat, das die Zugehörigkeit eines Verifikationsschlüssels zu einem bestimmten Signierer, also einem sendenden Fahrzeug oder genauer der sendenden On-Board-Unit (OBU) bestätigt. Gleichzeitig bedeutet das Zertifikat die Zusicherung, dass die genannte OBU zum Ausstellungszeitpunkt die Zertifizierungskriterien erfüllte und dies von der ausstellenden CA überprüft wurde. Der IEEE WAVE-Standard [132] definiert den Aufbau verschiedener Zertifikate für die C2X-Kommunikation. Tabelle 5.2 zeigt den Aufbau des hier verwendeten *OBU signing certificate*.

Das Zertifikat enthält die Bezeichner von zertifizierter OBU (*Subjektname*) und ausstellender CA (*Signer*), den Anwendungs- und geographischen Bereich, für das die Zertifizierung gilt (*Geltungsbereich*), den zertifizierten ECDSA-Verifikationsschlüssel (*Public Key*), die Signatur der CA und ein Verfallsdatum, zu dem die Gültigkeit des

Länge [Byte]	Feld		
1	Zertifikatsversion		
1	Unsigniertes Zertifikat	Subjekttyp	
8		Signer_ID	
1		Geltungsbereich	Subjektnamen_Länge
8			Subjektname
5			Applikation
4		Verfallsdatum	
4		CRL-Serie	
1		Public Key	Länge des PK-Felds
1			Algorithmus
29/32			Public Key
32	Signatur	ECDSA- Signatur	r
32			s

Tabelle 5.2.: Aufbau eines OBU Signaturzertifikat

Zertifikats endet. Die Länge des Verifikationsschlüssels und der zwei Signaturbestandteile r und s (vgl. Abschnitt 2.2.4.2) entspricht jeweils der Bitlänge $|p|$ des verwendeten Modulus p. Die Gesamtlänge des Zertifikats hängt damit von dem Typ des zertifizierten Schlüssels ab und beträgt für P-224 insgesamt 125 Byte, für P-256 entsprechend 128 Byte. Für die Signatur der CA wird hierbei immer ein 256-Bit Schlüssel verwendet.

5.3.5.2. Signierte C2X-Nachrichten

Den Aufbau einer signierten C2X-Nachricht wie in IEEE 1609.2 [134] festgelegt zeigt Tabelle 5.3. Sie enthält neben der eigentlichen Nachricht die Signatur der sendenden OBU und das entsprechende Zertifikat. Der Nachrichtenrumpf ohne Signatur besteht aus der Bezeichnung der sendenden Applikation, den eigentlichen Applikationsdaten sowie Zeit und Ort der sendenden OBU zum Zeitpunkt des Nachrichtenversands. Angenommen werden Nutzdaten der Applikation von lediglich 32 Byte, während die gesamte signierte Nachricht je nach verwendeter Signatur 251 Byte (P-224) oder 260 Byte (P-256) Gesamtlänge hat. Die unsignierte Nachricht hat eine Länge von 67 Byte, was einem Anteil von 27% bzw. 26% an der Gesamtnachricht entspricht.

Trotz dieses Security-Overhead wird in den Standardisierungen [134, 204] ECDSA als Absicherungsalgorithmus vorgeschlagen. Als mögliche Alternative wird in der Literatur die Verwendung von Authentifikationsverfahren wie TESLA [212] genannt, die auf Hashketten basieren. Dadurch kann der Rechenaufwand um 2-3 Größenordnungen [116] und die Paketgröße auf 92 Byte gesenkt werden, wenn die nötigen Ve-

Länge [Byte]	Feld			
1	Protokollversion			
1	Nachrichtentyp			
1	Signierte Nachricht	Signer		Typ = Zertifikat
125 / 128				Zertifikat
14		Unsignierte Nachricht		ApplikationsID
2				ApplikationsDatenLänge
32				ApplikationsDaten
8				Erstellzeit
8				Sendeort
28 / 32		Signatur		r
28 / 32				s

Tabelle 5.3.: OBU Aufbau einer signierten C2X Nachricht

rifikationsinformationen mit den nachfolgenden Beacons kombiniert werden [41]. Allerdings zeigen Haas et al [116], dass bei ausreichender Rechenleistung auf der Empfängerplattform ECDSA insgesamt deutliche Vorteile bzgl. der Verifikationslatenz zeigt, da bei TESLA zumindest eine weitere Nachricht empfangen werden muss und somit eine Latenzzeit kleiner als das Sendeintervall (üblicherweise zwischen 100 ms [155, 210] und 500 ms [23]) theoretisch ausgeschlossen ist. Die Latenz erhöht sich entsprechend, wenn die nachfolgende Nachricht nicht empfangen wird und die weiter nachfolgende zur Verifikation verwendet werden muss. Der große Größen- und Rechenleistungs-Overhead von ECDSA wird in Kauf genommen, um die Latenzanforderungen an Safety-Nachrichten erfüllen zu können.

5.4. Das Signaturmodul im Detail

5.4.1. Aufbau des Signaturmoduls

Das Security-Modul ist als autarke Verarbeitungseinheit innerhalb des C2X-Gesamtsystems konzipiert. Abbildung 5.6 zeigt einen schematischen Überblick über den Aufbau.

Das Security-Modul ist wie oben beschrieben an zwei Kommunikationssysteme angebunden und besteht wiederum aus einer Reihe von Submodulen mit der ECDSA-Einheit als zentralem Teil. Hier ist der eigentliche Signaturalgorithmus in Hardware implementiert. Es besteht neben der Modulararithmetik aus Zusatzeinheiten für Hashing, Zufallszahlenerzeugung und Caching von Zertifikaten der Kommunikationspartner. Die Kommunikation nach außen erfolgt über einen speziellen Direct Net-

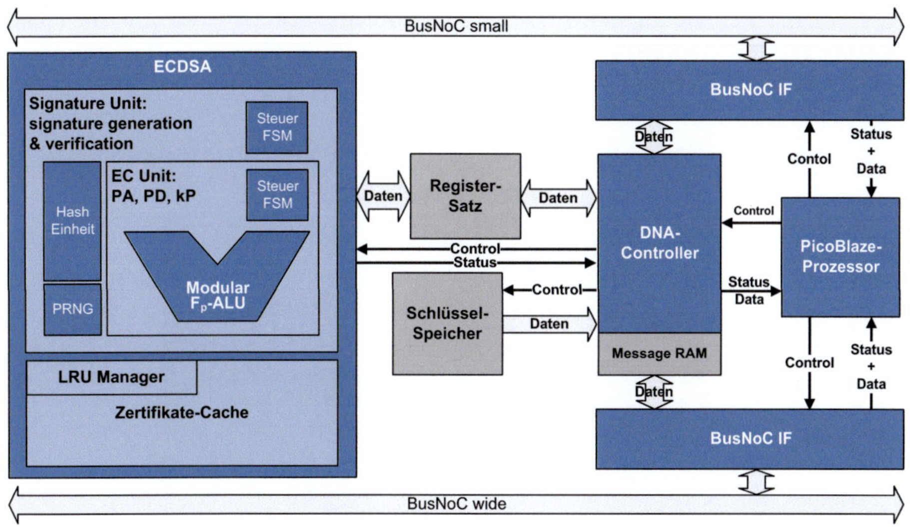

Abbildung 5.6.: Schematischer Hardwareaufbau des Security-Moduls

work Access (DNA) Controller und zwei NoC-Interfaces. Diese sind in der Breite unabhängig voneinander konfigurierbar. In der vorliegenden Implementierung hat das NoC-IF 1 eine Breite von 8 Bit, das NoC-IF 2, über das die signierten Botschaften übertragen werden, eine Breite von 32 Bit. Ein eingebetteter PicoBlaze-Mikroprozessor konfiguriert die NoC-Interfaces und steuert das Verhalten eines DNA-Controllers für die Datenübertragung. Der DNA-Controller steuert den intramodularen Ablauf und den Zugriff auf Nachrichtenpuffer (Message RAM) und Schlüsselspeicher (Key Container). Je nach empfangener Nachricht werden in der DNA-FSM dann die Steuerungsinformationen für die ECDSA-Einheit erzeugt und die benötigten Signaturdaten zur Verfügung gestellt.

Als Zwischenspeicher für die Eingaben an die ECDSA-Einheit und die in der Einheit während der Verarbeitung benötigten Daten und Variablen dient ein Registersatz. Nach Beendigung der Signaturverarbeitung wird der DNA-Controller benachrichtigt und das Ergebnis ist über den Registersatz zugreifbar.

5.4.2. Hashwert-Berechnung

Das Hashing-Modul stellt die Funktionen SHA-224 und SHA-256 aus dem SHA-2-Standard [91] zur Verfügung. Es verarbeitet Eingangsdaten in Blöcken zu jeweils 512 Bit und jeweils 68 Takten pro Block bei einer maximalen Taktfrequenz von 120 MHz (nach Synthese) und einem Ressourcenverbrauch von 2280 LUTs. Basis ist ein frei verfügbarer, in Verilog implementierter Hardware-Hashing-Core[3], der mit einem Wrapper versehen wurde, um die gesamte Funktion zu realisieren und einzubinden. Abbildung 5.7 zeigt einen schematischen Überblick.

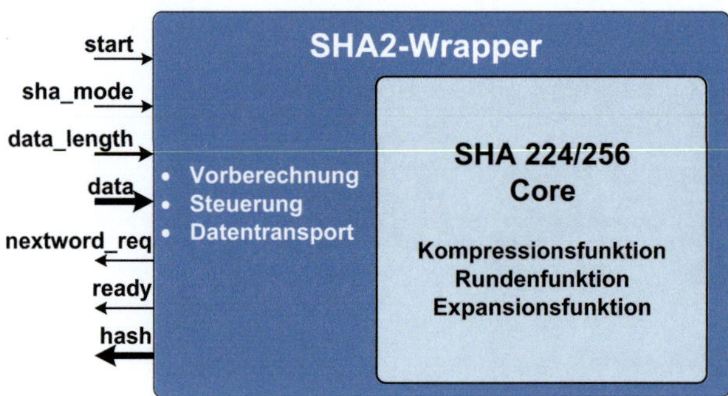

Abbildung 5.7.: Hashing Submodul (schematisch)

Der ursprünglich ausschließlich auf SHA-256 ausgelegte IP-Core wurde um die SHA-224-Funktion erweitert. Der Wrapper führt eine Vorverarbeitung der Eingangsdaten durch und stellt die Schnittstelle zur Verfügung. Die Daten werden sequentiell als 32-Bit Worte an die Einheit übergeben. Nach Abschluß der Verarbeitung steht der entsprechende Hashwert in einem 256-Bit Register zur Verfügung.

5.4.3. Zufallszahlenerzeugung

Für die Erzeugung von Zufallszahlen wird für die vorliegende prototypische Implementierung ein Pseudo-Zufallsgenerator verwendet. Für eine finale Realisierung sollte aus Sicherheitsgründen ein TRNG verwendet werden. Entsprechende Vorschläge finden sich in Kapitel 2.2.1.

Der hier verwendete PRNG besteht aus einem 256 Bit langen linear rückgekoppelten Schieberegister (LFSR) mit Rückkopplungspolynom $x^{255} + x^{251} + x^{246} + 1$ für 256-Bit Zufallszahlen und einem weiteren 224 Bit langen LFSR mit Rückkopplungspolynom $x^{222} + x^{217} + x^{212} + 1$ für 224-Bit Zufallszahlen. Die LFSR haben die jeweils maximal mögliche Periodenlänge von von $2^{256} - 1$ bzw. $2^{224} - 1$, entnommen aus [219]. Abbildung 5.4.3 zeigt die Tap-Stellen der verwendeten LFSR.

Die LFSR belegen etwa 480 LUTs und könnten eine maximale Taktfrequenz von 870 MHz erreichen, werden aber mit dem allgemeinen Systemtakt betrieben. Sie werden

---

[3]Verfügbar als *SHA IP Core* unter http://www.opencores.com

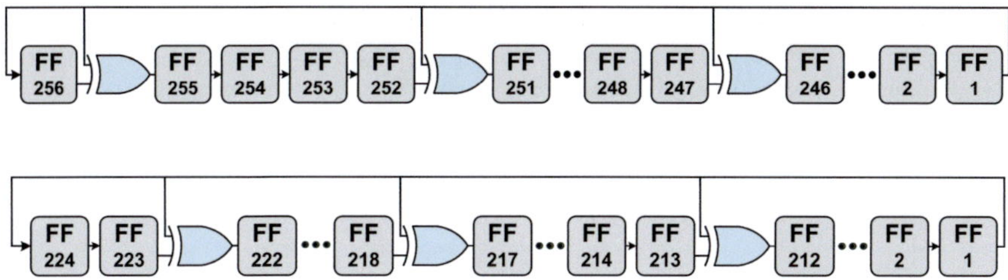

Abbildung 5.8.: Tap-Stellen der als PRNG verwendeten LFSR

im Dauerbetrieb eingesetzt, um die Vorhersagbarkeit der Zufallszahlen zu verringern. Wenn eine Zufallszahl benötigt wird, wird der aktuelle Inhalt des Registers ausgegeben.

5.4.4. Schlüsselmanagement

Das System braucht wie in Abschnitt 2.2.4 eingeführt im Betrieb zwei Typen von lokal gespeicherten Schlüsseln. Zum einen muss der öffentliche Schlüssel der Zertifizierungsstelle CA bei allen Teilnehmern bekannt sein, um die Gültigkeit der Zertifikate zu verifizieren. Je nach verwendeter PKI können auch mehrere CAs mit verschiedenen Schlüsseln vorhanden sein, die dann alle lokal verfügbar sein müssen. Wie in Abschnitt 2.2.5 dargestellt kann ein System von CA auch hierarchisch angeordnet sein. Untergeordnete CAs können dann ihre Legitimität durch Zertifizierung durch eine höher stehende CA belegen. Für das implementierte System ist zunächst die unterste Ebene von Bedeutung, deren Zertifikate direkt zur Verifikation von Signaturen verwendet werden.

Ein spezieller Key Container dient als Speicher für die benötigten öffentlichen Schlüssel der bekannten CAs. Der ECDSA-Einheit werden die jeweils für eine Operation benötigten Schlüsselinformationen dann als Parameter zur Verfügung gestellt.

Auf der anderen Seite ist für die Generierung von Signaturen für zu sendende Nachrichten ein eigenes Schlüsselpaar mit entsprechendem von der CA signierten Zertifikat nötig, das ebenfalls im Key Container gespeichert wird. Dieser Signaturschlüssel muss außerdem aus Gründen des Datenschutzes regelmäßig gewechselt werden (vgl. [204], bzw. Abschnitt 3.1). Um einen schnellen Schlüsseltausch vornehmen zu können, werden einige Pseudonyme im Schlüsselspeicher lokal vorgehalten. In der vorliegenden Implementierung wurde hierzu ein interner BRAM-Speicher verwendet, in dem mehrere eigene 256-Bit-Schlüsselpaare (aktuell sechs) mit dazugehörigen Zertifikaten (gemeinsam als *Pseudonym* bezeichnet) und der PK_{CA} abgelegt werden können. Der Austausch erfolgt dann auf Anweisung der zentralen Informationsverarbeitung über eine Kontrollnachricht. Nach dem Austausch wird für die Signatur aller ausgehenden Nachrichten das neue Pseudonym verwendet. Somit erscheint das

Fahrzeug für die anderen Teilnehmer des VANET als neuer Teilnehmer ohne direkten Bezug zum vorhergehenden Pseudonym. Vor dem Hintergrund der Absicherung des Gesamtsystems mit Trusted Computing ist außerdem ein externer Austausch der Schlüssel vorteilhaft. Eine Möglichkeit über partiell dynamische Rekonfiguration wird in Kapitel 6.8 vorgestellt.

5.4.5. Zertifikate-Cache

Um das Zertifikat jedes Teilnehmers nicht mehrmals verifizieren zu müssen, werden die überprüften Zertifikate in einem Cache gespeichert. Idealerweise muss so das Zertifikat jedes Kommunikationspartners nur ein einziges mal verifiziert werden, wenn er in Kommunikationsreichweite kommt und die erste Nachricht von ihm empfangen wird. Im System ist ein Cache auf Basis zweier BRAM-Blöcke realisiert, der parallel zur Signaturverifikation durchsucht werden kann. Dadurch ist die Suche nicht zeitkritisch und kann primitiv sequentiell auf ungeordneten Daten erfolgen. In der prototypischen Implementierung fasst der Speicher 81 Zertifikate, jedoch kann die Kapazität durch veränderte Ansteuerung und weitere BRAM-Blöcke erhöht werden. Die Verdrängung alter Zertifikate erfolgt nach dem *Least Recently Used*-Prinzip.

Für eine Abschätzung der Cache-Hit-Rate in realistischen Szenarien werden Ergebnisse aus der Literatur herangezogen. Seada et al [242] zeigen basierend auf einer realen Messung auf amerikanischen Freeways, dass die durchschnittliche Kommunikationszeit zweier Fahrzeuge etwa 65 s beträgt. Idealerweise würde bei einer Beaconing-Frequenz von 10 Hz durchschnittlich nur bei einer von 650 Nachrichten das Zertifikat überprüft. Dazu kommt allerdings der Pseudonymwechsel, nach dem ebenfalls ein neues Zertifikat überprüft werden muss. Papadimitratos et al [205] schlagen den Austausch von Pseudonymen alle 60 s vor. Basierend darauf und unter Annahme von stochastischer Unabhängigkeit ergäbe sich bei ausreichend großem Cache eine geschätzte Hit-Rate von 99,68%. Damit müssten bei insgesamt 2700 empfangenen Nachrichten pro Sekunde lediglich 8,6 Zertifikate pro Sekunde überprüft werden. Die in Abschnitt 5.2.3 angegebenen Abschätzungen gehen von bis zu 300 Fahrzeugen aus, die sich gleichzeitig in Kommunikationsreichweite befinden und deren Zertifikate vorgehalten werden können. Der Cache sollte daher entsprechend groß gewählt werden.

5.5. ECDSA-Hardware: Referenzimplementierung

Die ECDSA-Hardware führt als zentrale Funktionseinheit die eigentlichen Berechnungen zur Erstellung und Verifikation von Signaturen durch. Der Kern der ECDSA-Berechnung liegt in der Modulararithmetik auf $GF(p)$. Herausforderungen ergeben sich durch die Größe der Operanden (hier 256 Bit) und die spezielle Arithmetik auf der elliptischen Kurve E bzw. dem zugrunde liegenden endlichen Körper $GF(p)$.

Als Referenzimplementierung wurde im Rahmen der Arbeit eine ECDSA-Einheit auf einem Xilinx Virtex-5 XC5VLX110T Baustein mit Speedgrade -1 erstellt (Details in [253]). Alle im folgenden Abschnitt gegebenen Ressourcen- und Performance-Zahlen beziehen sich auf die Realisierung auf diesem Baustein. Die Implementierung unterstützt Signaturen auf den NIST-standardisierten Kurven basierend auf P-224 und P-256. Die Referenzimplementierung wird im Folgenden erläutert und dient als Basis für Optimierungsschritte in den nachfolgenden Abschnitten. So weit nicht anders angegeben beziehen sich die Aussagen auf den Fall P-256.

5.5.1. Modulararithmetik - Implementierung der Basisoperationen

Die arithmetisch aufwändigsten Operationen in den Signaturalgorithmen sind die skalaren Multiplikationen auf $E(GF(p))$. Dies sind in Algorithmus 2.5 Schritt 2 und in Algorithmus 2.6 Schritt 7. Sie werden aus Punktaddition PA und Punktverdopplung PD (vgl. Abschnitt 2.1.3) nach dem Double-and-Add-Verfahren zusammengesetzt. Die Gruppenoperationen auf der elliptischen Kurve E werden wiederum auf Operationen auf dem endlichen Körper $GF(p)$ abgebildet. Die den Signaturen zugrunde liegende Arithmetik bildet somit eine aufeinander aufbauende Struktur, die durch die Komplexitätsunterschiede an eine Pyramide erinnert. Abbildung 5.9 veranschaulicht den Aufbau.

Als Primitive benötigt werden Addition und Subtraktion, Multiplikation und Inversion bzw. Division auf $GF(p)$, also modulo p. Siehe hierzu Algorithmen 2.5 und 2.6. Die Implementierung der Modulararithmetik erfolgt vollständig in Hardware in einer speziellen modularen Arithmetisch-Logischen Einheit (ALU) mit spezialisierten Funktionsmodulen. Komponenten und Anregungen hierfür wurden [102] entnommen.

5.5.1.1. Modulare Addition

Die Addition und Subtraktion erfolgt in der vollen benötigten Bitbreite, das heißt die Operanden $in1$, $in2$, mod und die Ausgabe out haben jeweils eine Breite von 256 Bit. Addierer und Subtrahierer bestehen aus jeweils einem herkömmlichen Addierer und einem Subtrahierer, um die eigentliche Operation und die Reduktion durchzuführen. Abbildungen 5.10 und 5.11 zeigen die Hardwarestruktur.

Bei der Addition und Subtraktion lässt sich die Reduktion modulo p relativ einfach realisieren. Da beide Summanden $in1, in2$ ursprünglich reduziert, also kleiner p sind, ist das Ergebnis der Addition $in1 + in2 < 2p$. Für die Reduktion wird als Lookahead anschließend immer der Modulus p abgezogen und dann anhand der Carrys entschieden, welches der Ergebnisse valide ist. Tabelle 5.4 zeigt die Entscheidungstabelle beispielhaft für den Addierer.

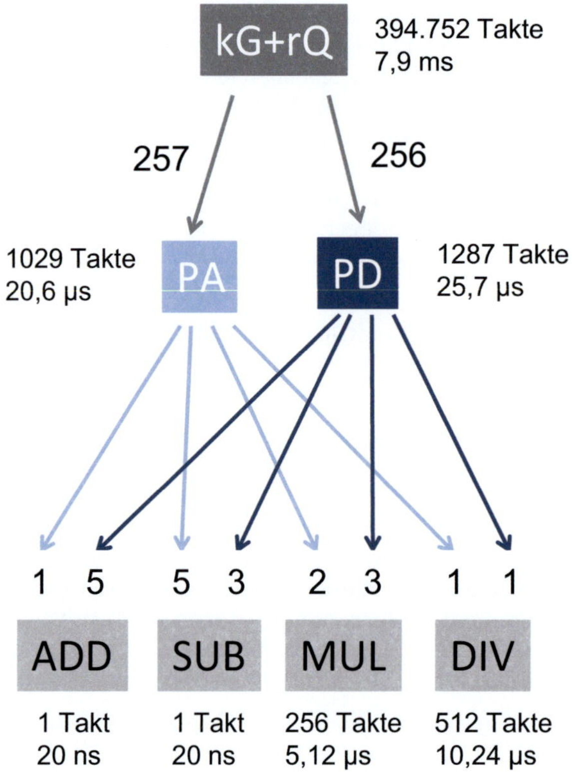

Abbildung 5.9.: Komplexität der ECDSA-Operationen auf verschiedenen Ebenen am Beispiel der doppeltes skalaren Multiplikation. Die Zahlen beziehen sich auf die Referenzimplemntierung bei 50 MHz Taktfrequenz.

Sowohl der Addierer als auch der Subtrahierer belegen auf dem verwendeten Virtex-5 FPGA jeweils etwa 860 LUTs. Die Modulo-Addition bzw. -Subtraktion erfolgt in einem einzigen Takt, was nach Synthese eine Pfadverzögerung von 12 ns für den Adder und 10,8 ns für den Subtrahierer ergibt. Die laut Synthese maximal mögliche Taktfrequenz liegt damit bei 83 MHz bzw. 93 MHz.

5.5.1.2. Modulare Multiplikation

Die Multiplikation erfolgt iterativ nach dem klassischen Double-and-Add-Prinzip, allerdings auf 256 Bit Breite und mit jeweiliger Reduktion modulo p in jedem Teilschritt. Das Verfahren ist dargestellt in Algorithmus 5.1. Hierbei bezeichnet $|p|$ die Bitlänge des Modulus p.

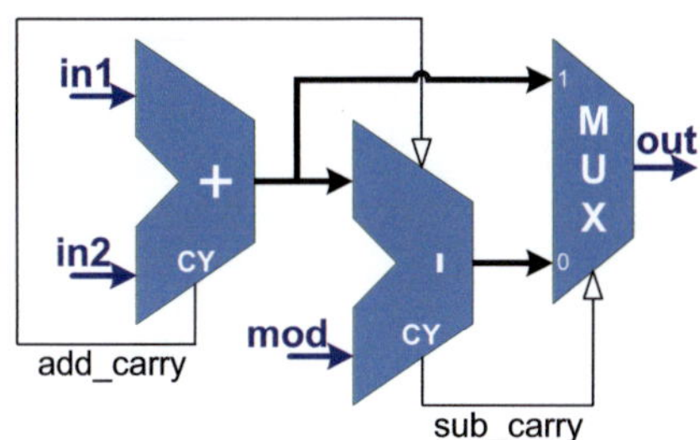

Abbildung 5.10.: Modulo-Addierer

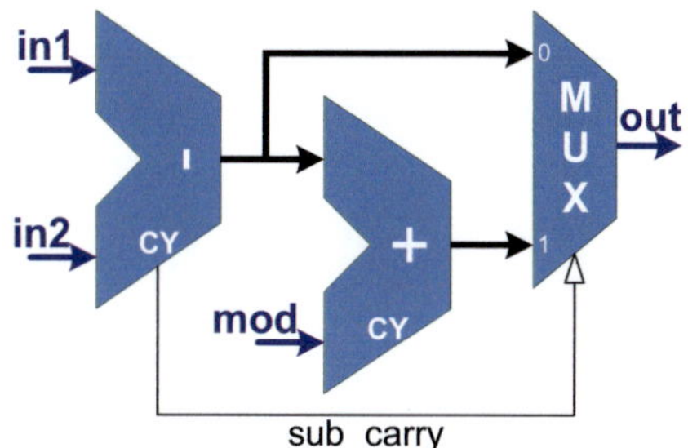

Abbildung 5.11.: Modulo-Subtrahierer

add_carry	sub_carry	add_out	sub_out	out
0	0	mod $\leq$ add_out	$0 \leq$ sub_out $<$ mod	*sub_out*
0	1	$0 \leq$ add_out $<$ mod	sub_out < 0	*add_out*
1	0	mod $<$ add_out	$0 <$ sub_out $<$ mod	*sub_out*
1	1	mod $<$ add_out	sub_out < 0	*impossible*

Tabelle 5.4.: Auswertung der Carry-Flags im Modulo-Addierer

Die Hardwarerealisierung ist dargestellt in Abbildung 5.12. Auch hier sind die Operanden *in*1, *in*2, *mod* und das Ergebnis *out* jeweils 256 Bit breit. Sie beinhaltet als Submodule einen Modulo-Verdoppler (Abbildung 5.13) und einen Modulo-Addierer, die nacheinander durchlaufen werden. Der Zähler dekrementiert die Schleifenvariable i. Jeder Durchlauf der FOR-Schleife in Algorithmus 5.1 benötigt einen Takt, an dessen Ende das entsprechende Zwischenergebnis bereits reduziert im Register T vorliegt. Die Reduktion im Verdoppler erfolgt dabei analog zum beim Addierer beschriebenen Vorgehen. Somit benötigt die Berechnung einer Multiplikation inklusive Reduktion modulo P-256 genau die Bitlänge 256 Takte.

Der gesamte Multiplizierer belegt 2320 LUTs und erreicht nach Synthese eine maximale Taktfrequenz von 42,3 MHz. Er ist in dieser Hinsicht die langsamste Basis-

---

Algorithmus 5.1 Interleaved Multiplication [102]

Input: $p \in \mathbb{N}$ prim; $A, B \in [0; p-1] \cap \mathbb{N}$.
Output: $A \cdot B \mod p$.

1: $T = 0$
2: **for** $i = 0$ to $|p| - 1$ **do**
3:     $T = 2T \mod p$
4:     $T = T + A \cdot B_{|p|-1-i} \mod p$
5: **end for**
6: **return** T

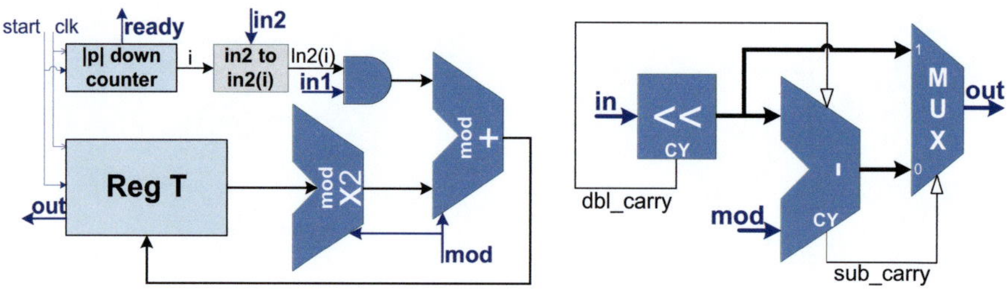

Abbildung 5.12.: Modulo-Multiplizierer   Abbildung 5.13.: Modulo-Verdoppler

komponente, da er durch den Modular-Verdoppler und den dahinter geschalteten Modular-Addierer den kritischen Gesamtpfad enthält. Eine modulare Multiplikation dauert bei dieser Taktfrequenz etwa $6\mu s$.

5.5.1.3. Modulare Division und Inversion

Die modulare Division erfolgt ebenfalls nach einem iterativen Verfahren gegeben in Algorithmus 5.2. Anders als die obigen Verfahren hat es keine konstante Lauflänge, sondern die benötigte Zeit hängt von den Eingaben ab. Die maximale Laufzeit beträgt $2 \cdot |p|$ Takte unter der Annahme, dass in jedem Takt ein Schleifendurchlauf der inneren Schleife erfolgen kann. Damit ist die Division die aufwändigste Einzeloperation. Eine Inversion wird realisiert durch eine Division mit $B = 1$.

Die Darstellung der Implementierung ist der Übersichtlichkeit halber in mehrere Teile zerlegt. Den Gesamtaufbau zeigt Abbildung 5.14, die Abbildungen 5.15 und 5.16 detaillieren die im Gesamtüberblick referenzierten Teilschritte. Auch hier sind die Operanden $in1$, $in2$, mod und das Ergebnis out 256 Bit breit. Über das Steuersignal D_notI kann zwischen einer Division und einer Inversion gewählt werden. Im zweiten Fall wird der Operand $in2$ ignoriert und Eins gesetzt.

Mit einem Ressourcenbedarf von 5670 LUTs ist der Dividierer auch die größte Einzelkomponente innerhalb der Modulararithmetik. Die Laufzeit hat eine obere Schranke mit $2 \cdot |p|$ Takten, statistische Untersuchungen mit verschiedenen Eingaben ergaben jedoch eine durchschnittliche Laufzeit von lediglich $1,5 \cdot |p|$. Die Terminierung der Operation wird durch das *ready*-Signal angezeigt. Aufgrund der geringeren Logiktiefe im Vergleich zum Multiplizierer ist eine maximale Taktfrequenz nach Synthese von 73,4 MHz möglich.

5.5.2. Zentrale GF(p)-ALU

Die Hardwareeinheiten für die $GF(p)$-Operationen sind in einer speziellen $GF(p)$-ALU zusammengefasst. Abbildung 5.17 zeigt einen strukturellen Überblick. Sie ent-

---

Algorithmus 5.2 Binärdivision in $GF(p)$ [102]

Input: $p \in \mathbb{N}$ prim; $A, B \in [0; p-1] \cap \mathbb{N}$.
Output: $A \cdot (B)^{-1} \mod p$.

1: $u = A; v = p; x_1 = B; x_2 = 0$
2: **while** $u \neq 1 \&\& v \neq 1$ **do**
3:    $u = \frac{u}{2}$
4:    **if** x_1 gerade **then**
5:      $x_1 = \frac{x_1}{2}$
6:    **else**
7:      $x_1 = \frac{x_1+p}{2}$
8:    **end if**
9: **end while**
10: **while** v gerade **do**
11:    $v = \frac{v}{2}$
12:    **if** x_2 gerade **then**
13:      $x_2 = \frac{x_2}{2}$
14:    **else**
15:      $x_2 = \frac{x_2+p}{2}$
16:    **end if**
17: **end while**
18: **if** $u = v$ **then**
19:    $u = u - v$
20:    $x_1 = (x_1 - x_2) \mod p$
21: **else**
22:    $v = v - u$
23:    $x_2 = (x_2 - x_1) \mod p$
24: **end if**
25: **if** u=1 **then**
26:    **return** x_1
27: **else**
28:    **return** x_2
29: **end if**

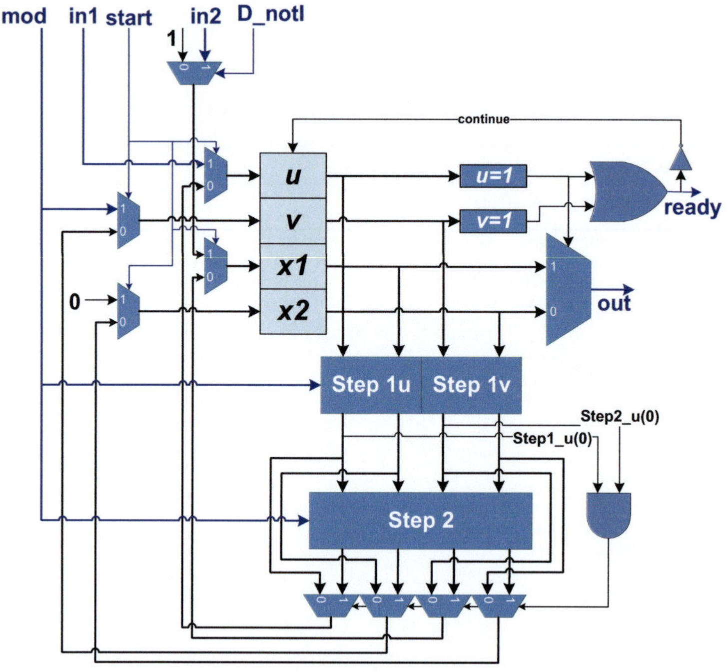

Abbildung 5.14.: Modulo-Dividierer/Invertierer

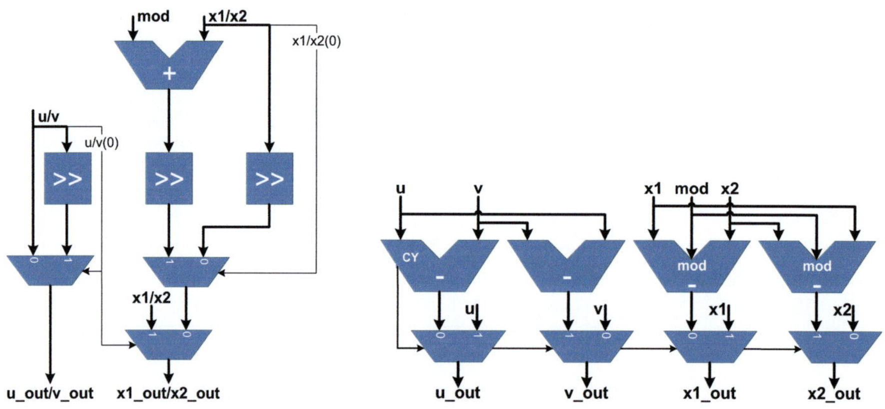

Abbildung 5.15.: Dividierer Step1   Abbildung 5.16.: Dividierer Step2

hält jeweils einen $GF(p)$-Addierer, -Subtrahierer, -Multiplizierer und -Dividierer. Die Register und Datenpfade zwischen den Einheiten sind jeweils 256 Bit breit, so dass jeweils vollständige $GF(\mathrm{P}-256)$-Operanden übertragen und gespeichert werden können. Vier Eingänge, zwei Ausgänge und vier vorhandene kombinierte Operanden- und Ergebnisregister sowie eine flexible Verschaltung erlauben jeweils den Start von zwei Operationen gleichzeitig, solange sie nicht die gleiche Basishardware verwenden. Da die Durchführung der Operationen autark erfolgt, können durch versetztes Starten auch alle vier Ausführungseinheiten parallel genutzt werden. Die Steue-

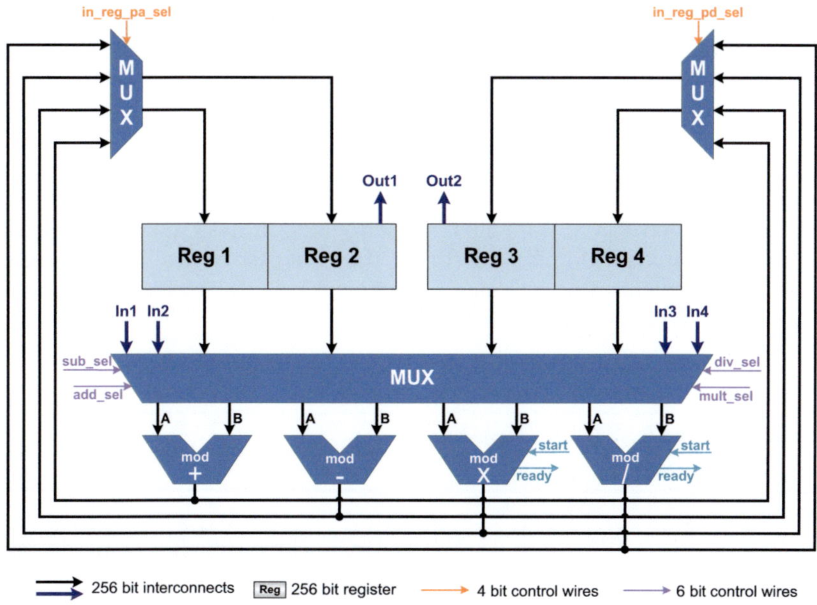

Abbildung 5.17.: GF(p)-ALU

rung der ALU erfolgt über die Steuerleitungen an Multiplexern und den komplexeren Arithmetikmodulen und ist als endlicher Automat (FSM) realisiert. Die gesamte ALU belegt 14256 LUTs und erreicht nach Synthese eine maximale Taktfrequenz von 41.2 MHz (vgl. Tabelle 5.7).

Zusätzlich zu der 256 Bit-Arithmetik basierend auf dem Modulus P-256, realisiert die ECDSA-Einheit auch die Arithmetik für den Modulus P-224, der ebenfalls im WAVE-Standard [134] gefordert wird. Hierzu kann dieselbe Hardware verwendet werden, es ist lediglich der Modulus und die Breiten der Operanden und Ergebnisse anzupassen. Dies ist ebenfalls als Teil der Kontroll-FSM realisiert. Grundsätzlich unterstützt die ALU alle Bitbreiten und Moduli bis zu maximal 256 Bit Breite.

5.5.3. Gesamtaufbau und Steuerung

Die vorgestellten Submodule der ECDSA-Einheit werden von einer Kontroll-FSM zentral gesteuert. Abhängig von den vom übergeordneten PicoBlaze übergebenen Parametern ist hier die Durchführung der Signaturverifikation und -Generierung und der zugrundeliegenden Operationen auf Ebene der elliptischen Kurve implementiert.

Die für die Signaturerstellung und -verifikation nötigen Verfahren sind in den Algorithmen 2.5 und 2.6 gegeben, die in der FSM umgesetzt werden. Die mit über 99% Laufzeitanteil (bei P-256) mit Abstand aufwändigsten Operationen innerhalb der Verfahren stellen die skalaren Multiplikationen in Schritt 2 bzw. Schritt 7 dar (vgl. Tracing in Anhang B.1). Die folgenden Abschnitte detaillieren die für die skalare Multiplikation jeweils nötigen Schritte.

5.5.3.1. Punktaddition und Punktverdopplung auf E

Auf der Elliptischen Kurve E ist als Gruppenoperation die Punktaddition und als Spezialfall die Punktverdopplung definiert, die eine gesonderte Behandlung erfordert. Die für die Ausführung auf der ALU nötigen Ablaufpläne für den Kontrollfluß sind in den Tabellen 5.5 und 5.6 dargestellt.

Scheduling für PA auf der GF(p)-ALU

Input: $P = (x_1, y_1), Q = (x_2, y_2) \in E$
Output: $R = P + Q = (x_3, y_3) \in E$

Schritt	GF(p)-Ausführungseinheit	Dauer [# Takte]
01. $t_1 = y_2 - y_1$	sub	1
02. $t_2 = x_2 - x_1$	sub	1
03. $t_2 = t_1/t_2(=\lambda); t_3 = x_1 + x_2$	div; add	max. $2\|p\|$
04. $t_1 = t_2 \cdot t_2$	mult	$\|p\|$
05. $t_1 = t_1 - t_3(= x_3)$	sub	1
06. $t_1 = x_1 - t_1$	sub	1
07. $t_1 = t_2 \cdot t_1$	mult	$\|p\|$
08. $t_1 = t_1 - y_1(= y_3)$	sub	1
		max. $4\|p\| + 5$

Tabelle 5.5.: HW-Ausführung der Punktaddition auf elliptischen Kurven

Die Ablaufpläne mappen die Operationen auf die Ausführungseinheiten und verwenden drei Hilfsregister t_1, t_2, t_3 für Zwischenergebnisse. Man sieht, dass die Punkt-

Scheduling für PD auf der GF(p)-ALU

Input: $P = (x_1, y_1) \in E$
Output: $R = 2P = (x_3, y_3) \in E$

Schritt	GF(p)-Ausführungseinheit	Dauer [# Takte]
01. $t_1 = x_1 \cdot x_1$	mult	$|p|$
02. $t_2 = t_1 + t_1$	add	1
03. $t_1 = t_1 + t_2$	add	1
04. $t_1 = t_1 + a$	add	1
05. $t_2 = y_1 + y_1$	add	1
06. $t_2 = t_1/t_2(= \lambda); t_3 = x_1 + x_1$	div; add	max. $2|p|$
07. $t_1 = t_2 \cdot t_2$	mult	$|p|$
08. $t_1 = t_1 - t_3(= x_3)$	sub	1
09. $t_1 = x_1 - t_1$	sub	1
10. $t_1 = t_2 \cdot t_1$	mult	$|p|$
11. $t_1 = t_1 - y_1(= y_3)$	sub	1
		max. $5|p| + 7$

Tabelle 5.6.: HW-Ausführung der Punktverdopplung auf elliptischen Kurven

verdopplung etwas aufwändiger als die allgemeine Punktaddition ist. Die allgemeine Addition ist aber bei gleichen Punkten nicht definiert und kann daher die Verdopplung nicht ersetzen.

5.5.3.2. Skalare Multiplikation auf E

Die skalare Multiplikation ist der zentrale Schritt 2 der Signaturerstellung (Algorithmus 2.5). Die Durchführung erfolgt iterativ mit Hilfe einer auf Montgomery zurückgehenden Berechnungsmethode, der sogenannten *Montgomery-Leiter* [183, 184]. Algorithmus 5.3 zeigt das Vorgehen im Detail.

Die Operationen in den Zweigen innerhalb der Schleife, also die Schritte 5 und 6 im IF-Zweig bzw. 8 und 9 im ELSE-Zweig können jeweils parallel ausgeführt werden. Da es sich um je eine Punktaddition (PA) und Punktverdopplung (PD) handelt, ist durch geschicktes Scheduling eine tatsächliche Parallelausführung auf der ALU möglich. Abbildung 5.18 zeigt den implementierten Ablauf. Für die Ausführung ergibt sich damit eine maximale Dauer von $((|p| - 1) \cdot (6|p| + 7) + (5|p| + 7)) = 6|p|^2 + 6|p|$ Takten. Mit $|p| = 256$ ergibt sich also als maximale Ausführungsdauer 394.752 Takte oder 7,9 ms bei 50 MHz.

Algorithmus 5.3 Skalare Multiplikation auf E mit "Montgomery's Ladder"

Input: Punkt $P \in E$; Integer $k = \sum_{i=0}^{l-1} k_i 2^i$ mit $k_i \in \{0,1\}$ und $k_{l-1} = 1$.
Output: Punkt $Q = kP \in E$.

  1: $P_1 = P$
  2: $P_2 = 2P$
  3: **for** $i = l - 2$ downto 0 **do**
  4:     **if** $k = 0$ **then**
  5:        $P_1^{neu} = 2P_1^{alt}$
  6:        $P_2^{neu} = P_1^{alt} + P_2^{alt}$
  7:     **else**
  8:        $P_1^{neu} = P_1^{alt} + P_2^{alt}$
  9:        $P_2^{neu} = 2P_2^{alt}$
10:     **end if**
11: **end for**
12: **return** $Q = P_1$

5.5.3.3. Doppelte skalare Multiplikation

Bei der Signaturverifikation müssen parallel zwei grundsätzlich voneinander unabhängige skalare Multiplikationen durchgeführt werden (vgl. Algorithmus 2.6 Schritt 7). Anstatt diese getrennt voneinander auszuführen, ist es zur Aufwandsminimierung vorteilhaft, beide Multiplikationen schrittweise gemeinsam durchzuführen. Das Verfahren der gleichzeitigen Multiplikation mehrerer Punkte geht auf Adi Shamir zurück [74] und ist auch als "Shamirs Trick" bekannt. Algorithmus 5.4 zeigt das allgemeine Vorgehen.

Algorithmus 5.4 Gleichzeitigen Multiplikation mehrerer Punkte nach Shamir

---

Input: Punkte $P, Q \in E$; Integer $k = \sum_{i=0}^{l-1} k_i 2^i$ und $m = \sum_{i=0}^{l-1} m_i 2^i$
     mit $k_i, m_i \in \{0,1\}$ und $k_{l-1} \vee m_{l-1} = 1$.
Output: Punkt $X = kP + mQ \in E$.

  1: Vorberechnung: $P + Q$
  2: $X = O$ (Punkt im Unendlichen)
  3: **for** $i = l - 2$ downto 0 **do**
  4:    $X = 2X$
  5:    $X = X + (k_i P + m_i G)$
  6: **end for**
  7: **return** X

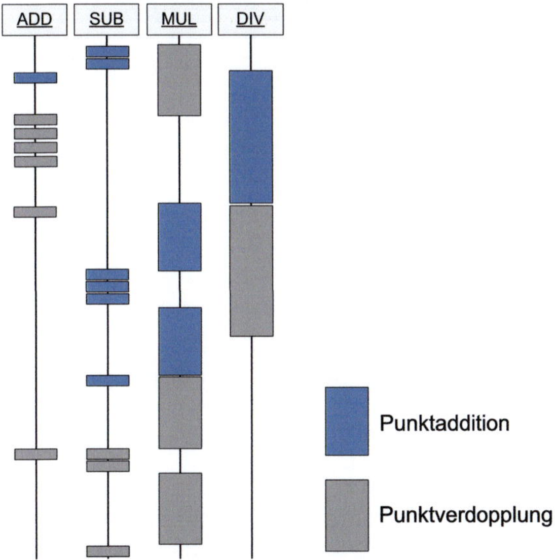

Abbildung 5.18.: Paralleles Scheduling von PA und PD

Im Gegensatz zu Algorithmus 5.3 können die zentralen Operationen in den Schritten 4 und 5 nicht parallelisiert werden, da sie aufeinander aufbauen. Die maximale Gesamtlaufzeit des Algorithmus beträgt $((4|p| + 5) + |p| \cdot ((5|p| + 7) + (4|p| + 5))) = 9|p|^2 + 16|p| + 5$ Takte. Dies ist trotz fehlender Parallelisierung eine Verbesserung gegenüber den $2 \cdot (6|p|^2 + 6|p|) + (4|p| + 5) = 12|p|^2 + 16|p| + 5$ Takten, die zwei hintereinander ausgeführte skalare Multiplikationen benötigen würden. Geht man davon aus, dass – unter Annahme von Gleichverteilung – Schritt 5 in 25% der Fälle entfällt, so erhält man eine erwartete Laufzeit von $((4|p| + 5) + |p| \cdot ((5|p| + 7) + 0,75 \cdot (4|p| + 5))) = 8|p|^2 + 14,75|p| + 5$ Takten. Für $|p| = 256$ ist die erwartete Laufzeit mit Shamir damit 528.069 Takte statt der 789.504 Takte, die für zwei sequentielle Ausführungen der einfachen skalaren Multiplikation nach Montgomery benötigt würden.

5.5.4. Performanz und Ressourcenverbrauch

Das vorgestellte System wurde auf einem Xilinx Virtex-5 FPGA realisiert. Die folgenden Werte beziehen sich auf die Realisierung der Signatureinheit ohne weitere Ressourcenoptimierung. Tabelle 5.7 gibt einen Überblick über die Ressourcenbelegung.

Nach Integration der Einzelkomponenten erreicht die gesamte ECDSA-Einheit nach Synthese eine maximale Taktfrequenz von 50,1 MHz. Die Implementierung auf dem

	Lut-FF Paare (nach Synthese)	rel. Platzverbrauch auf dem FPGA	max. Frequenz [MHz]
XC5VLX110T-FPGA gesamt	69.120	100%	-
Signatureinheit gesamt	32.299	46,7%	50
ECDSA-Einheit	24.637	36%	50,1
Hashing-Einheit	2.277	3%	120,8
PRNG	482	0,7%	872,6
$\mathbb{F}_p$-ALU	14.256	20%	41,2
$\mathbb{F}_p$-ADD	858	1,2%	83
$\mathbb{F}_p$-SUB	857	1,2%	92,8
$\mathbb{F}_p$-MUL	2.320	3,4%	42,3
$\mathbb{F}_p$-DIV	5.670	8,2%	73,4

Tabelle 5.7.: Ressourcenverbrauch auf XC5VLX110T FPGA mit 69,120 LUTs

Baustein konnte mit einer Taktfrequenz von 50 MHz erfolgreich getestet und funktional verifiziert werden. Tabelle 5.8 zeigt die Leistungsfähigkeit der Signatureinheit bei 50 MHz für die Verifikation. Die Performanz bei der Signaturerstellung zeigt Tabelle 5.9.

Verifikation		secp224r1	secp256r1
Rechenzeit	*geschätzt*	7,23	9,42
[*ms/Sig*]	*simuliert*	7,17	9,09
Durchsatz	*geschätzt*	138	106
[*Sig/s*]	*simuliert*	140	110
Dauer	*geschätzt*	361151	471111
[*Takte/Sig*]	*simuliert*	358478	454208

Tabelle 5.8.: Systemperformanz der Signaturverifikation bei 50 MHz

In beiden Tabellen basieren die geschätzten Werte auf der statistischen Abschätzung der Laufzeiten für die skalare Multiplikation. Dabei wurde berücksichtigt, dass die Durchführung einer Division oder Inversion im Schnitt (experimentell bestimmt) nicht $2|p|$ Takte sondern lediglich $1,5 \cdot |p|$ Takte benötigt. Da die tatsächliche Laufzeit von den Werten der Operanden abhängt, weichen die gemessenen Laufzeiten ab. Diese stellen den Durchschnitt von mehreren Simulationen dar.

Generierung		secp224r1	secp256r1
Rechenzeit	*geschätzt*	5,56	7,26
[*ms/Sig*]	*simuliert*	5,45	7,15
Durchsatz	*geschätzt*	180	138
[*Sig/s*]	*simuliert*	184	140
Dauer	*geschätzt*	278097	362881
[*Takte/Sig*]	*simuliert*	272345	357315

Tabelle 5.9.: Systemperformanz der Signaturgenerierung bei 50 MHz

5.6. ECDSA-Hardware: Optimierte Implementierung

Die in der Basisimplementierung erreichten Leistungswerte erfüllen noch nicht die für die C2X-Kommunikation geschätzten nötigen Durchsätze von bis zu 2600 Verifikationen/s. Ausgehend von der vorgestellten Implementierung werden im Folgenden einige Optimierungen umgesetzt, um die erforderliche Performanz zu erreichen. Die dazu nötigen Verfahren werden vollständig in Hardware implementiert und in das vorgestellte Gesamtsystem integriert. Hierbei wird im Folgenden speziell die rechnerisch anspruchsvollere Realisierung von P-256 betrachtet. Für die Verarbeitung von Signaturen über der Kurve P-224 kann das System größtenteils mit minimalen Anpassungen verwendet werden. Eine weitergehende Anpassung ist lediglich für die Durchführung der NIST-Reduktion (vgl. Abschnitt 5.6.2.3) nötig, wobei die generelle Struktur jedoch ebenfalls unverändert bleibt. Die Optimierung beruht auf drei wesentlichen Schritten, die auf unterschiedlichen Ebenen ansetzen.

In einem ersten Schritt erfolgt eine Umstellung auf eine alternative Repräsentation der Punkte der elliptischen Kurve in projektiven Koordinaten. Dies erlaubt einen Verzicht auf die aufwändige $\mathbb{F}_p$-Invertierung bei der skalaren Multiplikation.

Als zweiten Schritt verwendet die aktuelle Implementierung spezielle Hardwarestrukturen der Xilinx Virtex-5-Reihe, die für die Verwendung in der digitalen Signalverarbeitung optimiert sind. Diese DSP-Slices erlauben Additionen und Multiplikationen in deutlich höherer Taktfrequenz als die normale FPGA-Logik. Ihre Verwendung ermöglicht die Umsetzung der $\mathbb{F}_p$-Arithmetik in deutlich höherer Geschwindigkeit.

Als dritter Ansatzpunkt wird die Umsetzung der skalaren Multiplikation auf Kontrollflußebene betrachtet. Die Anwendung eines sogenannten Windowing-Verfahrens ermöglicht die Einsparung von Berechnungsschritten der skalaren Multiplikation mit Hilfe einer Vorberechnung und der Speicherung von Zwischenergebnissen.

5.6.1. Darstellung im projektiven Raum

Die in Kapitel 2.1.3 eingeführte Arithmetik auf elliptischen Kurven arbeitet auf einer Repräsentation der Kurvenelemente in affinen Koordinaten. Dabei erfordert jede Punktaddition und Punktverdopplung zwei Inversionen in $GF(p)$. Diese Operationen sind arithmetisch und in der Realisierung sehr aufwändig und eine Vermeidung kann daher ggf. die Gesamtleistung verbessern [118, 15]. Durch Wahl einer geeigneten Repräsentation in projektiven Koordinaten können Inversionen bei der Addition und Multiplikation von Punkten auf $E\left(GF(p)\right)$ vollständig vermieden werden.

Ebenso wie für die affine Darstellung läßt sich auch für die projektive Darstellung eine Weierstraß-Gleichung für $E(K)$ aufstellen, indem man x durch X/Z^c und y durch Y/Z^d ersetzt. Für die vorliegende Realisierung wurde eine Repräsentation in sogenannten Chudnovsky-Koordinaten [40, 118] gewählt.

Definition 5.1 (Chudnovsky-Koordinaten:): *Für Chudnovsky-Koordinaten wird die Darstellung eines Punktes $(X:Y:Z)$ in Jacobi-Koordinaten (vgl. Def. 2.9) durch Z^2 und Z^3 erweitert. Ein Punkt $P = (x,y) \in E\left(GF(p)\right)$ (affine Repräsentation) wird damit in Chudnovsky-Koordinaten dargestellt als $P = (X,Y,Z,Z^2,Z^3)$.*

Die Darstellung der Elliptischen Kurve $E(K)$ in Jacobi- oder Chudnovsky- Koordinaten führt zu folgender Weierstraß-Gleichung:

$$E : Y^2 = X^3 + aXZ^4 + bZ^6. \tag{5.2}$$

Der auf E liegende Punkt im Unendlichen ∞ ist dargestellt als $(1:1:0)$, die Inverse zu $(X:Y:Z)$ ist $(X:-Y:Z)$

Im Folgenden werden Berechnungen auf der elliptischen Kurve E grundsätzlich in den in Definition 5.1 gegebenen Chudnovsky-Koordinaten durchgeführt. Die Umrechnung von affinen in projektive Koordinaten und umgekehrt wurde in Abschnitt 2.1.4 erläutert. Der affine Punkt $P = (x,y)$ ergibt die projektive Darstellung $P = (x,y,1)$. Ein projektiver Punkt $P = (X,Y,Z)$ mit $Z \neq 0$ ergibt in affiner Darstellung $P = (X/Z^2, Y/Z^3)$. Falls $Z = 0$, so ist $P = \infty$.

In den projektiven Koordinaten lassen sich die benötigten Operationen ohne Inversionen in $GF(p)$ durchführen. Die Algorithmen 5.5 und 5.6 geben die entsprechenden Verfahren an. Die Punktaddition nach Algorithmus 5.5 benötigt 11 Multiplikationen (Multiplications **M**) und drei Quadrierungen (Squarings **S**) in $GF(p)$ gegenüber einer Inversion **I**, 1**M**, 1**S** in affinen Koordinaten. Da die Inversion in $GF(p)$ sehr aufwändig ist und die Multiplikation sehr viel effizienter in Hardware umgesetzt werden kann (siehe Abschnitt 5.6.2) ist die Verwendung der projektiven Chudnovsky-Koordinaten trotzdem vorteilhaft. Dies kann lediglich durch die Verwendung gemischter Koordinaten weiter verbessert werden, was allerdings eine Koordinatentransformation zwischen den einzelnen Rechenschritten erfordert. Eine vergleichende Aufstellung des Aufwands in verschiedenen Koordinatensystemen findet sich beispielsweise in [118,

---

Algorithmus 5.5 Punktaddition nach [15] auf E mit Chudnovsky-Koordinaten

---

Input: Punkte $P = (X_1, Y_1, Z_1, Z_1^2, Z_1^3) \neq \infty$ und $Q = (X_2, Y_2, Z_2, Z_2^2, Z_2^3) \neq \infty$,
  $P \neq \pm Q; P, Q \in E/K$ mit $a = -3$, also $E : Y^2 = X^3 - 3XZ^4 + bZ^6$.
Output: Punkt $R = P + Q = (X_R, Y_R, Z_R, Z_R^2, Z_R^3)$.

1: $A \leftarrow X_1 Z_2^2$
2: $B \leftarrow X_2 Z_1^2$
3: $C \leftarrow Y_1 Z_2^3$
4: $D \leftarrow Y_2 Z_1^3$
5: $E \leftarrow B - A$
6: $F \leftarrow D - C$
7: $X_R \leftarrow -E^3 - 2AE^2 + F^2$
8: $Y_R \leftarrow -CE^3 + F(AE^2 - X_R)$
9: $Z_R \leftarrow Z_1 Z_2 E$
10: $Z_R^2 \leftarrow Z_R^2$
11: $Z_R^3 \leftarrow Z_R^2 * Z_R$
12: **return** $R = (X_R, Y_R, Z_R, Z_R^2, Z_R^3)$

Kap. 3.2.2]. Welchen Aufwand die zugrundeliegenden Operationen haben, hängt allerdings maßgeblich von der verwendeten Implementierung ab.

Die Punktverdopplung, das heißt die Addition zweier gleicher Punkte, benötigt nach Algorithmus 5.6 lediglich **5M** und **4S** und ist daher effizienter als die Addition zweier beliebiger Punkte. Der Vergleich mit der Berechnung auf affinen Koordinaten (**1I**, **1M**, **2S**) fällt damit auch positiv aus. Eine detaillierte Aufwandsbetrachtung der $\mathbb{F}_p$-Operationen und einen Vergleich der Implementierungen findet sich in Abschnitt 5.6.5.

Die im Folgenden vorgestellte Implementierung unterscheidet auf $\mathbb{F}_p$-Ebene nicht zwischen Multiplikation und Quadrierung, so dass der Aufwand vereinfacht zu **9M** für die Punktverdopplung (PD) und **14M** für die Punktaddition (PA) angegeben werden kann.

5.6.2. Modulararithmetik auf DSP-Hardware

Die performante Berechnung der einzelnen $\mathbb{F}_p$-Operationen des oben entwickelten Entwurfs beruht auf der zielgerichteten Verwendung der Logik- und DSP-Ressourcen der verwendeten Xilinx Virtex-5 Plattform. Die Verwendung solcher DSP-Slices für ECC wurde von Güneysu und Paar [115] erstmalig für einen Virtex-4 FPGA vorgeschlagen und umgesetzt. Die vorliegende Implementierung verwendet einen teilweise ähnlichen Ansatz, wurde jedoch auf die verwendete Hardware angepasst und in der Leistung optimiert. Außerdem wurde eine Gesamtintegration in die ECDSA-Einheit und nachfolgend in die gesamte C2X-Kommunikationseinheit realisiert.

Algorithmus 5.6 Punktverdopplung nach [15] auf E mit Chudnovsky-Koordinaten

---

Input: Punkt $P = (X, Y, Z, Z^2, Z^3) \neq \infty$ auf Kurve E mit $a = -3$,
   also $E : Y^2 = X^3 - 3XZ^4 + bZ^6$.
Output: Punkt $R = 2P = (X_R, Y_R, Z_R, Z_R^2, Z_R^3)$.

1: $A \leftarrow Y^2$
2: $B \leftarrow 4X * A$
3: $C \leftarrow 3(X + Z^2) * (X - Z^2)$
4: $X_R \leftarrow -2B + C^2$
5: $Y_R \leftarrow -8A^2 + C(B - X)$
6: $Z_R \leftarrow 2YZ$
7: $Z_R^2 \leftarrow Z_R^2$
8: $Z_R^3 \leftarrow Z_R^2 * Z_R$
9: **return** $R = (X_R, Y_R, Z_R, Z_R^2, Z_R^3)$

Im Folgenden werden für die Realisierung der Modulararithmetik die in der Virtex-5 Serie zur Verfügung stehenden XtremeDSP48E-Slices (vgl. Abschnitt 2.5) verwendet. Für die ECDSA-Berechnung werden hierbei lediglich modulare Addition und Multiplikation benötigt, da durch die Verwendung von projektiven Koordinaten die Inversion umgangen wird. Anders als in der Referenzimplementierung erfolgen Addition und Subtraktion auf derselben Hardware in Zweierkomplement-Darstellung und mit Anpassung des Vorzeichens im Reduktionsschritt.

5.6.2.1. Addition mod p

Für den GF(P-256)-Addierer werden zwei DSP48E-Slices verwendet. Der erste DSP addiert die zwei Eingabeelemente 48Bit-weise mit intern rückgeführtem Carry, der zweite führt in Pipeline eine LookAhead-Korrektur mod p durch. Abbildung 5.19 verdeutlicht den Aufbau. Eine Reduktion modulo p ist nötig, falls die gebildete Summe größer als p bzw. die Differenz kleiner als 0 ist. Der zweite DSP stellt das korrigierte Ergebnis zusätzlich zur Verfügung. Nach Beendigung der Berechnung muss lediglich entschieden werden, welches der Ergebnisse in den Bereich $[0, p - 1]$ fällt.

Anders als in der Referenzimplementierung erfolgt die Addition nicht vollparallel in einem einzigen Takt, sondern in einem iterativen Verfahren. Der DSP-Addierer benötigt für eine vollständige 256-Bit Addition bzw. Subtraktion mit Reduktion acht Takte. Diese höhere Anzahl Takte wird jedoch teilweise kompensiert durch die höhere mögliche Taktfrequenz, die nach Synthese bei 495 MHz liegt. Die trotzdem niedrigere Leistungsfähigkeit wird in Kauf genommen, da die Additionen im Gesamtablauf in fast allen Fällen parallel zu aufwändigeren Multiplikationen durchgeführt werden können. Vorteilhaft ist, dass damit innerhalb des Signatursystems mit einem einheitlichen Systemtakt gearbeitet werden kann. Der Addierer belegt auf dem FPGA zusätzlich zu den zwei DSP-Slices 853 LUT/FF-Paare.

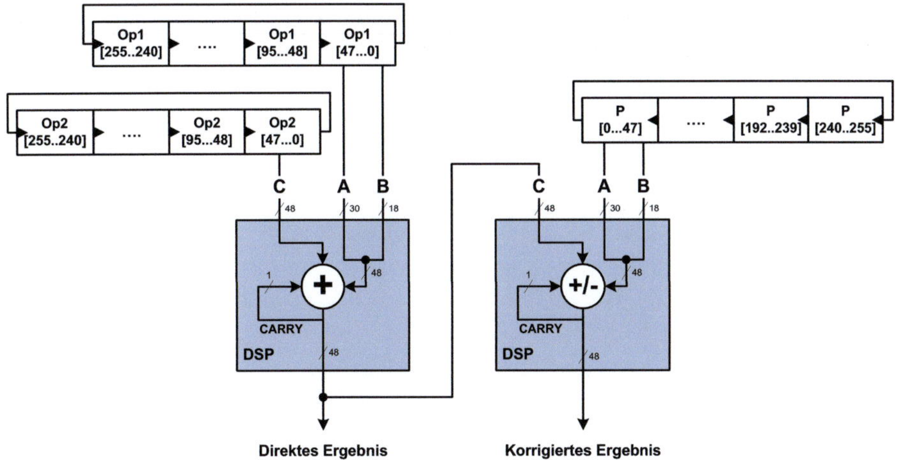

Abbildung 5.19.: Schematischer Überblick des GF(p)-Adders

5.6.2.2. 256 Bit Multiplikation

Die Multiplikation in $GF(p)$ ist realisiert als komplette Multiplikation zweier 256 Bit Elemente in $\mathbb{N}$ und anschließende Reduktion des 512 Bit Ergebnis mod p. Einen Überblick der einzelnen Berechnungsschritte gibt Algorithmus 5.7

Der erste Schritt ist die reine Multiplikation ähnlich zu [115]. Die Xilinx Virtex-5 DSP48E Slices unterstützen eine schnelle Multiplikation in maximal 25×18 Bit Länge. Um den internen 17 Bit-Shifter der DSP48E Slices für die anschließende versetzte Akkumulation einsetzen zu können, werden jedoch durchgehend 17×17 Multiplikatoren eingesetzt. Dazu interpretiert man die 256 Bit Operanden A und B als Polynome in $x = 2^{17}$ mit 17 Bit langen Koeffizienten. Damit ergibt sich

$$A = a_{15}x^{15} + a_{14}x^{14} + \ldots + a_1 x + a_0, \tag{5.3}$$
$$B = b_{15}x^{15} + b_{14}x^{14} + \ldots + b_1 x + b_0, \tag{5.4}$$

für $x = 2^{17}, a_i, b_i \in \{0,1\}^{17}$. Das Ergebnis $C = A \cdot B$ lässt sich nun als Polynommultiplikation errechnen durch

$$C_{poly} = a_{15}b_{15}x^{30} + (a_{14}b_{15} + a_{15}b_{14}) x^{29} + \ldots + (a_0 b_1 + a_1 b_0) x + a_0 b_0. \tag{5.5}$$

Die 31 nun bis zu 38 Bit langen Koeffizienten von C setzen sich zusammen aus $16^2 = 256$ Teilprodukten, die auf 16 DSPs in 16 Takten berechnet und anschließend akkumuliert werden. Jeweils versetzt um 17 Bit und überlappend addiert ergeben sie das 512 Bit Zwischenergebnis C. Diese Zusammenführung geschieht in einem weiteren DSP. Abbildung 5.20 zeigt die Hardwarestruktur des Multiplizierers. Zusätzlich zu den 17 DSPs werden 1460 LUT/FF-Paare belegt.

Algorithmus 5.7 Berechnungsschritte der Multiplikation mod p auf DSPs

---

Input: Zwei Elemente $A, B \in GF(p)$ mit $p = P - 256$ repräsentiert als 256 Bit-Werte
Output: Produkt $X = A \cdot B \mod p$.

1: Setze $x := 2^{16}$ und interpretiere $A = \sum_{i=0}^{15} a_i x^i$, $B = \sum_{i=0}^{15} b_i x^i$ mit $a_i, b_i \in \{0,1\}^{16}$
2: Berechne $C_{poly} = A \cdot B \in$ Polynomring $P(x)$
3: Berechne $C \in \{0,1\}^{512}$ durch Shiften und Addieren der Koeffizienten von C_{poly}
4: Reduziere C mittels NIST-Reduktionsschritt auf $Z \in [-5p, 8p]$. Somit gilt $X = Z - np$.
5: Bestimme Schätzwert m für n mit $m \leq n$
6: Berechne $Y_1 = Z - mp$ und $Y_2 = y_1 - p$.
7: **if** $Y_2 < 0$ **then**
8:    **return** Y_1
9: **else**
10:    **return** Y_2
11: **end if**

Die Laufzeit des Multiplizierers bis zur Erstellung des nicht reduzierten 512-Bit Zwischenergebnisses beträgt 37 Takte. Da die Reduktion in einem eigenen Hardwaremodul durchgeführt wird, ist ein Pipelining der Operationen möglich – es kann also bereits die nächste Multiplikation begonnen werden, während das Zwischenergebnis der letzten Multiplikation noch reduziert wird. Ein entsprechendes Scheduling vorausgesetzt kann alle 31 Takte eine Multiplikation beendet werden (die zusätzlichen 6 Takte werden zum Laden der Operanden benötigt). Die Einsparung an Ausführungstakten für die Multiplikation relativ zur Referenzimplementierung (256 Takte) beträgt damit $85,5\%$. Die maximal mögliche Taktfrequenz nach Synthese beträgt 332 MHz, was einen Steigerungsfaktor von etwa $6,8$ zur Referenz ergibt. Der Gesamtdurchsatz der DSP-basierten Multiplikationslogik beträgt $8,9$ Millionen Multiplikationen pro Sekunde im Vergleich zu $0,16$ Millionen Multiplikationen in der vorherigen Logik (Faktor 54).

5.6.2.3. NIST-Reduktion

Das vom Multiplizierer erzeugte 512 Bit breite Zwischenergebnis C muss in einem nächsten Schritt zum Endergebnis $X = C \mod p$ reduziert werden. Da eine entsprechende Division mit Rest sehr aufwändig ist, macht man sich die speziellen Eigenschaften der generalisierten Mersenne-Primzahlen zunutze (vgl. Abschnitt 2.1.2). Die Reduktion erfolgt in zwei Schritten. Der erste ist die Berechnung des Zwischenergebnisses (vgl. Gleichung 2.9)

$$Z = T + 2S_1 + 2S_2 + S_3 + S_4 - D_1 - D_2 - D_3 - D_4.$$

Für die effiziente Berechnung von Z werden wiederum DSP-Slices eingesetzt. Da lediglich addiert bzw. subtrahiert werden muss, steht eine Operandenbreite der DSPs

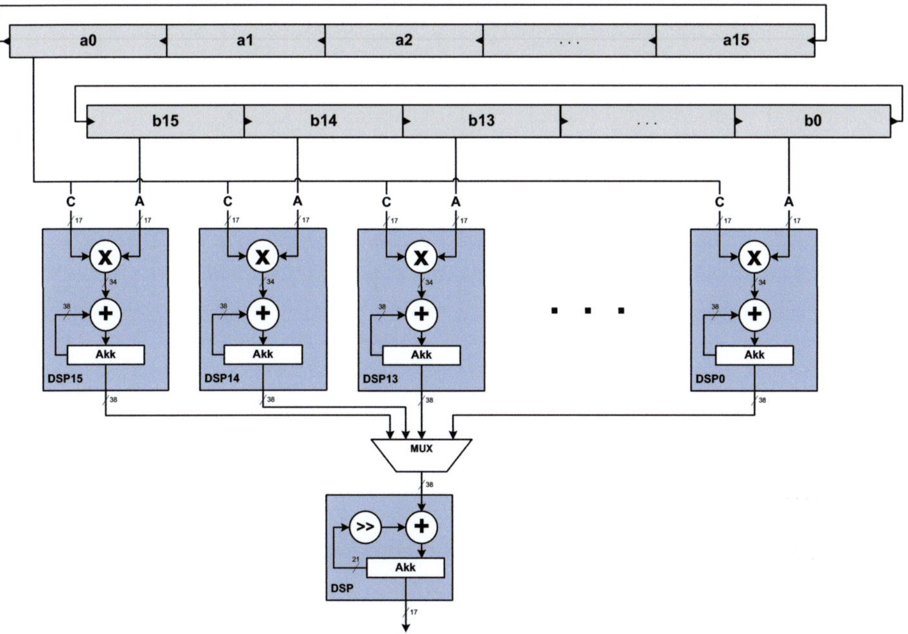

Abbildung 5.20.: Schematische Hardwarestruktur des GF(p)-Multiplizierers

für die Summation von maximal 48 Bit zur Verfügung. Um die parallele Addition bei hoher Taktfrequenz durchführen zu können, werden zunächst keine Carrys propagiert. Dadurch sammeln sich während der Summation in jedem DSP bis zu 3 Bit Carry an, die im nächsten Schritt noch propagiert werden müssen. Zusammen mit dem für die Zweierkomplement-Operation nötigen Vorzeichenbit verbleiben maximal 44 Bit für die einzelnen Operanden. Um mit Operanden gleicher Länge arbeiten zu können, werden sechs akkumulierende DSPs [DSP5 ... DSP0] mit jeweils 43 Bit[4] Operandenbreite und je zwei Operanden pro Takt verwendet. Die einzelnen Operanden werden zur Erreichung einer hohen Taktfrequenz in verteiltem Speicher mit getrennten Ausgaberegistern vorgehalten. Abbildung 5.21 zeigt den Aufbau des Reduktionsaddierers.

Die in Tabelle 2.1 zusammengestellten Operanden werden umgeordnet, um diejenigen Ergebnisse, die im vorangehenden Multiplikationsschritt am Ende berechnet werden, erst möglichst spät zu verwenden. Dadurch kann mit der Reduktion bereits begonnen werden, während die Berechnung des Zwischenergebnisses C im Multiplizierer noch läuft. Die mit einem Stern ($*$) gekennzeichneten Werte werden vor der Verwendung noch mit zwei multipliziert (vgl. Tabelle 2.1), also ein Bit nach links geshiftet. Damit haben diese Operanden nach dem Shift die maximal mögliche Breite

---

[4]Beim höchstwertigen DSP5 werden lediglich 41 Bit breite Operanden verwendet.

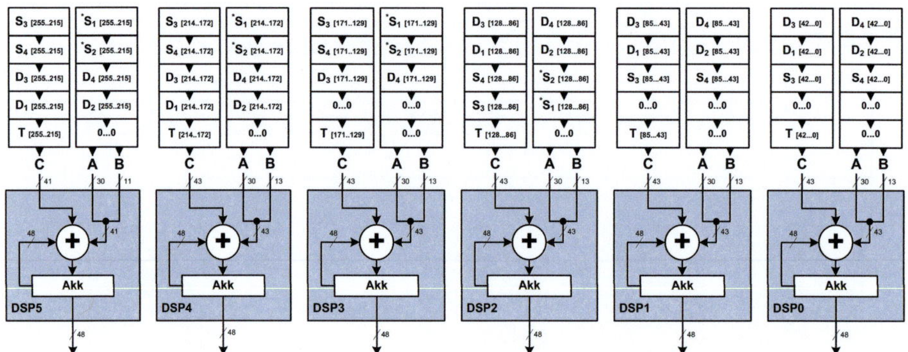

Abbildung 5.21.: Schematische Darstellung des Reduktionsaddierers

von 44 Bit. Abschnitte, die immer konstant Null sind, werden nicht extra gespeichert, sondern bei der Ansteuerung entsprechend gesetzt. In Abbildung 5.21 sind sie schon als $[0...0]$ dargestellt. Tabelle 5.10 zeigt die umgeordnete Operandenstruktur.

Dieses Vorgehen ermöglicht die Berechnung eines Zwischenergebnisses Z_0 vor Carrypropagation bestehend aus den Akkumulatorwerten der DSPs in lediglich fünf Takten. Die durchgeführte Teilreduktion stellt sicher, dass für das nach Propagation der Carrys in $[DSP5 \ldots DSP0]$ stehende Zwischenergebnis Z gilt: $Z \in [-5p, 8p]$. Außerdem ist von Gleichung 2.7 klar, dass für das Endergebnis X gilt $X = Z - np$.

Um den Korrekturschritt ohne Zeitverlust parallel zur Carrypropagation durchführen zu können, wird nun der Wert n basierend auf Z_0 geschätzt. Hierzu genügt eine Betrachtung der Bits $[44 \ldots 40]$ von DSP5.

Lemma 5.2 (Schätzung des Korrekturfaktors n): *Sei Z_0 das Zwischenergebnis in $[DSP5 \ldots DSP0]$ vor Propagation der Carrys. Dann erhält man eine Schätzung m für n mit $X = Z - np$ durch Betrachtung der Bits $[44 \ldots 40]$ von DSP5 wie folgt: Bits $[44 \ldots 41]$ ergeben interpretiert als Binärzahl den ersten Schätzer m_0. m ergibt sich aus m_0 durch Betrachtung des Entscheidungs-Bit $40 := d$. Man setzt $m = m_0 - 1$, falls $d = 0$, $m = m_0$ sonst. Dann gilt: $m \leq n \leq m + 1$.*

Der Beweis von Lemma 5.2 findet sich in Anhang A.3. Basierend auf der Schätzung m kann der Korrekturschritt in einer Pipeline zusammen mit der Carrypropagation durchgeführt werden. Beginnend bei DSP0 werden parallel die entsprechenden Bits des Korrekturwertes $-mp$ und die Carry-Bits addiert[6] (aufgrund der Anzahl der Summanden müssen 3 Bit Carrys propagiert werden). Das pro DSP 43 Bit breite Ergebnis wird konkateniert als $Y_1 = Z - mp$ gespeichert. Im nächsten Takt wird

---

[5]Die zu verdoppelnden Operanden werden vor der Addition ein Bit nach links geshiftet
[6]Die Addition erfolgt in Zweierkomplement-Darstellung, so dass auch bei negativen Carrys bzw. positivem m immer eine Addition verwendet werden kann

	DSP5		DSP4		DSP3		DSP2			DSP1		DSP0	
$OP_{Ges.}$	255..215		214..172		171..129		128..86			85..43		42..0	
OP_{Teil}	31..0	31..23	22..0	31..12	11..0	31..1	0	31..0	31..22	21..0	31..11	10..0	31..0
OP_{Teil}	32	9	23	20	12	31	1	32	10	22	21	11	32
Takt1	A7	A6	A6	A5	A5	A4	A4	A3	A2	A2	A1	A1	A0
	0	0	0	0	0	0	0	0	0	0	0	0	0
Takt2	**A10**	**A8**	**A8**	0	0	0	0	0	A10	*0*	*0*	*0*	*0*
	A11	**A9**	**A9**	0	0	0	*A12*	*A11*	0	*0*	*0*	*0*	*0*
Takt3	**A12**	0	0	**A10**	**A10**	**A9**	A14	A13	A11	A10	A9	A9	A8
	A13	0	0	**A11**	**A11**	**A10**	*A13*	*A12*	0	A11	A10	A10	A9
Takt4	A8	A13	A14	0	0	0	**0**	**0**	**A13**	**A13**	**A12**	**A12**	**A11**
	0	*A15*	*A14*	*A13*	*A13*	*A12*	**0**	**A15**	**A14**	**A14**	**A13**	**A13**	**A12**
Takt5	A15	A14	A13	A15	A15	A14	**A9**	**A8**	**A15**	**A15**	**A14**	**A14**	**A13**
	A15	*A14*	*A15*	*A14*	*A14*	*A13*	**A10**	**A9**	**0**	**0**	**A15**	**A15**	**A14**

Tabelle 5.10.: Umgeordnete Operanden für die NIST-Reduktion, **fett** gedruckte Operanden werden subtrahiert, *kursiv* gedruckte vordoppelt und addiert[5].

in der Pipeline noch p subtrahiert und die entsprechenden Carrys propagiert. Diese Berechnung ergibt $Y_2 = Y_1 - p = Z - (m+1)p$. Abbildung 5.22 veranschaulicht das Vorgehen.

Nach Lemma 5.2 kann nun das Endergebnis X bestimmt werden zu:

$$X = \begin{cases} Y_1 & \text{falls} & Y_2 < 0, \\ Y_2 & \text{falls} & Y_2 \geq 0. \end{cases}$$

Die Durchführung der Reduktion des 512 Bit Zwischenergebnisses C zum Endergebnis X der Multiplikation belegt 1655 LUT/FF-Paare und 6 DSPs und benötigt insgesamt 23 Takte. Davon entfallen 17 Takte auf die Carrypropagation mit paralleler Addition der Korrekturfaktoren. Eine schnellere Ausführung wäre möglich, doch wurden bei der Propagation zwischen den DSPs Zwischenregister verwendet, um eine höhere Taktfrequenz zu erreichen. Damit erreicht die Reduktionslogik eine maximale Taktfrequenz von 329 MHz. Die zusätzlich investierten Takte sind insofern akzeptabel, als die Reduktion gepipelined parallel zur Multiplikation durchgeführt werden kann und sie mit 23 Takten insgesamt schneller ist als die Multiplikation mit 37 Takten.

Betrachtet man die Modulo-Reduktion insgesamt als Operation, also die Ausführung von Multiplikation und Reduktion hintereinander, so benötigt diese im Ganzen lediglich 59 Takte, da mit der Reduktion schon mit einem Takt Überlappung während der Laufzeit des Multiplizierers begonnen werden kann.

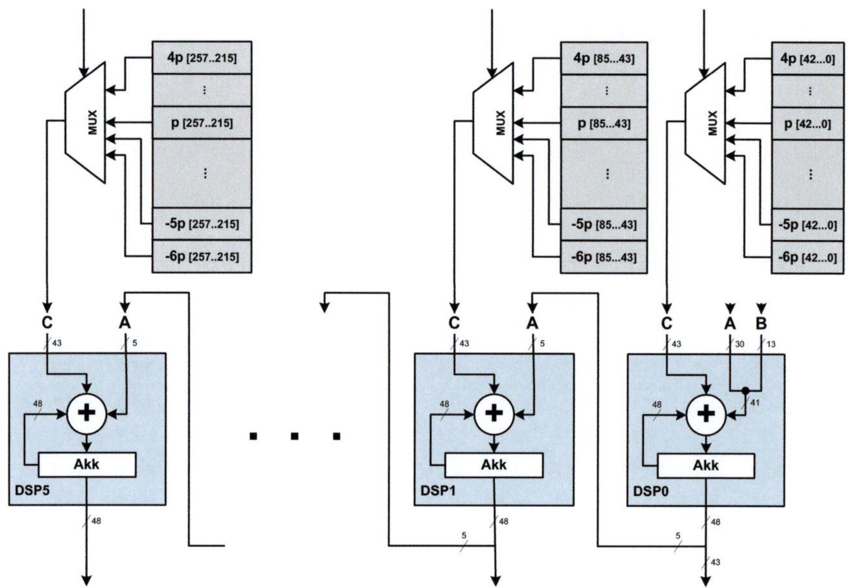

Abbildung 5.22.: Carrypropagation und Korrektur mod p schematisch

5.6.3. $GF(p)$-ALU auf DSP-Hardware

Aufgrund der durch die projektive Repräsentation veränderten Algorithmik und den dadurch unterschiedlichen benötigten Hardwareeinheiten, hat die DSP-basierte $GF(p)$-ALU einen veränderten Aufbau. Die ALU besteht aus vier Hauptkomponenten: Einem $GF(p)$-Addierer, einem $GF(p)$-Multiplizierer, der wiederum aufgebaut ist aus dem reinen Multiplizierer und der Reduktionseinheit, weiter einem Komparator zum Vergleichen zweier 256-Bit Operanden und einem verteilten Speicher für die Speicherung von Operanden und Zwischenergebnissen.

Der Addierer kann direkt wie oben beschrieben in der ALU eingesetzt werden. Die anderen Komponenten werden zunächst einzeln beschrieben bevor die Gesamtstruktur dargestellt wird.

5.6.3.1. DSP-Modulo-Multiplizierer

Die Multiplikation modulo p erfolgt in einem zusammengesetzten Modul aus den oben beschriebenen Komponenten: Ein 256-Bit Multiplizierer und ein Reduktionsmodul modulo p. Anders als bei Verwendung einer iterativ arbeitenden Double-and-Add Multiplikationshardware sind Multiplikation und Reduktion hier nicht teilschrittweise verzahnt, sondern werden als getrennte Blöcke hintereinander durchgeführt. Da die Reduktion in einem eigenen Hardwaremodul erfolgt, ist ein Pipelining der Operationen möglich – es kann also schon die nächste Multiplikation begonnen werden, während das Zwischenergebnis der letzten Multiplikation noch reduziert wird. Dementsprechend gibt das zweistufige Modulo-Multiplikationsmodul nach jedem Schritt ein Ready-Signal zurück. Abbildung 5.23 zeigt den Aufbau.

Bei voneinander unabhängigen Operanden kann alle 31 Takte eine neue Multiplikation begonnen werden, deren Ergebnis nach insgesamt 59 Takten im Ausgangsregister vorliegt. Die maximale Taktfrequenz des Moduls liegt nach Synthese bei $332,6$ MHz. Das Gesamtmodul aus Multiplikation und Reduktion belegt 3076 LUT/FF-Paare und 23 DSPs und ist damit die größte Verarbeitungseinheit der ALU.

5.6.3.2. 256-Bit-Komparator

Um die innerhalb der Signaturverfahren nötigen bitweisen Vergleiche von 256-Bit-Werten schnell und parallel durchführen zu können, wurde ein spezieller Komparator implementiert, der zwei Operanden in 32 Bit Blöcken vergleicht und nach 8 Takten einen booleschen Wert als Ergebnis ausgibt. Er belegt 531 LUT/FF-Paare und hat eine maximale Taktfrequenz von 335 MHz.

5.6.3.3. Operandenspeicher

Für die Speicherung von Eingangsdaten, Zwischenergebnissen und Resultaten steht ein BRAM-Speicher aus 4 BRAM-Blöcken zur Verfügung. Er wird über 256 Bit breite Interfaceregister angesprochen und kann bis zu 64 Zwischenwerte speichern. Auf diese Weise können $GF(p)$-Operanden in der nötigen Taktfrequenz in einem einzigen Takt bereitgestellt werden. Der gleiche Speicherblock wird zusätzlich zur Vorhaltung von (statisch oder dynamisch) vorberechneten Werten für die Fensterung (vgl. Abschnitt 5.6.4) der skalaren Multiplikation verwendet.

5.6.3.4. Gesamtaufbau der ALU

Den Gesamtaufbau der auf der optimierten Implementierung basierenden ALU zeigt Abbildung 5.24. Der Datenpfad zwischen den Modulen der ALU ist vollständig in 256 Bit Breite ausgelegt, so dass pro Takt ein Operand übertragen werden kann. Die einzelnen Ausführungseinheiten sind mit jeweils zwei Eingaberegistern versehen und können voll parallel betrieben werden. Die Steuerung der Arithmetik erfolgt über die Ansteuerung der Multiplexer und die Steuerleitungen der Einzelmodule in einer externen Hardware-FSM. Die gesamte ALU belegt auf dem Chip 25 DSP-Slices, 4 BRAM-Blöcke und 4948 LUT/FF-Paare. Die maximale Taktfrequenz beträgt bei Speedgrade -1 332 MHz. Bei Speedgrade -3 ist eine Taktfrequenz von bis zu 386 MHz erreichbar.

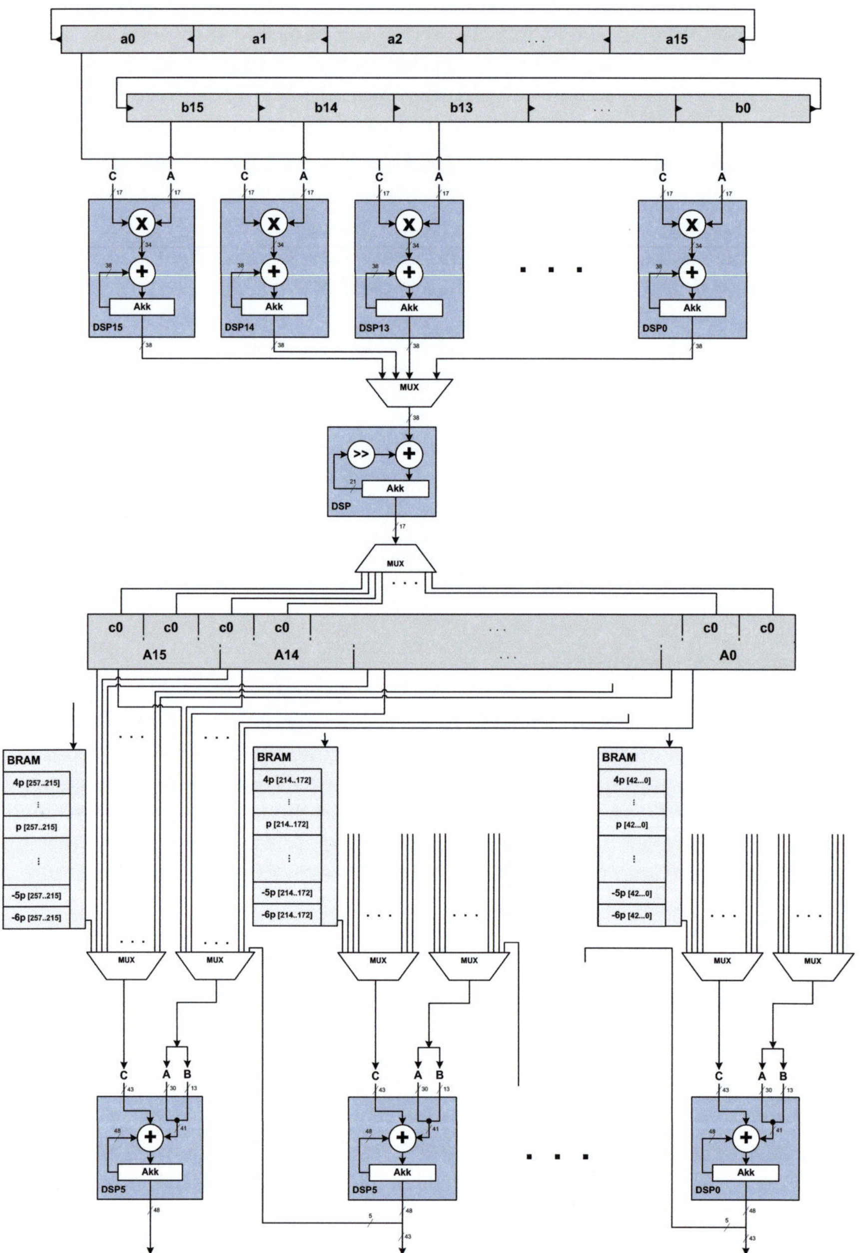

Abbildung 5.23.: $\mathbb{F}_p$-Multiplizierer mit Reduktion

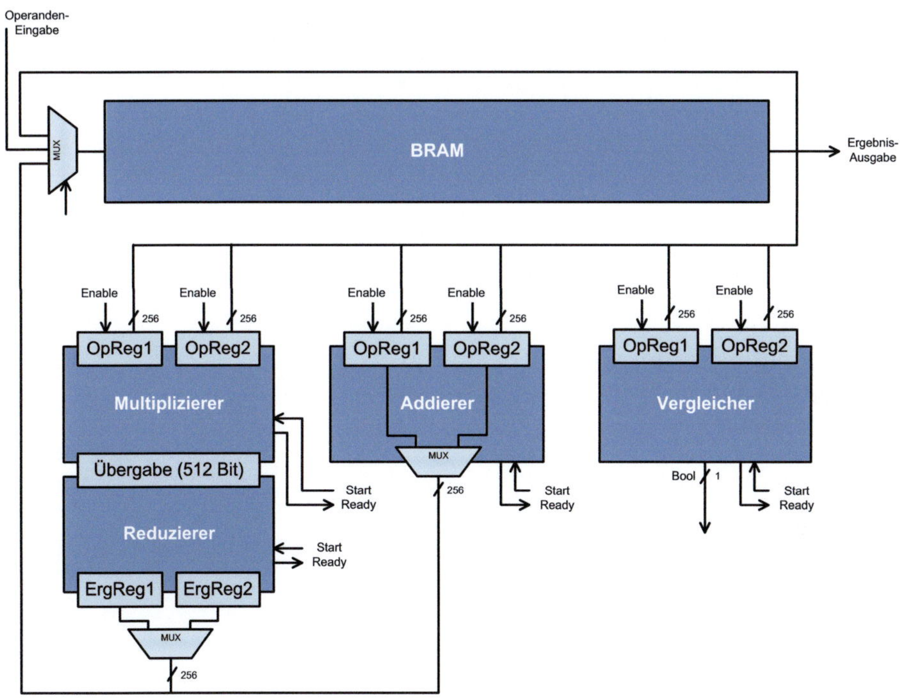

Abbildung 5.24.: Vereinfachter Überblick der ALU

5.6.4. Skalare Multiplikation mit Fensterung

Der dritte Verbesserungsschritt nach der Verwendung von projektive Koordinaten und der DSP-Hardware betrifft die Durchführung der skalaren Multiplikation. Die Montgomery-Leiter (im Fall kG) bzw. das Double&Add-Verfahren (bei $kG + rQ$ mit Shamir's Trick) werden durch ein Fensterungs-Verfahren ersetzt [15]. Dabei wird ein erweitertes Double&Add-Verfahren angewandt, jedoch nicht jedes Bit des Skalarfaktors einzeln betrachtet und ggf. ein Punkt addiert, sondern immer eine Gruppe von w Bits gleichzeitig. w gibt die Fensterbreite an. In jedem Schritt wird das Zwischenergebnis nicht mehr nur verdoppelt, sondern entsprechend der Fensterbreite vervielfacht (jeweils mal 2^w) und das dem Festerausschnitt des Skalarfaktors entnommene Vielfache der Punkte addiert. Die Vielfachen der Punkte werden dabei vorberechnet und gespeichert.

Algorithmus 5.8 zeigt allgemein das Vorgehen für die multiple skalare Multiplikation $R = kP + rQ$ für variable Fensterbreite w. Zusätzlich ist die Vorberechnung der Summanden $\{aP + bQ : (a,b) \in \{0,\ldots,(2^w - 1)\}^2\}$ nötig. Sinnvollerweise ist $w <$ $\min\{|k|, |r|\}$ zu wählen. Der Ausdruck $k_{[(i+1)w..iw]}$ bezeichnet die Bits $[(i+1)w..iw]$

von k (und r entsprechend), interpretiert als natürliche Zahl in Binärdarstellung. $|k|$ bezeichnet die Bitlänge von k. Dabei unterscheiden sich die Situationen für die einfache und die multiple skalare Multiplikation wie im Folgenden erläutert.

Algorithmus 5.8 Multiple skalare Multiplikation mit Fensterung

---

Input: Skalare $k, r \in \mathbb{N}$, Punkte $P, Q \in E$, Fensterbreite w.
Output: skalares Vielfaches $R = kP + rQ$

1: $R = P$
2: $s = \left\lceil \frac{\max\{|k|,|r|\}}{w} \right\rceil$
3: **for** $(i = 0,\ i < s,\ i++)$ **do**
4:    **for** $(j = 0,\ j < w,\ j++)$ **do**
5:       $R = 2R$
6:    **end for**
7:    $R = R + \left(k_{[(i+1)w..iw]} P + r_{[(i+1)w..iw]} Q \right)$
8: **end for**
9: **return** R

5.6.4.1. Einfache skalare Multiplikation kG

Für die Berechnung einer einfachen skalaren Multiplikation $R = kP$ setzt man in obigem Algorithmus 5.8 $r = 0$. Entsprechend entfällt jeweils die Addition des Q-Anteils und die entsprechende Vorberechnung.

Im vorliegenden Fall wird die einfache skalare Multiplikation als Kernoperation der ECDSA-Signaturerstellung (vgl. Algorithmus 2.5) verwendet. Sie verwendet als Operanden P immer den als Domänenparameter statischen Erzeugerpunkt G. Die benötigten Vielfachen $\{G, 2G, 3G, \ldots, (2^w - 1)G\}$ können damit statisch vorberechnet und dauerhaft gespeichert werden, so dass die Vorberechnung zur Laufzeit entfällt. Der Algorithmus verarbeitet in jedem Schritt der äußeren Schleife w Bit des Skalarfaktors k und benötigt also für die skalare Multiplikation $\lceil \frac{256}{w} \rceil$ Durchläufe der äußeren Schleife. Während die Punktverdopplungen in Schritt 5 immer durchgeführt werden müssen, kann die Punktaddition in Schritt 7 entfallen, wenn $k_{[(i+1)w..iw]} = 0$ gilt. Da der Skalarfaktor k aus $\{0, \ldots, n - 1\}$ zufällig (und optimalerweise gleichverteilt) gewählt wird, kann man für die statistische Verteilung der Null- und Einsstellen in k über viele Signaturen eine Gleichverteilung annehmen. Im Mittel entfällt die Punktaddition also in $1/2^w$ der Fälle. Tabelle 5.11 gibt den durchschnittlichen Aufwand für die Berechnung von kG für $|k| = 256$ und verschiedene Fensterbreiten an.

---

[7] Die Spalte gibt die Anzahl der Gruppenoperationen an, die für jede skalare Multiplikation berechnet werden müssen. Die statische Vorberechnung wird dabei nicht berücksichtigt.

Fenster-Breite	Berechnung		Vorber.		Gesamt[7]		Speicher [Punkte]
	PD	PA	PD	PA	PD	PA	
$w = 1$	256	128,0	0	0	256	128,0	1
$w = 2$	256	96,0	1	1	256	96,0	3
$w = 3$	256	75,25	3	3	256	75,25	7
$w = 4$	256	60,0	7	7	256	60,0	15
$w = 5$	256	49,6	15	15	256	49,6	31
$w = 6$	256	42,3	31	31	256	42,3	63
$w = 7$	256	36,7	63	63	256	36,7	127
$w = 8$	256	31,9	127	127	256	31,9	255

Tabelle 5.11.: Durchschnittlich benötigte Körperoperationen für eine einfache skalare Multiplikation (kG) bei verschiedenen Fensterbreiten

Die Speicherangabe bezieht sich dabei auf die Anzahl der zu speichernden vorberechneten Punkte. Diese bestehen ja nach Koordinatenwahl aus zwei (affin) bis fünf (projektiv Chudnovsky-Jakobi) Einzelwerten zu jeweils 256 Bit. Wie man sieht nimmt die Anzahl der benötigten Punktadditionen bei konstanter Anzahl Punktverdopplungen mit steigender Fenstergröße ab. Die Abnahme ist allerdings sublinear bei gleichzeitig exponentiell steigendem Speicherbedarf. Je nach Gewichtung von Speicher- und Rechenzeitbedarf liegt das Optimum für die Fenstergröße also unterschiedlich. Für die vorliegende Implementierung wurde eine Fensterbreite von $w = 7$ gewählt, womit eine einfache skalare Multiplikation in 97011 Takten durchgeführt werden kann. Die Wahl liegt begründet darin, dass in der Implementierung vier parallele BRAM-Blöcke verwendet werden, um über jeweils zwei 32-Bit breite Ports insgesamt einen gesamten 256-Bit Operand in einem Takt auslesen zu können. Die Fensterbreite wurde nach dem für die Speicherung der vorberechneten Punkte[8] zur Verfügung stehenden Platz maximal gewählt.

5.6.4.2. Multiple skalare Multiplikation $kG + rQ$

Bei multipler skalarer Multiplikation mit Shamir's Trick werden zwei skalare Multiplikationen parallel durchgeführt. Das entsprechende allgemeine Vorgehen mit Fensterung zeigt direkt Algorithmus 5.8. Im vorliegenden Anwendungsfall ist die doppelte skalare Multiplikation Kernoperation der Signaturverifikation (vgl. Algorithmus 2.6). Hier sind die beiden betrachteten Punktoperanden zum einen der konstante Erzeugerpunkt G und zum anderen der öffentliche Schlüssel Q des Signierers. Für die Fensterlänge w werden alle ganzzahligen Linearkombinationen $nG + mQ$ vorberechnet, die mit n, m der Bitlänge w codierbar sind, also $n, m \in \{0, \ldots, 2^w - 1\}$. Tabelle 5.12 zeigt die Matrix der vorberechneten Punkte für $w = 3$.

---

[8]Die Betrachtung berücksichtigt dabei auch den Speicherplatz, der für die dynamische Vorberechnung für die doppelte skalare Multiplikation benötigt wird.

0	*G*	2G	*3G*	4G	*5G*	6G	*7G*
Q	G+ Q	2G+ Q	3G+ Q	4G+ Q	5G+ Q	6G+ Q	7G+ Q
2Q	G+2Q	2G+2Q	3G+2Q	4G+2Q	5G+2Q	6G+2Q	7G+2Q
3Q	G+3Q	2G+3Q	3G+3Q	4G+3Q	5G+3Q	6G+3Q	7G+3Q
4Q	G+4Q	2G+4Q	3G+4Q	4G+4Q	5G+4Q	6G+4Q	7G+4Q
5Q	G+5Q	2G+5Q	3G+5Q	4G+5Q	5G+5Q	6G+5Q	7G+5Q
6Q	G+6Q	2G+6Q	3G+6Q	4G+6Q	5G+6Q	6G+6Q	7G+6Q
7Q	G+7Q	2G+7Q	3G+7Q	4G+7Q	5G+7Q	6G+7Q	7G+7Q

Tabelle 5.12.: Matrix der vorberechneten Punkte für $kG + rQ$ und Fensterbreite $w = 3$

Da sich die Nachrichtenquelle und damit auch Q von Nachricht zu Nachricht ändert, muss der Teil der Vorberechnung, der Q benötigt, dynamisch bei jeder Multiplikation durchgeführt werden. Entsprechend wird der Aufwand für die dynamische Vorberechnung in den Gesamtaufwand für eine Multiplikation eingerechnet. Um den Aufwand zu minimieren, werden möglichst viele Punkte mittels PD berechnet. Diese sind in Tabelle 5.12 mit einem Kasten gekennzeichnet. Die Vielfachen von G sind bereits aus der statischen Vorberechnung für die einfache skalare Multiplikation bekannt und müssen nicht berechnet werden, ebenso der Eingabeoperand Q; diese sind kursiv dargestellt.

Tabelle 5.13 zeigt einen Überblick für $|k| = |r| = 256$ und verschiedene Fensterbreiten. Auch hier wird aufgrund statistischer Überlegungen mit Gleichverteilungsannahme auf k und r geschätzt, dass der Punktadditionsschritt im Schnitt in $1/2^{(w^2)}$ der Fälle entfallen kann.

Fenster-Breite	Berechnung		Vorber.		Gesamt[9] dyn.		Speicher [Punkte]
	PD	PA	PD	PA	PD	PA	
$w = 1$	256	192,0	0	1	256	193,0	3
$w = 2$	256	120,0	3	10	258	129,0	15
$w = 3$	256	84,66	15	46	268	127,66	63
$w = 4$	256	63,75	63	190	312	246,75	255

Tabelle 5.13.: Durchschnittlich benötigte Körperoperationen für eine multiple skalare Multiplikation (kG+rQ) bei verschiedenen Fensterbreiten

---

[9]Die Spalte gibt die Anzahl der Gruppenoperationen an, die für jede skalare Multiplikation berechnet werden müssen. Sie berechnet sich aus den Operationen der eigentlichen Berechnung und der dynamischen Vorberechnung.

Die für die Vorberechnung angegebenen Operationen umfassen alle nötigen Berechnungen inklusive derer, die statisch sind und fest gespeichert werden. Die Gesamtoperationen berücksichtigen lediglich die dynamische Vorberechnung. Es zeigt sich, dass sich der Gesamtaufwand mit steigender Fensterbreite nichtmonoton entwickelt und ab einer gewissen Fensterbreite wieder ansteigt. Falls ausreichend Speicher zur Verfügung steht, läßt sich als Aufwandsminimum $w = 2$ bestimmen, so dass eine doppelte skalare Multiplikation in 129.895 Takten möglich ist. Die optimale Festerbreite hängt allerdings vom relativen Aufwand von Punktaddition und Punktverdopplung ab, der im Folgenden erst bestimmt wird.

5.6.4.3. Algorithmische Feinoptimierungen

Eingehend auf den Aufbau und Ablauf der verwendeten Algorithmen können weitere Einsparungen und Optimierungen realisiert werden, auf die im Folgenden einzeln eingegangen wird.

On-demand Berechnung von Z^3 Bei der Darstellung in projektiven Chudnovsky-Jacobi-Koordinaten werden die (redundanten) Werte Z^2 und Z^3 für die Punkte mitgeführt. Dies hat speziell Vorteile, wenn die Ergebnisse mehrfach verwendet werden. Z^2 wird bei der Berechnung von PA (Algorithmus 5.5) und PD (Algorithmus 5.6) verwendet, Z^3 lediglich bei PA.

Bei der skalaren Multiplikation werden nur die vorberechneten Punkte potentiell mehrfach als Operanden verwendet, die nacheinander berechneten Zwischenergebnisse für R jeweils genau ein Mal. Zusätzlich ist die nachfolgende Operation in einem Anteil von zumindest $\frac{w}{w+1}$ der Fälle ein PD, das den Teiloperanden Z^3 nicht verwendet.

Zur Aufwandsoptimierung kann also die Berechnung von Z^3 bei der Bestimmung der Zwischenergebnisse von R ausgelassen werden. Falls ein PA durchgeführt wird, liegt die Komponente Z^3 dann lediglich von dem vorberechneten Operanden vor und muss für R zu Beginn von PA nachberechnet werden. Durch geschicktes Scheduling kann der Aufwand von PA$_{\text{opt}}$ damit auf 447 Takte (vorher 467, minus $4,3\%$) verringert werden, der Aufwand von PD verringert sich um eine Multiplikation auf dann $8\mathbf{M}$ für PD$_{\text{opt}}$. In der konkreten Implementierung verringert sich der Aufwand von vorher 312 Takten für eine Punktverdopplung auf nun 293 Takte. Dies entspricht einer Verringerung des Aufwands der PD um $9,4\%$.

Statische Vorberechnung in affinen Koordinaten   Verwendet man für die PA statt reinen Chudnovsky-Jacobi Koordinaten gemischte Koordinaten, bei denen einer der Operanden affin vorliegt, so lässt sich der Aufwand um 3 $\mathbb{F}_p$-Multiplikationen auf nur noch $11\mathbf{M}$ verringern. Dies liegt darin begründet, dass bei affiner Darstellung implizit $Z = 1$ gilt und die entsprechenden Multiplikationen wegfallen. Eine Wandlung von Jacobi- in affine Koordinaten benötigt jedoch zwei Divisionen und ist daher aufwändig, so dass sie sich für Zwischenergebnisse nicht lohnt. Vorteilhaft ist aber eine Speicherung der statisch vorberechneten Punkte in affinen Koordinaten.

Im Fall der einfachen skalaren Multiplikation sind alle vorberechneten Punkte über die Laufzeit statisch, im Fall der doppelten skalaren Multiplikation ein Anteil von $\frac{2^w-1}{2^{(w^2)}-1}$ unter Gleichverteilungsannahme. Die dynamisch vorberechneten Punkte liegen nach der Berechnung zwar nicht affin vor, ihre Berechnung selbst erfolgt aber mit gemischen Koordinaten, da mit dem statisch vorberechneten entsprechenden Vielfachen von P stets einer der Operanden affin vorliegt. Bei der Verwendung gemischter Koordinaten verringert sich der Aufwand der entsprechenden PA_{opt} weiter von 447 Takten auf nun 365 Takte für PA_{mix}. Dies entspricht einer Verringerung des Aufwands der PA um weitere $18,3\%$.

5.6.4.4. Bestimmung der optimalen Fensterbreite

Mit den gewonnenen Werten kann die optimale Fensterbreite für die doppelte skalare Multiplikation durch einfaches Einsetzen bestimmt werden. Hierbei wird wieder unter Annahme von Gleichverteilung der Anteil der mit gemischten Koordinaten durchführbaren Punktadditionen geschätzt. Die sich daraus ergebende optimale Fensterbreite von $w = 2$ dient als Grundlage für die Implementierung. Bezeichne $A(\text{Op})$ den durchschnittlichen Aufwand für die Operation Op in Takten:

$$
\begin{aligned}
A(\text{kG} + \text{rQ})_{w=2} &= A(\text{dyn.VB})_{w=2} + A(\text{Berechnung})_{w=2} \\
&= \left[2 \cdot A(\text{PD}_{opt}) + 9 \cdot A(\text{PA}_{mix}) \right] \\
&\quad + \left[256 \cdot A(\text{PD}_{opt}) + 88 \cdot A(\text{PA}_{opt}) + 32 \cdot A(\text{PA}_{mix}) \right] \\
&= 258 \cdot 293 + 88 \cdot 447 + 41 \cdot 365 \\
&= 129.895
\end{aligned}
$$

$$
\begin{aligned}
A(\text{kG} + \text{rQ})_{w=3} &= A(\text{dyn.VB})_{w=3} + A(\text{Berechnung})_{w=3} \\
&= \left[12 \cdot A(\text{PD}_{opt}) + 43 \cdot A(\text{PA}_{mix}) \right] \\
&\quad + \left[256 \cdot A(\text{PD}_{opt}) + 74,08 \cdot A(\text{PA}_{opt}) + 10,58 \cdot A(\text{PA}_{mix}) \right] \\
&= 268 \cdot 293 + 74,08 \cdot 447 + 53,58 \cdot 365 \\
&\approx 131.194
\end{aligned}
$$

5.6.5. Performanz und Ressourcenverbrauch

Für die Leistungsbetrachtung des vorgestellten Systems wird die Realisierung auf der Xilinx Virtex-5 Evaluationsplattform verwendet. Tabelle 5.14 zeigt eine Aufschlüsselung des Ressourcenverbrauchs der einzelnen Module. Unter Annahme des höchsten Speedgrade (-3) für den FPGA kann die $\mathbb{F}_p$-ALU in einem gemeinsamen Takt mit einer maximalen Taktfrequenz (nach Synthese) von über 380 MHz betrieben werden. Tabelle 5.15 zeigt diesbezüglich eine Zusammenstellung von Aufwand und Dauer der einzelnen Operationen.

---

[10] Im Pipeline-Betrieb kann alle 31 Takte eine Operation beendet bzw. eine neue begonnen werden.

Funktionsmodul	DSP	LUT	FF	LUT/FF	BRAM	Latenz
Comparator	-	468	517	531	-	8
GF(p)-Addierer	2	852	588	853	-	8
GF(p)-Multiplizierer[10]	23	2633	2254	3076	-	59 (31)
Multiplikation	17	1221	1168	1460	-	37
Reduktion	6	1398	1086	1655	-	23
GF(p)-ALU gesamt	25	4460	3372	4948	4	-

Tabelle 5.14.: Ressourceneinsatz für die Funktionsmodule

Operation	Ebene	Komponenten	Takte	Zeit [μs]
GF(p)-ADD	GF(p)	Basisoperation	8	0,02
GF(p)-MULT	GF(p)	Basisoperation	59	0,16
GF(p)-MULT (pipelined)	GF(p)	Basisoperation	31	0,08
Vergleich (256 Bit) - COMP	bool	Basisoperation	8	0,02
Punktaddition (PA_{opt})	EC	add, mult, comp	447	1,18
Punktaddition gemischt (PA_{mix})	EC	add, mult, comp	365	0,96
Punktverdopplung (PD_{opt})	EC	add, mult, comp	293	0,77
Skalare Mult (einfach: kG)	EC	PA_{opt}, PD_{opt}	88.404	232,64
Skalare Mult (doppelt: kG+rQ)	EC	PA, PA_{opt}, PD_{opt}	129.895	341,83

Tabelle 5.15.: Aufwand und Dauer der Einzeloperationen der $\mathbb{F}_p$-ALU für P-256 bei 380 MHz Taktfrequenz

Damit ist ein Durchsatz von bis zu 2925 Signaturverifikationen oder 4298 Signaturgenerierungen pro Sekunde möglich. Größten Anteil an der Leistungsverbesserung relativ zur Referenzimplementierung hat die Verwendung der DSP-Spezialhardware in Kombination mit der Repräsentation in projektiven Koordinaten. Diese reine DSP-Implementierung ohne weitere Optimierungen erlaubte bei 380 MHz einen Durchsatz von 2241 Signaturverifikationen (jeweils 169536 Takte) oder 2721 Signaturgenerierungen (je 139648 Takte). Die weiteren Verbesserungen durch Fensterung und algorithmische Optimierung zeigt Tabelle 5.16.

Die vorgestellte Implementierung erreicht einen Durchsatz von fast 3000 ECDSA-Verifikationen bzw. mehr als 4000 ECDSA-Signaturen über der für die C2X-Kommunikation vorgeschlagenen Kurve P-256 und übertrifft damit die geforderten 2600 Signaturverifikationen pro Sekunde schon mit einem einzelnen Core. Soweit dem Autor bekannt stellt sie die derzeit einzige Single-Core FPGA-Implementierung dar, die die Anforderungen erfüllt. Auch Implementierungen auf aktuellen Microprozessoren erreichen den benötigten Durchsatz nicht. Tabellen 5.17 und 5.18 vergleichen die Leistungsfähigkeit mit ausgewählten aktuellen Hochleistungsimplementierungen.

	kG		kG+rQ	
	Takte	Faktor	Takte	Faktor
Reine DSP-Implementierung	139648	1	169536	1
Fensterung (w=7 bzw. w=2)	97011	0,69	140739	0,83
Fensterung mit Z^3-Optimierung	91413	0,65	133257	0,79
Fensterung, Z^3- und Mix-Optimierung	88404	0,63	129895	0,77

Tabelle 5.16.: Performanzgewinn durch Fensterung und Nachoptimierung

Implementierung	Typ	Kurve	Frequenz	kG [Zeit]	[Takte]	$[Op \cdot s^{-1}]$
Diese Arbeit (DSP)	HW	NIST-256	380 MHz	233 μs	88.404	4298
Diese Arbeit (Referenz)	HW	NIST-256	50 MHz	7,9 ms	394.752	127
Güneysu et al [115]	HW	NIST-256	490 MHz	620 μs	303.450	1614
Güneysu et al[11][115]	HW	NIST-256	490 MHz	495 μs	243.000	2020
McIvor et al [178]	HW	256 Bit	39,5 MHz	3,86 ms	-	259
eBACS-1 [65]	SW	256 Bit	2,7 GHz	*662 μs	1.768.684	1511
eBACS-2 [65]	SW	256 Bit	1,4 GHz	*1,88 ms	2.640.918	532
eBACS-3 [65]	SW	256 Bit	1,6 GHz	*2,9 ms	4.699.836	345
Drutarovsky et al [63]	SW	233 Bit	25 MHz	*742 ms	-	1,35

Tabelle 5.17.: Leistungsvergleich der einfachen skalaren Multiplikation kG

Hierbei stellen die oberen Umsetzungen Hardwareimplementierungen auf FPGA-Basis dar, die mittleren Softwareimplementierungen auf aktuellen Desktop-Prozessoren und die unteren Microcontroller-Implementierungen. Die mit einem Stern (*) markierten Werte beziehen sich nicht nur auf die jeweilige Kernoperation, sondern auf die gesamte Signaturgenerierung bzw. Signaturverifikation. Einen Vergleich der Hardwarebasis und ggf. eine Zusammenstellung der benötigten Hardwareressourcen zeigt Tabelle 5.19.

Es wird deutlich, dass die hier gewählten Optimierungsschritte die Anzahl der benötigten Taktzyklen relativ zu Vergleichsansätzen aus der Literatur deutlich verringern konnten. Daher ist trotz teilweise niedrigerer maximaler Taktfrequenz eine deutlich höhere Gesamtperformanz erzielbar. Auch ist erkennbar, dass Softwareimplementierungen selbst auf leistungsfähigen Desktop-Prozessoren die von Seiten der C2X-Kommunikation gestellten Anforderungen bisher nicht erfüllen können.

---

[11]Die zweiten Werte sind Schätzwerte für die Anwendung einer Fensterung, die allerdings nicht implementiert wurde.

Implementierung	Typ	Kurve	Frequenz	kG+rQ [Zeit]	[Takte]	$[\text{Op} \cdot s^{-1}]$
Diese Arbeit (DSP)	HW	NIST-256	380 MHz	342 μs	129.895	2925
Diese Arbeit (Referenz)	HW	NIST-256	50 MHz	10,6 ms	528.069	94
Güneysu et al [115]	HW	NIST-256	490 MHz	749 μs	366.905	1335
Güneysu et al[11] [115]	HW	NIST-256	490 MHz	540 μs	264.000	1850
McIvor et al [178]	HW	256 Bit	39,5 MHz	-	-	-
eBACS-1 [65]	SW	256 Bit	2,7 GHz	*773 μs	2.065.100	1294
eBACS-2 [65]	SW	256 Bit	1,4 GHz	*2,2 ms	3.135.755	455
eBACS-3 [65]	SW	256 Bit	1,6 GHz	*3,4 ms	5.518.968	294
Drutarovsky et al [63]	SW	233 Bit	25 MHz	*1240 ms	-	0,8

Tabelle 5.18.: Leistungsvergleich der doppelten skalaren Multiplikation kG+rQ

Implementierung	Typ	Device	Logikressourcen
Diese Arbeit (DSP)	HW	XC5VLX110T	4644 LUT, 3524 FF, 25 DSP, 4 BRAM
Diese Arbeit (Referenz)	HW	XC5VLX110T	14256 LUT/FF-Paare
Güneysu et al [115]	HW	XC4VFX12-12	2589 LUT, 2028 FF, 32 DSP, 11 BRAM
Güneysu et al[11] [115]	HW	XC4VFX12-12	Zusatzaufwand nicht veröffentlicht
McIvor et al [178]	HW	XC2VP125-7	15755 LUT/FF-Paare, 256 Multiplier
eBACS-1 [65]	SW	Intel Core i7 920	64 Bit-Prozessor
eBACS-2 [65]	SW	Intel Core 2 Duo	64 Bit-Prozessor
eBACS-3 [65]	SW	Intel Atom 330	32 Bit-Prozessor
Drutarovsky et al [63]	SW	ARM-7	32 Bit-Prozessor

Tabelle 5.19.: Ressourcenvergleich für verschiedener Implementierungen

5.7. Demonstrator für das Gesamtsystem

Das vorgestellte C2X-Kommunikationssystem wurde prototypisch realisiert und in ein Versuchsfahrzeug integriert. Die Kommunikation mit dem VANET erfolgt über eine IEEE 802.11b WLAN-Schnittstelle, die fahrzeuginterne Anbindung erfolgt über eine CAN-Busschnittstelle. Hierüber können sowohl Fahrzeugdaten wie Geschwindigkeit oder Zustand der Bremsleuchten und Fahrtrichtungsanzeiger erhoben, als auch Warnmeldungen kommuniziert werden, die dem Fahrer im Display des Kombiinstruments angezeigt werden. Applikationsseitig wurden einige Beispielanwendungen wie eine Stauwarnung, eine Baustellenwarnung und eine Unfallwarnung im Informationsverarbeitungsmodul in Software realisiert [231], die verschiedene Anwendungs- und Kommunikationsklassen repräsentieren. Abbildung 5.25 zeigt den Einbau der Kommunikationseinheit in das Versuchsfahrzeug.

Um das System testen und verifizieren zu können, erfolgt eine externe Stimulation durch eine Verkehrssimulation [176], die um die entsprechende C2X-Funktionalität erweitert wurde [232]. Das zur Verfügung stehende Simulationssystem ist allerdings aktuell nicht leistungsfähig genug, um die Signaturgenerierung in ausreichender Geschwindigkeit durchführen zu können, so dass der Test des Gesamtsystems die Signaturverarbeitung unberücksichtigt lassen musste. Eine mögliche zukünftige Lösung, um signierte Nachrichten für simulierte Teilnehmer in Echtzeit zu generieren, stellt die Verwendung der Hardwareimplementierung auch auf Simulationsseite dar. Mit Hilfe der Simulationsumgebung konnte jedoch das Kommunikationssystem und die Applikationen erfolgreich getestet und präsentiert werden.

Abbildung 5.25.: Einbau des C2X-Kommunikationssystems in das Versuchsfahrzeug

5.8. Beurteilung

Das vorgestellte System realisiert die Authentifikation aller Nachrichten für die C2X-Kommunikation basierend auf digitalen Signaturen nach dem ECDSA-Verfahren. Safety-relevante Applikationen erfordern aktuelle und vertrauenswürdige Informationen und stellen daher sehr hohe Anforderungen an Durchsatz, Latenz und Sicherheit des verwendeten Authentifizierungsverfahrens. Aufgrund der in den Standardisierungsgremien diskutierten und vorgeschlagenen Verfahren und Abschätzungen zum Nachrichtenaufkommen wurden Anforderungen an das System identifiziert. Die wesentliche Anforderung besteht in der Verarbeitung von bis zu 2600 Nachrichten und damit mindestens 2600 Signaturverifikationen pro Sekunde im zur Standardisierung vorgeschlagenen ECDSA-Verfahren auf der NIST-standardisierten elliptischen Kurve P-256 mit einer Schlüssellänge von 256 Bit.

Das realisierte System implementiert das entsprechende ECDSA-Verfahren auf Basis von rekonfigurierbarer Hardware unter Erfüllung der formulierten Randbedingungen. Im Vergleich zu alternativen Implementierungen auf FPGA-Basis oder in Software stellt es einen entscheidenden Leistungsgewinn dar. Die gesamte für die C2X-Kommunikation erforderliche Signaturverarbeitung wurde zudem in ein eigenes Modul gekapselt, das autark und transparent für Applikationen die Authentifizierung sowohl für empfangene als auch für zu sendende Nachrichten realisiert. Das entstandene Signaturverarbeitungsmodul ist wiederum als Teil einer C2X-Kommunikationseinheit konzipiert, die als OBU die Schnittstelle zwischen Inter-Fahrzeug-Kommunikation über das VANET und Intra-Fahrzeug-Kommunikation über die fahrzeuginternen Kommunikationssysteme dienen kann.

Die C2X-OBU konnte erfolgreich in ein Versuchsfahrzeug integriert und getestet werden und stellt somit als funktionsfähiges Gesamtsystem eine Hardwarebasis für die gesamte C2X-Kommunikation dar. Die Integration der Signatureinheit in das System und der gemeinsame Test steht allerdings auch aufgrund von Simulatorbeschränkungen noch aus. Aufgrund der Flexibilität in Hardware und Software kann das System schnell auf veränderte Situationen, Funktionen oder Standardisierungen adaptiert werden.

Die Authentifizierung basierend auf digitalen Signaturen und Zertifikaten verhindert dabei die Manipulation und das unberechtigte Einfügen von Nachrichten durch externe Angreifer unter Annahme der Sicherheit der verwendeten Primitive. Die eigentliche Applikation in der Informationverarbeitung erreichen dadurch ausschließlich solche Informationen, die als Teil einer korrekt signierten und durch ein valides Zertifikat bestätigten Nachricht empfangen wurden.

6. Trusted Platforms auf rekonfigurierbarer Hardware

Als Basis für das im vorangegangenen Kapitel vorgestellte System dafür dient ein Trusted Computing-Ansatz, der durch eine hardwareverankerte vertrauenswürdige Beglaubigung der Systemkonfiguration eine Aussage über die Eigenschaften einer Plattform erlaubt, ohne direkten Zugriff auf die Plattform zu haben und sogar ohne die Identität der Plattform zu kennen. Das folgende Kapitel beschäftigt sich mit der Vertrauenswürdigkeit eines eingebetteten Systems, speziell auf rekonfigurierbarer Hardware, und der Umsetzung von Trusted Computing auf FPGA-basierten Systemen.

6.1. Problemstellung und Anforderungen

Um die über das VANET empfangenen Daten als verlässlich einzustufen, muss dem Sender der entsprechenden Nachricht von Empfängerseite vertraut werden. Allerdings kann nicht davon ausgegangen werden, dass zwischen den kommunizierenden Fahrzeugen bereits eine Beziehung oder auch nur gegenseitige Kenntnis besteht, die ein initiales Vertrauen rechtfertigen könnte. Es muss vielmehr davon ausgegangen werden, dass beständig Nachrichten von bisher völlig unbekannten Verkehrsteilnehmern empfangen werden.

Notwendig für die Vertrauenswürdigkeit der Daten ist, dass der Sender korrekt und spezifikationsgemäß arbeitet, die Daten korrekt erfasst, verarbeitet und versendet und sich an die entsprechenden Protokolle hält. Die Identität des Senders ist für die Vertrauensbeziehung nicht relevant, kann also aus Datenschutzgründen auch über Pseudonymisierung verschleiert werden. Allerdings muss der Sender in der Lage sein, seine relevanten Eigenschaften glaubwürdig zu belegen.

Eine Möglichkeit, Rückschlüsse auf die Eigenschaften zu ziehen, ist der Beweis, dass eine bestimmte Firmwareversion des Herstellers unverändert auf dem System ausgeführt wird. Dem damit eindeutig zuzuordnenden Quellcode kann die Funktionalität dann durch formale Verifikation, unabhängige Überprüfung und Zertifizierung, oder Verifikation der Entwicklungskette, speziell von verwendeten Codegeneratoren, zugeordnet werden. Außerdem sind spätere Manipulationen Dritter auszuschließen.

Falls diese Eigenschaften gegenüber Dritten bewiesen werden können, ist eine Überprüfung und auch Zertifizierung möglich. Diese Überprüfung wird an zentrale Zertifikationsstellen (Certification Authority - CA) als vertrauenswürdige Dritte delegiert. Ein entsprechend ausgestelltes Zertifikat bestätigt dann die Eigenschaften und die Überprüfung dieser durch die CA. Die korrekte Signatur mit dem zum im Zertifikat genannten Verifikationsschlüssel passenden Signierschlüssel bestätigt, dass das Zertifikat tatsächlich auf den Sender, das heißt Schlüsselinhaber, ausgestellt wurde.

Dazu müssen auf der zertifizierten Plattform einige Voraussetzungen erfüllt sein:

1. Es muss sichergestellt sein, dass das System sich bei Verwendung des Zertifikats im gleichen Zustand befindet wie zum Zeitpunkt der Ausstellung des Zertifikats und der Überprüfung der Eigenschaften.

2. Die erteilten Zertifikate dürfen ausschließlich vom zertifizierten System nutzbar sein, die damit assoziierten geheimen Schlüssel dürfen das zertifizierte System also nicht verlassen, weder beabsichtigt durch willentliche Weitergabe noch unbeabsichtigt durch unberechtigtes Auslesen der Speicher oder Abhören der Kommunikation.

Zur Realisierung dieser Anforderungen wird hier die Verwendung einer Trusted Computing Platform vorgeschlagen und entwickelt. Im Folgenden wird zunächst die Realisierung einer Trusted Platform für das betrachtete System und allgemeiner für rekonfigurierbare Systeme betrachtet. Die konkrete Umsetzung im C2X-Fall wird in Abschnitt 6.8 beschrieben.

6.2. Ansatz und Ziele für die Trusted Platform

Ziel der Errichtung einer Trusted Platform ist in erster Linie nicht die Verhinderung von erfolgreichen Angriffen, sondern die zuverlässige Erkennung einer Kompromittierung, Manipulation oder allgemein einer Veränderung. Die Erkennung soll sowohl lokal als auch von Seiten eines Kommunikationspartners möglich sein und so im Anwendungsfall das VANET vor den Auswirkungen einzelner kompromittierter Knoten schützen bzw. eine entsprechende Reaktion möglich machen.

Die Haupteigenschaft, die eine Trusted Platform vertrauenswürdig macht, ist die Fähigkeit, den eigenen Zustand zuverlässig zu erfassen und vertrauenswürdig zu berichten. Der Zustand umfasst die Hardware- und Softwarekonfiguration des Systems. Ausgehend vom berichteten Zustand können Rückschlüsse auf das Verhalten und die Eigenschaften des Systems gezogen und eine Entscheidung getroffen werden, ob das System sich wie für die vorliegende Anwendung gewünscht verhält. Ein Benutzer oder Kommunikationspartner kann sein Verhalten dann basierend auf diesem Wissen entsprechend anpassen, etwa entscheiden, ob ein Protokoll fortgeführt oder abgebrochen wird oder im vorliegenden C2X-Fall, ob den empfangenen Informationen vertraut werden kann.

Für die Errichtung einer Trusted Platform auf rekonfigurierbarer Hardware wird ein Konzept vorgestellt, das die Erfassung und jederzeit aktuelle Speicherung des Systemzustands auch für Systeme realisiert, welche eine dynamisch rekonfigurierbare Hardwareschicht enthalten. Die sichere Verankerung und Durchführung der vorgestellten Integritätsmessung im Zusammenspiel mit der vom TPM unterstützten Beglaubigung erlaubt eine sichere Feststellung und Bestätigung der aktuellen Konfiguration.

Das Konzept beschreibt, wie die Integritätsmessung auf einem FPGA-System in Hardware verankert werden kann. Die über schrittweise Integritätsmessung und transitive Vertrauensweitergabe aufgebaute Vertrauenskette wird um die Schicht der rekonfigurierbaren Hardware erweitert und die verschiedenen Nutzungsprofile und Anwendungsfälle berücksichtigt. Anhand zweier Realisierungsalternativen wird die Einsetzbarkeit und Realisierbarkeit des Systems auf verfügbarer Hardware untersucht und die Umsetzbarkeit durch prototypische Implementierungen untermauert.

Die Einsatzmöglichkeiten der entwickelten Lösungen werden dann anhand der vorliegenden Anwendung dargelegt und ein Absicherungskonzept für die C2X-Kommunikation erstellt. Schließlich erfolgt eine Übertragung auf weitere mögliche Einsatzgebiete.

6.3. Analyse der FPGA-Eigenschaften im Hinblick auf Trusted Computing

Im Gegensatz zu PC- und Mikrocontroller-basierten Systemen ist die Hardwarestruktur eines FPGA-basierten, rekonfigurierbaren Systems im Betrieb nicht statisch und damit bei Auslieferung des Systems auch nicht unbedingt bekannt. Hardware und Software können vom Benutzer bzw. Systemintegrierer konfiguriert, angepasst und verändert werden. Dies erhöht die Flexibilität der damit realisierten Systeme wesentlich, allerdings erhöht sich aus Security-Sicht auch die Möglichkeit für Angriffe. Grundsätzlich sind mit der Flexibilität auch Manipulationen und Angriffe sowohl auf Software- als auch auf Hardwarelevel möglich, um eine Funktionalität zu korrumpieren.

Für die Realisierung einer Trusted Platform auf Basis eines rekonfigurierbaren Systems ergeben sich daraus einige zusätzliche konzeptionelle Fragestellungen in Hinblick auf die Vertrauensanker, die Integritätsmessung und den Umgang mit statischen und dynamischen Systemen während des Betriebs. Zusätzlich sind die Einschränkungen eingebetteter Systeme hinsichtlich Ressourcenverfügbarkeit und eventueller Echtzeitbedingungen zu betrachten. So kann nicht davon ausgegangen werden, dass Verzögerungen im Betrieb oder beim Systemstart tolerierbar sind. Auch steht nicht unbedingt ausreichend Speicherplatz zur Verfügung, um etwa Daten zu puffern oder über die Laufzeit eines Systems unbegrenzt anschwellende Log-Dateien zu speichern.

Wesentlich für die Betrachtung sind auch die unterschiedlichen Nutzungsmöglichkeiten. Viele FPGA-Systeme werden in Kleinserien als Alternative für ASICs mit hohen Fixkosten eingesetzt, und größtenteils mit statischer Konfiguration betrieben. In vielen Anwendungen erfolgen Änderungen der Konfiguration nur selten und ausschließlich in Verbindung mit einem Neustart des Systems (vgl. etwa [32]). Manche Bausteine, speziell viele FPGAs der Firma Xilinx, bieten allerdings auch die Möglichkeit, durch partiell dynamische Rekonfiguration Teile der Systemkonfiguration zur Laufzeit zu verändern, ohne das System neu zu starten [300]. Eine Trusted Platform muss in diesem Fall in der Lage sein, diese Veränderung der Konfiguration zu erkennen und in Speicher- und Berichtsstruktur abzubilden.

Die Integritätsmessung ist der Kernpunkt im Betrieb einer Trusted Platform. Sie muss zu jedem Zeitpunkt des Systembetriebs sicherstellen, dass alle Informationen, die für einen Verifizierer zur Bestimmung und Beurteilung des Systemzustands notwendig sind, erhoben sind und im TPM sicher gespeichert vorliegen. Vor dem Hintergrund der rekonfigurierbaren Hardwarebasis umfassen die notwendigen Informationen zusätzlich auch die Konfiguration des FPGA. Die Erhebung und Speicherung der Konfigurationsdaten und die Integration der Messung in die Vertrauenskette ist zentrale zusätzliche Aufgabe für eine rekonfigurierbare Trusted Platform. Eine weitere Fragestellung betrifft die Durchführung der Messung selbst. Im Gegensatz zu Prozessorsystemen kann bei FPGA-Systemen nicht davon ausgegangen werden, dass bei Systemstart, das heißt bei Anlegen der Versorgungsspannung nach einer Unterbrechung, eine Ausführungseinheit zur Durchführung einer Integritätsmessung vorhanden ist. Speziell bei SRAM-basierten FPGAs verliert der Baustein bei Unterbrechung der Versorgungsspannung seine Konfiguration. Somit muss für die Trusted Platform explizit sichergestellt werden, dass die für die Integritätsmessung notwendige Hardware bereitgestellt wird.

6.4. Konzept: Trusted Computing auf FPGAs

6.4.1. Ansatz zur Integritätsmessung und -Speicherung

Ausgangspunkt für die Erweiterung der Integritätsmessung ist die entsprechende TCG-Spezifikation für den PC-Fall [260]. Die Integritätsmessung der Plattform erfolgt entlang der Vertrauenskette in mehreren Stufen. Dabei werden die Werte sukzessive auch in verschiedene PCRs abgelegt. Im hier betrachteten Fall enthält das System keinen zentralen Prozessor (CPU), sondern einen rekonfigurierbaren FPGA-Baustein. Die rekonfigurierbare Hardware ist damit Teil der Hauptplatine, nicht jedoch die konkrete Konfiguration, mit der der Baustein erst beim Startvorgang versehen wird. Um die Konfiguration des FPGAs zusätzlich zu erfassen, werden analog zu den PCRs zusätzliche Hardware-Konfigurationsregister (*Hardware Configuration Register* – HCR) eingeführt, um die jeweilige Konfiguration der Hardware zu speichern. Diese sind ebenso aufgebaut wie die PCRs und fassen jeweils einen Hash-Digest der entsprechenden Länge, im Falle der Verwendung von SHA-1 wie von der TCG spezifiziert also 160 Bit. Die Messung der FPGA-Konfiguration wird damit Teil einer erweiterten Vertrauenskette (Abbildung 6.1).

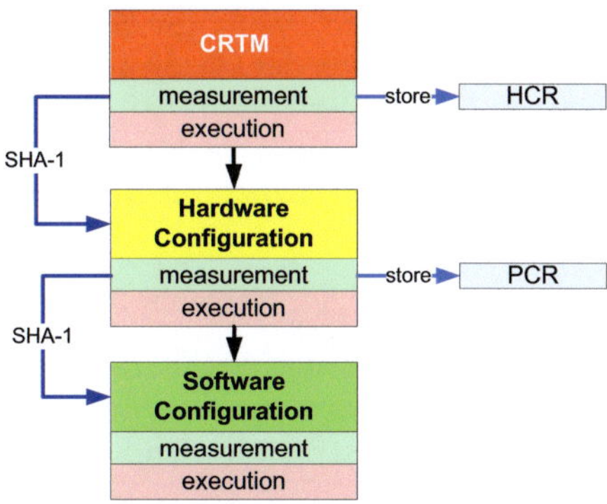

Abbildung 6.1.: Erweiterte Vertrauenskette mit Hardwarekonfiguration

Als Datenbasis für die Integritätsmessung der rekonfigurierbaren Hardwareschicht werden die Konfigurationsbitströme verwendet, die alle für die Konfiguration des Bausteins nötigen Daten enthalten. Sie umfassen die Adressierung des Konfigurationsspeichers, die Belegung der einzelnen programmierbaren Elemente und auch die Steuerinformationen für die Konfigurationslogik.

6.4.1.1. Betriebsmodi der Hardware-Konfigurationsregister

Ein Hardware-Konfigurationsregister bildet idealerweise den aktuellen Zustand der Konfiguration präzise, effizient und vollständig ab. Es sollte also eine Funktion genau derjenigen Schritte und Aktionen sein, die einen Einfluß auf den aktuellen Zustand haben. Ein Nachvollziehen der entsprechenden Schritte muss hinreichend sein, um den aktuellen Zustand definiert zu erreichen und die Beschreibung muss präzise genug sein, um korrekte, vollständige Aussagen über die Funktion und das Verhalten der konfigurierten Hardware zu erlauben. Umgekehrt soll die Darstellung und Speicherung effizient sein, also auch nur die Schritte enthalten, die einen tatsächlichen Einfluß auf die Funktionalität haben.

Ein HCR kann daher wie ein PCR auch auf zwei verschieden Arten aktualisiert werden. Beim *Ersetzen* des gespeicherten Wertes wird der aktuelle Hashwert direkt in das HCR geschrieben und ersetzt den alten Inhalt, der damit vollständig gelöscht wird. Dies wird durchgeführt, wenn das HCR beim Systemstart initial beschrieben wird, oder wenn sichergestellt ist, dass der Inhalt des zugehörigen Slots vollständig überschrieben wurde und das Verhalten der aktuellen Konfiguration nicht von dem vorangegangenen Inhalt abhängt. Das Ersetzen des Inhalts entspricht damit einem Zurücksetzen des HCRs auf den Zustand beim Systemstart. Dabei wird auch der Event-Log zurückgesetzt, der zur Nachvollziehbarkeit für den Verifizierer notwendig ist und die einzelnen Konfigurationsschritte protokolliert.

Die während des Betriebs der Plattform standardmäßig durchgeführte Weiterführung der Vertrauenskette bei Änderungen der Hardwarekonfiguration erfolgt durch *Erweitern* der entsprechenden HCRs. Der neue Inhalt des HCRs ergibt sich durch Verkettung des bisherigen Inhalts HCR_{alt} und des Hashwertes der neuen Integritätsmessung und anschließendes erneutes Hashen mit der starken kryptographischen Hashfunktion H:

$$HCR_{neu} = H\left(HCR_{alt} \,\|\, H(\text{Neuer Bitstrom})\right)$$

Dadurch erhält man einen Wert in der Länge des HCRs, die immer der Ausgabelänge der verwendeten Hashfunktion entspricht. Außerdem ist sichergestellt, dass der Inhalt des HCRs von allen Einträgen seit dem letzten Reset abhängt, die Vertrauenskette also komplett abgebildet ist.

6.4.1.2. Slot-Einteilung des rekonfigurierbaren Bereichs

Bisher wurde die rekonfigurierbare Fläche des FPGA als Einheit betrachtet, die eine gewisse Funktionalität implementiert. Auch bei einer Rekonfiguration wird damit die gesamte Fläche betrachtet, auch wenn nicht alle Adressen beschrieben werden.

Das Voraussetzen der Rekonfiguration der gesamten Chipfläche berücksichtigt allerdings Anwendungen nicht optimal, die gezielt auf partiell dynamischer Rekonfiguration definierter Teile der Fläche beruhen (vgl. Abschnitt 2.5). Hier werden die Logikressourcen des FPGA je nach Anwendungsanforderung in einer Art zeitlichem Multiplex unterschiedlich verwendet, indem slotbasiert Teile des FPGA zur Laufzeit immer wieder rekonfiguriert werden, um die aktuell angeforderte Funktionalität zu implementieren [10, 122]. Dies erlaubt eine bessere Ausnutzung der Chipfläche, was speziell bei eingebetteten Systemen deutlich zur Kostenersparnis beitragen kann.

Schnelle Rekonfiguration für solche Slots erlaubt außerdem häufiges Austauschen von Funktionalität, speziell wenn es sich um kleine Bitströme handelt. Während der Laufzeit eines System können damit Tausende von Rekonfigurationsvorgängen zustande kommen, die bei stetiger Erweiterung des HCR alle im entsprechenden Event-Log gespeichert und bei der Integritätsüberprüfung übermittelt werden müssen, um den Inhalt des HCR für einen Verifizierer nachvollziehbar zu machen.

Im Sinne der Effizienz der Speicherung und Nachvollziehbarkeit ist dies kein optimaler Zustand. Erstens kann das Überschreiben von ganzen Funktionsblöcken nicht durch Ersetzen der entsprechenden Information im HCR abgebildet werden, da das HCR die gesamte Konfiguration in einem einzigen Hashwert zusammenfasst. Zweitens können deswegen auch getrennte Funktionalitäten nicht gezielt an einen Verifizierer berichtet werden.

Daher wird für solche Anwendungen hier eine Aufteilung der Speicherung in mehrere HCR vorgesehen, die jeweils klar begrenzten Teilen der Chipfläche zugeordnet werden. Diese werden im Folgenden als Rekonfigurations-Slots (*ReCoSlots*) bezeichnet. Jedem ReCoSlot wird ein eigenes HCR zugeordnet, in das ausschließlich die Konfigurationsdaten gespeichert werden, die den entsprechenden Slot betreffen.

Die Definition von Rekonfigurationsslots gibt Systemen die Möglichkeit, Teile des Designs häufig auszutauschen, ohne den Event-Log entsprechend stark anschwellen zu lassen. Dazu werden zielgerichtet Log-Daten verworfen, die für die Zustandsbeschreibung des Systems nicht mehr benötigt werden. Das hat Vorteile für das Host-System durch Einsparung von Speicherplatz für die Log-Dateien und für die Übertragung zum Verifizierer. Außerdem ist der Nachvollzug der übermittelten HCR-Werte, wofür dieser die Hashkette nach dem Event-Log reproduzieren muss, für den Verifizierer weniger aufwändig.

Die Definition der Slots erfolgt nach der Position auf der rekonfigurierbaren Fläche des FPGAs, genauer nach den Konfigurationsadressen der zum Slot gehörenden Frames des Bitstroms. Eine sinnvolle Einteilung der Slots bildet präzise die Grenzen der Bereiche ab, die im Benutzerdesign verwendet werden, um Funktionalitäten partiell dynamisch auszutauschen. Die Anzahl, Größe und Position der Slots auf dem Chip hängt dabei stark vom Design und der Funktionalität ab, bspw. von der Komplexität und damit dem Ressourcenbedarf der einzelnen Komponenten und dem Zugriff auf die Ressourcen, etwa die externen FPGA-Pins.

Da die Verortung der ReCoSlots stark vom jeweiligen Gesamtdesign abhängt, ist eine statische Festlegung zur Designzeit des Trusted Platform Systems schwierig und wäre in jedem Fall eine wesentliche Einschränkung für den Entwurf der Benutzerlogik. Daher wird eine dynamische Einteilung im Rahmen der initialen Rekonfiguration abhängig von dem implementierten Benutzersystem vorgesehen. Die Einteilung der Slots wird damit dem Benutzer überlassen und kann jeweils angepasst auf das Design erfolgen. Die Trusted Platform stellt dafür eine Anzahl an HCR bereit und begrenzt damit die Maximalanzahl an ReCoSlots, die getrennt in die Integrationsmessung eingehen können.

In Verbindung mit dem ersten geladenen Benutzerbitstrom erwartet das System detaillierte Informationen über eine eventuell vorhandene Slot-Einteilung des Systems. Dies kann je nach Implementierung in einer speziellen Datei erfolgen, auf die das System Zugriff hat, oder direkt codiert in den Bitstrom außerhalb des von der Konfigurationslogik des FPGA interpretierten Bereichs.

Im Folgenden wird für die Gesamtheit der Konfigurationsregister die Bezeichnung CR verwendet. Weitere Unterscheidungen erfolgen in der Form P.CR für die bekannten Plattform-Konfigurationsregister der TCG und H.CR für die neu eingeführten Hardware-Konfigurationsregister. Die H.CR weisen eine zweistufige Hierarchie auf. Ein Hauptregister MH.CR (Main HCR) beinhaltet die Messung des ersten Bitstroms und fungiert als Speicherort für die Teile der rekonfigurierbaren Fläche, die durch keinen ReCoSlot abgedeckt werden. Wenn kein ReCoSlot definiert wird, erfolgt die gesamte Integritätsspeicherung der rekonfigurierbaren Hardware im MH.CR.

Einer Anzahl von untergeordneten Slot-H.CR (SH.CR) kann jeweils ein ReCoSlot zugeordnet werden. Die Slots werden beim Systemstart durch das initiale Benutzersystem definiert, indem die zu jedem Slot gehörenden Adressen angegeben werden. Dies kann in Form von Anfangs- und Endadressen oder durch Angabe einer Maske geschehen. Die Slotdefinition wird im Host-System und im Event-Log des MH.CR gespeichert und jedem Slot wird ein SH.CR fest zugeordnet. Im entsprechenden Event-Log des SH.CR wird die Definition des Slots ebenfalls vermerkt. Bei den darauf folgenden Rekonfigurationsprozessen überprüft das Host-System, welche Slots adressiert werden und erweitert die entsprechenden HCR. Wenn im Rahmen einer Rekonfiguration alle Adressen eines Slots vollständig beschrieben werden, kann statt der Erweiterung eine Ersetzung des HCR-Inhalts erfolgen.

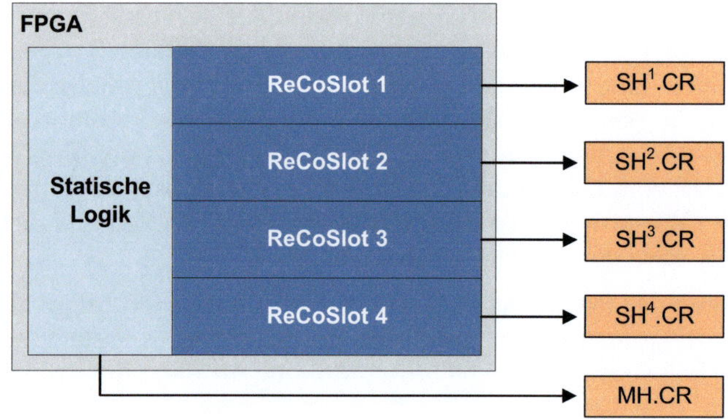

Abbildung 6.2.: Beispielhafte Sloteinteilung mit CR-Zuordnung

Die PCR und HCR können dann von einem Verifizierer auch einzeln angefragt und entsprechend beglaubigt werden. Dies erfolgt über eine Maskierung der gewünschen Register bei der Anfrage. Sinnvollerweise enthält eine Abfrage von HC-Registern immer auch das MH.CR, da die Definition der SH.CR vollständig auf dem dort abgelegten Initialsystem beruht.

6.4.1.3. Hardware Event-Log

Der Hardware Event-Log H.EL speichert analog zur Spezifikation der TCG zusätzliche Informationen zu den Inhalten der HCR. Diese Informationen werden von einem Verifizierer benötigt, um den Inhalt des entsprechenden HCR und den Ablauf der Erstellung nachzuvollziehen. Der Event-Log muss also alle nötigen Daten enthalten, um das Erreichen des aktuellen Konfigurationszustands eindeutig zu identifizieren.

Für jedes HCR existiert ein eigener Log-File, so dass ein Bericht auch nur einzelne HCR oder eine Auswahl enthalten kann, die jeweils mit einem Event-Log erläutert werden (Tabelle 6.1). Der Event-Log besteht aus einer Liste von Einzeleinträgen, die

Event-Nr	Bitstrom-ID	Hashwert	Zeitstempel
1	$ID(BS_1)$	$H(BS_1)$	$T(BS_1)$
2	$ID(BS_2)$	$H(BS_2)$	$T(BS_2)$
$\vdots$			$\vdots$

Tabelle 6.1.: Aufbau des EventLog

jeweils einer Erweiterung des zugehörigen HCRs entsprechen. Für jede Erweiterung wird ein Identifier für den Bitstrom, die Konfigurationszeit und der Hashwert gespeichert, mit dem erweitert wurde. Durch iteratives Konkatenieren und Hashen der Einzelwerte kann so der aktuelle Inhalt des HCRs nachvollzogen werden. Sei $V_n(X.CR)$ der Wert des Konfigurationsregisters X nach n Konfigurationsschritten. Dann gilt:

$$V_n(X.CR) = \begin{cases} H(BS_1), & \text{falls } n = 1. \\ H(V_{n-1}(X.CR) \,\|\, H(BS_n)), & \text{falls } n > 1. \end{cases}$$

Zu jedem Eintrag wird außerdem ein global eindeutiger Identifikator (ID) gespeichert, der den geladenen Bitstrom eindeutig identifiziert und dem Verifizierer erlaubt, die Funktionalität des Bitstroms zu überprüfen und zusätzlich, ob der vom System bestimmte Hashwert dem korrekten Bitstrom entspricht. Dies kann beispielsweise dadurch erfolgen, dass der zur ID gehörende Bitstrom auf einem zentralen Server verglichen wird.

Der Event-Log wird vom Sicherheitssystem automatisch geschrieben und kann in flüchtigem Speicher abgelegt werden. Die Speicherung und Übertragung erfolgt ungeschützt und unverschlüsselt, der H.EL kann also von einem Angreifer praktisch beliebig verändert werden. Eine unkorrekte Veränderung und damit Fälschung des Event-Log erzeugt allerdings eine Inkonsistenz mit den im HCR sicher gespeicherten Hashwerten (siehe Abschnitt 6.5). Dadurch ist die Veränderung durch einen Verifizierer erkennbar.

6.4.1.4. Weitere abzusichernde Schichten

Nach Konfiguration der Hardware befindet sich das System in einem zulässigen Zustand in dem Sinne, dass der Zustand korrekt im TPM gespeichert ist und grundsätzlich berichtet werden kann. Je nach Art der Konfiguration ist der Systemstart damit schon abgeschlossen, etwa bei rein hardwareimplementierten Algorithmen oder Filtersystemen, die vollständig in der Hardware codiert sind. Viele Konfigurationen enthalten jedoch zusätzlich softwareprogrammierbare Teilsysteme, etwa Softcore-Prozessoren. Teilweise enthält auch die Plattform zusätzlich zum FPGA-Baustein oder integriert in ihn festverdrahtete Prozessoren[1], die in das Gesamtsystem integriert werden können. Im Extremfall enthält die Hardwarekonfiguration einen oder mehrere Prozessoren mit vollständigem Betriebssystem und darauf aufbauenden Softwareschichten. Eine Softwarekonfiguration hat entsprechend einen Einfluß auf den Gesamtzustand der Plattform und muss in der Integritätsmessung berücksichtigt werden. Für diese Berücksichtigung der Softwareschicht können verschiedene Fälle betrachtet werden.

Gesamte Software befindet sich in BRAM-Blöcken. Falls der gesamte Code für die softwareprogrammierbaren Einheiten in den BRAM-Blöcken gespeichert wird, kann er innerhalb des Bitstroms auf den FPGA geschrieben werden. Die Integritätsmessung über den Bitstrom umfasst damit automatisch auch die Softwareanteile. Die im Bitstrom codierten Initialbelegungen der BRAM-Blöcke sind bereits durch die Ablage der Bitstrom-Hashes in die entsprechenden HCRs abgedeckt. Eine eigene Betrachtung der Softwareschicht ist damit nur nötig, wenn die Software über die BRAM-Belegung hinaus etwa auf einen externen Speicher zugreift und Softwarekomponenten von außerhalb des Bitstroms nachlädt.

Softwarekonfiguration als Block. Viele eingebettete Systeme verwenden ein Gesamtsystem, bei dem Applikationen und Betriebssystemfunktionen nicht klar getrennt werden, sondern bei der Übersetzung vom Compiler in ein gemeinsames Softwaresystem zusammengefügt werden. Dieses Softwaresystem wird in einem Flash-Speicher gespeichert und beim Systemstart als Ganzes in den Speicher geladen und ausgeführt. Ein Beispiel sind Systeme basierend auf dem OSEK/VDX-Betriebssystem [171]. Eine Absicherung solcher Systeme ist möglich, indem die Flash-Schnittstelle und der entsprechende Datenstrom in die Integritätsüberwachung integriert wird. In obigem Konzept wird der Inhalt des Flashspeichers dann ähnlich einem Bitstrom behandelt und als Ganzes gemessen und in ein PCR gespeichert.

Mehrschichtiges Softwaresystem auf Betriebssystem. Betrachtet man ein komplexeres Softwaresystem vergleichbar mit einem PC-Betriebssystem und darauf aufbauende Applikationen, so befindet sich das System nach Konfiguration der Hardware in einem Zustand vergleichbar dem Zustand einer PC-Plattform nach dem Power-On Self-Test (POST). Bis zur nächsten Rekonfiguration kann die Hardware als fix angesehen werden und im TPM sind die Ergebnisse der Integritätsmessung für die Hardware gespeichert. Nach Überprüfung und Starten des Bootloaders oder

---

[1] Eine der verwendeten Prototyping-Plattformen, das XUP Virtex-II Pro Evaluation Board, enthält beispielsweise einen festverdrahteten PowerPC-Kern, der über die rekonfigurierbare Logik angesprochen werden kann.

Betriebssystemkernels ist die Fortführung analog zum PC-Fall über die Übertragung der weiteren Messungen an das Betriebssystem möglich. Hierzu ist eine Schnittstelle zum Sicherheitssystem oder zum TPM nötig. Bei entsprechender Konfiguration können die Softwareschichten von der rekonfigurierbaren Hardware vollständig abstrahieren. Die Abbildung der Software-Systemstruktur in die PCR obliegt jedoch vollständig dem Softwaresystem.

Mehrere Softwarestacks Die auf dem FPGA laufende Software wird hier als ein einziger Stack betrachtet, obwohl grundsätzlich mehrere unabhängige Softcore-Prozessoren bspw. in verschiedenen ReCoSlots unabhängige Softwarestacks ausführen könnten. Ähnlich einem mit verschiedenen virtuellen Maschinen arbeitenden PC-System muss die Fortführung der Vertrauenskette ausgehend vom initial geladenen, mit dem MH.CR verbundenen Benutzersystem von der Software selbst gehandhabt werden. Konzeptionell wird im Folgenden unabhängig von seiner inneren Struktur ein einziger Softwarestack betrachtet.

Wenn die Verwendung eines Systems es notwendig macht, ist grundsätzlich auch der Aufbau mehrerer unabhängiger Softwarestacks auf verschiedenen Hardware-Ausführungseinheiten vorstellbar. Dazu muss eine entsprechende Anzahl an PCR zur Verfügung gestellt und eine Zuordnung der PCR auf Gruppen von HCR in die Slotdefinition aufgenommen werden. Das aktuell prototypisch realisierte System sieht das nicht vor, sondern beschränkt sich auf einen zentral verwalteten Softwarestack, der hardwareseitig dem MH.CR zugeordnet wird.

6.4.2. Funktion und Betrieb der Trusted Platform

Mit Hilfe der eingeführten Funktionalitäten wird im Folgenden der Betrieb der Trusted Platform auf rekonfigurierbarer Hardware dargestellt. Abbildung 6.3 zeigt den Ablauf des Systembetriebs.

6.4.2.1. Ablauf Systemstart

Bei Anlegen der Versorgungsspannung muss sichergestellt sein, dass als Erstes das angeschlossene TPM initialisiert und die zur Integritätsmessung benötigten Komponenten zur Verfügung gestellt werden. Je nach Realisierungsansatz kann das durch ein Sicherheitssystem auf dem Zielbaustein oder durch das TPM selbst geschehen. Nachdem die Integritätsmessung und -Speicherung bereit ist, kann das System konfiguriert werden. Dies geschieht durch das Laden eines Bitstroms über die vorgesehene Schnittstelle. Der Bitstrom wird von der Integritätsmessung gehasht und der Hashwert in das MH.CR abgelegt.

Für die Strukturierung des rekonfigurierbaren Bereichs im weiteren Betrieb sind nun Informationen des Benutzers an das System nötig, welche Architektur geladen wird

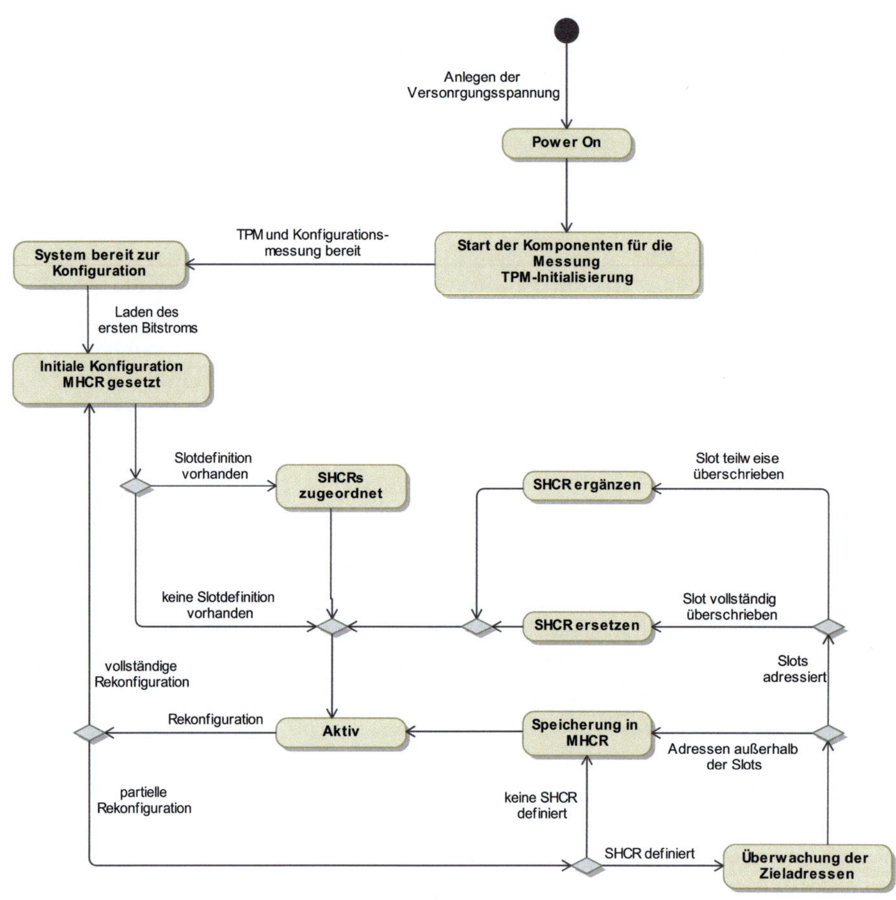

Abbildung 6.3.: Ablauf des Systembetriebs

und inwiefern partiell dynamische Rekonfiguration zur Laufzeit des Systems vorgesehen ist. Wenn entsprechende Informationen vorhanden sind, kann das System die
Struktur der Integritätsspeicherung an die Bedürfnisse der Benutzerkonfiguration
anpassen. Dabei wird die Reconfigurable Area weiter unterteilt in Reconfigurations-
Slots (ReCoSlots), die in SH.CRs abgelegt werden und einen Festbereich, der direkt
im MH.CR abgelegt wird. Die ReCoSlot-Definition wird vom System interpretiert
und gespeichert und den Slots jeweils ein SH.CR zur Speicherung der jeweiligen In-
tegritätswerte zugeordnet. Zusätzlich wird für jedes verwendete SH.CR ein eigener
Event-Log SH.EL angelegt. Die Slotdefinitionen werden im MH.EL und den jeweiligen SH.EL vermerkt. Die einzelnen Bereiche und Slots sind damit einzeln abrufbar
und nachverfolgbar. Die Zuordnung wird im System und den Event-Logs festgehal-

ten und bleibt über die Laufzeit der Konfiguration konstant. Eine Neueinteilung ist lediglich über einen Reset oder eine vollständige Neukonfiguration möglich, bei der alle Konfigurationsadressen neu beschrieben werden. In diesem Fall können neue Slotdefinitionen berücksichtigt werden.

Unabhängig ob eine Slotdefinition vorgenommen wurde oder nicht befindet sich das System jetzt im aktiven Zustand. Die Integritätsmessung und -speicherung spiegelt die Hardwarekonfiguration wider und die Benutzerkonfiguration wird ausgeführt.

6.4.2.2. Durchführung der Rekonfiguration

Während des Betriebs der Trusted Platform kann jederzeit eine partiell dynamische Rekonfiguration von Teilen des Systems oder des Gesamtsystems angestoßen werden. Das Veranlassen der Rekonfiguration kann intern oder extern und über verschiedene Schnittstellen erfolgen, es müssen lediglich alle vorhandenen Schnittstellen von der Integritätsmessung erfasst werden.

Die Logik zu Integritätsmessung erkennt den eingehenden Bitstrom, etwa an den für die Konfigurationslogik des Bausteins notwendigen Steuerinformationen. Parallel zur Übertragung des Bitstroms wird ein Hash-Digest der übertragenen Daten erstellt. Ebenfalls parallel werden die Adressdaten im Bitstrom interpretiert und festgestellt, welche Frames auf dem FPGA beschrieben werden. Diese werden mit den ggf. definierten Slots abgeglichen, um die betroffenen HCR zu identifizieren. Nach Abschluß der Rekonfiguration wird der Hashwert in die entsprechenden HCR gespeichert. Zusätzlich wird ein Eintrag in den dazugehörigen Event-Logs erzeugt. Hierbei wird für jeden betroffenen Slot überprüft, ob er ganz oder lediglich teilweise überschrieben wurde. Lediglich bei vollständiger Neukonfiguration wird der SHCR-Inhalt ersetzt und der Event-Log zurückgesetzt, ansonsten erfolgt eine Ergänzung.

6.4.3. Realisierungsalternativen

Für die Realisierung des vorgestellten Konzepts muss die benötigte Funktionalität an geeigneter Stelle umgesetzt und integriert werden. Konkret sind die Umsetzung der Integritätsmessung auf Hardwareebene und der Vertrauensanker für die Integritätsmessung (RTM) notwendig. Um die Realisierungskosten und die Zahl der möglichen und damit abzusichernden Angriffspunkte zu minimieren, wird für eine prototypische Umsetzung eine Integration in bereits vorhandene Komponenten angestebt.

Die betrachtete Trusted Platform hat in jedem Fall zwei notwendige Komponenten: Einen rekonfigurierbaren Zielbaustein und ein Trusted Platform Module (TPM). Für die Umsetzung wurde eine Integration der Funktionalität in beide Komponenten betrachtet und prototypisch realisiert. Durch unterschiedliche Vor- und Nachteile kommen die beiden Varianten für verschiedene Szenarien in Frage.

Eine Realisierungsalternative basiert auf der Verwendung eines marktverfügbaren TCG-konformen TPM-Bausteins ohne Veränderung der Funktionalität. Alle zusätzlich nötigen Funtionen werden direkt auf dem Zielbaustein umgesetzt. Für die Integritätsmessung ist eine Messung und Überwachung schon während der Konfiguration und Rekonfiguration nötig und so muss die entsprechende Logik während des Konfigurationsvorgangs aktiv sein. Sie wird in einem vorgelagerten Initialisierungsschritt vorkonfiguriert. Die Realisierung setzt die Möglichkeit zur partiell dynamischen Rekonfiguration zur Laufzeit voraus. Zielsystem für die Realisierung sind damit FPGA-Bausteine der Firma Xilinx, die die partiell dynamische Rekonfiguration unterstützen. Durch die Verwendung marktverfügbarer TPMs könnte eine solche Realisierung zeitnah und auch für Kleinserien erfolgen. Die prototypische Realisierung wird in Abschnitt 6.6 vorgestellt.

Der zweite betrachtete Realisierungsansatz integriert alle benötigte Funktionalität zur Realisierung einer rekonfigurierbaren Hardwareplattform direkt in den TPM-Baustein. Dieser funktionserweiterte ActiveTPM-Baustein ermöglicht eine maximale Flexibilität des Zielbausteins. Ein solcher Ansatz ist auch für eingebettete Systeme im Allgemeinen geeignet, etwa für Microcontroller-basierte Systeme. Die prototypische Realisierung ist Inhalt von Abschitt 6.7. Hier wird bei der Realisierung auch die Möglichkeit betrachtet, die Funktionalität nicht nur zu überwachen, sondern auch zu steuern bzw. zu beschränken, so dass nur gewünschte, zertifizierte Bitströme auf das Zielsystem geladen werden können.

6.5. Sicherheitsbetrachtung

Um zu überprüfen, ob die durch das vorgestellte Konzept erstellte Plattform vertrauenswürdig ist, wird untersucht, ob zu jedem Zeitpunkt des korrekten Betriebs des Systems der aktuelle Systemzustand korrekt und vollständig im zugehörigen Trusted Platform Module gespeichert wird. Außerdem muss eine Abweichung vom korrekten Betrieb sowohl lokal als auch für Kommunikationspartner erkennbar sein.

Betrachtet wird die abzusichernde Plattform mit der Integritätsspeicherung CR bestehend aus dem MH.CR und einer Anzahl SH.CR und P.CR, der verwendeten Hashfunktion H und dem EventLog EL, in dem die für die Nachvollziehbarkeit notwendigen Informationen über die Konfigurationsschritte gespeichert werden.

6.5.1. Vollständige Integritätsmessung

Für die Erfassung der Hardwarekonfiguration wird der Konfigurationsbitstrom BS herangezogen, der die einzige Informationsquelle für die Konfiguration K darstellt und damit per Konstruktion alle Informationen enthält, die der fixen Hardwarestruktur die jeweilige Funktionalität aufprägen. Als Eingabe für die Hashfunktion wird der gesamte von der Konfigurationslogik interpretierte Bitstrom inklusive der Adressierung verwendet. Der erzeugte Hashwert $H(BS)$ hängt damit von den beschriebenen Adressen, dem Inhalt der Konfigurationsspeicher, aber auch von der Reihenfolge der Adressierung und der gewählten Codierung ab. So erzeugt ein komprimierter Bitstrom einen anderen Hashwert als ein funktionsgleicher unkomprimierter Bitstrom. Sei $K(BS)$ die durch den Bitstrom BS codierte Konfiguration. Dann kann es BS_1 und BS_2 geben mit $K(BS_1) = K(BS_2)$, aber $H(BS_1) \neq H(BS_2)$. Eine Identifizierung muss jeweils für den konkreten Bitstrom erfolgen, nicht nur für die in ihm codierte Konfigurationsinformation.

Umgekehrt kann basierend auf der Annahme, dass eine starke kryptographische Hashfunktion für die Messung verwendet wird, davon ausgegangen werden, dass nur mit vernachlässigbarer Wahrscheinlichkeit zwei Bitströme gefunden werden können, die den gleichen Hash- und damit Meßwert liefern. Mit überwältigender Wahrscheinlichkeit wird durch die Messung also der geladene Bitstrom eindeutig identifiziert. Im Folgenden wird davon ausgegangen, dass gilt:

$$[H(BS_1) = H(BS_2)] \Rightarrow [K(BS_1) = K(BS_2)]\,.$$

Die Schreibweise $K \leftarrow BS$ wird verwendet, wenn ein Bitstrom BS auf die Plattform mit Konfiguration K geladen wird. Das Laden des (initialen) Bitstroms wird von zwei Aktionen begleitet, dem Speichern des gewonnenen Hashwertes in ein Konfigurationsregister ($CR \leftarrow H(BS)$) und dem Erstellen eines Eintrags im Event-Log ($EL \leftarrow (ID_{BS}, H(BS))$). ID_{BS} bezeichnet dabei einen eindeutigen Identifier des Bitstroms. Die Aktionen werden automatisiert und gleichzeitig zur Konfiguration durchgeführt in dem Sinne, dass zwischen dem effektiv werden der Konfiguration und dem Abschluß der begleitenden Aktionen keine anderen Befehle vom TPM ausgeführt werden. Zu jedem Zeitpunkt liegt also ein Triple (K, CR, EL) vor, das den Konfigurationszustand darstellt. Die Sicherheitsbetrachtung erfolgt nun induktiv.

6.5.2. Systemstart und Initialisierung

Beim Systemstart wird zunächst die Funktionalität zur Integritätsmessung und zur Speicherung der Daten im TPM initialisiert. Der erste Benutzerbitstrom BS_{Init} wird geladen und die Werte der Speicher aktualisiert.

$$
\begin{aligned}
K &\leftarrow BS_{\text{Init}} \\
MH.CR &\leftarrow H(BS_{\text{Init}}) \\
MH.EL &\leftarrow (ID_{BS_{\text{Init}}}, H(BS_{\text{Init}}))
\end{aligned}
$$

Falls zu BS_{Init} Informationen zu einer zulässigen Sloteinteilung in Form einer Slotdefinition $SD = (\text{SlotDef}^1, .., \text{SlotDef}^n)$ für n Slots vorliegen, werden den Slots SH.CR zugewiesen und die entsprechenden Informationen in EventLog und den Konfigurationsregistern verankert. Eine zulässige Einteilung erzeugt stets disjunkte Slots. Diejenigen Teile der rekonfigurierbaren Fläche, die zu keinem der definierten Slots gehören, werden als Restbereich dem MH.CR zugeordnet.

$$
\begin{aligned}
MH.EL &\leftarrow \left(SD = (\text{SlotDef}^1, .., \text{SlotDef}^m), H(SD)\right) \\
SH^s.EL &\leftarrow (\text{SlotDef}^s, H(\text{SlotDef}^s)) & \forall s \in \{1, \ldots, n\} \\
MH.CR &\leftarrow H(SD) \\
SH^s.CR &\leftarrow H(\text{SlotDef}^s) & \forall s \in \{1, \ldots, n\}
\end{aligned}
$$

Die Eintragung in den EventLogs ermöglicht einem Verifizierer das Nachvollziehen der Aufteilung und ggf. das gezielte Anfragen von einzelnen SHCR. Die Eintragung in die HCRs verhindert eine spätere Manipulation der ungesichert gespeicherten EventLog-Einträge. Damit ist die Initialisierung abgeschlossen. CR und EL sind bilden die aktuelle Konfiguration K korrekt ab und anhand von MHCR und zugehörigem MH-EventLog kann die Konfiguration rekonstruiert werden.

6.5.3. Korrekte Aktualisierung

Bei jedem Konfigurationsvorgang nach der Initialisierung wird das Triple (K, CR, EL) konsistent aktualisiert. Die Eigenschaft, dass K aus den Inhalten von CR und EL rekonstruiert werden kann bleibt dabei invariant. Wie oben werden bei Konfiguration eines möglicherweise partiellen Bitstroms BS die drei Teile aktualisiert:

$$
\begin{aligned}
K &\leftarrow BS \\
CR &\leftarrow H(BS) \\
EL &\leftarrow (ID_{BS}, H(BS))
\end{aligned}
$$

Allerdings ist abhängig von den Eigenschaften von BS eine Fallunterscheidung nötig. Relevant dabei ist die Aufteilung der neu konfigurierten Teile. Zur Unterscheidung werden die im Bitstrom enthaltenen Adressinformationen interpretiert.

1. **Partielle Konfiguration eines Slots.** Gehören die beschriebenen Adressen zu genau einem der definierten Slots s, ohne jedoch alle den Slot ausmachenden Adressen zu umfassen, so hängt der neue Konfigurationszustand des Slots sowohl von der vorherigen Konfiguration als auch von den neuen Konfigurationsdaten ab. Dies wird durch Erweitern des zugehörigen Konfigurationsregisters $SH^s.CR$ abgebildet. Sei $V_n(X)$ der Wert von X nach n Konfigurationen. Dann gilt:

$$
\begin{aligned}
V_n(SH^s.CR) &:= H\left(V_{n-1}(SH^s.CR) \,\|\, H(BS)\right) \\
V_n(SH^s.EL) &:= v_{n-1}(SH^s.EL) \,\|\, (ID_{BS}, H(BS))
\end{aligned}
$$

   Die Erweiterung des HCR hält die neuen Konfigurationsinformationen fest, ohne die bisherigen zu verwerfen. Die Rekonstruktionsvorschrift wird im Event-Log festgehalten.

2. **Vollständige Konfiguration eines Slots.** Werden in obigem Fall alle zu einem Slot gehörenden Adressen und damit die bisherige Konfiguration vollständig überschrieben, so hängt die neue Konfiguration des Slots ausschließlich von den neuen Konfigurationsdaten ab. In diesem Fall kann der Inhalt des Konfi-

gurationsregisters zur optimalen Repräsentation der Konfiguration durch die neuen Messdaten ersetzt werden. Die bisherigen Konfigurationsdaten werden dabei überschrieben.

$$V(SH^s.CR) \quad := \quad H(BS)$$
$$V(SH^s.EL) \quad := \quad (\text{SlotDef}^s, H(\text{SlotDef}^s)) \,||\, (ID_{BS}, H(BS))$$

Der entsprechende EventLog kann nicht vollständig gelöscht werden, sondern enthält neben der aktuellen Konfiguration weiterhin die Slotdefinition.

3. **Adressierung mehrerer Slots.** Werden mehrere Slots adressiert, so wird in jedem Slot die entsprechende Erweiterung bzw. der entsprechende Ersatz der Daten vorgenommen. Dabei wird der Bitstrom trotzdem als Ganzes gemessen und jeweils mit dem Messwert erweitert bzw. durch ihn ersetzt. Hintergrund ist zum einen die Vergleichbarkeit, da sich Eigenschaften des Bitstroms nicht ohne weiteres auf Ausschnitte übertragen lassen. Ein anderer Grund ist die technische Durchführung, da sonst die verschiedenen Messprozesse parallel durchgeführt werden müssten. In den einzelnen Slots stehen in diesem Fall nicht nur sie betreffende Daten, sondern die Werte hängen auch von Daten ab, die in andere Bereiche konfiguriert wurden. Es werden in diesem Sinne zu viele Informationen gespeichert. Dies ist jedoch akzeptabel, da durch die Einträge in den einzelnen EventLogs das Entstehen der Messwerte nachvollziehbar ist. Ggf. kann eine optimale Speicherung dadurch erreicht werden, dass partielle Bitströme genau auf die Slotdefinition SD angepasst und sequentiell geladen werden. Die zugrundeliegenden Bitströme können jederzeit dahingehend überprüft werden, welche Teile konkret in die einzelnen Slots geschrieben wurden. Hierzu ist wesentlich, dass die Adressinformationen bei der Integritätsmessung eingeschlossen sind. Als Extremfall kann die vollständige Neukonfiguration des Bausteins gelten. Hier werden alle HCR ersetzt. Um eine neue Sloteinteilung definieren zu können, muss allerdings das System vollständig neu gestartet werden.

Wenn keine explizite Sloteinteilung vorliegt, wird das beschriebene Vorgehen immer auf den Gesamtbereich angewendet, der in MH.CR und MH.EL abgelegt wird. In diesem Fall entfallen die Angaben zur Slotdefinition.

6.5.4. Erkennen von Manipulationsversuchen

Hintergrund der Speicherung der Daten in den zwei getrennten Entitäten CR und EL ist die Manipulationsverhinderung bzw. -Erkennung bei gleichzeitiger strikter Beschränkung des zu schützenden Speichers. Dafür steht geschützer Speicherbereich in Form der Konfigurationsregister CR zur Verfügung, die jedoch eine feste Größe aufweisen. Jedes Register kann genau einen Hashwert aufnehmen, im Fall der Verwendung von SHA-1 also 160 Bit. Der Mechanismus der Erweiterns und Ersetzens ermöglicht die Abbildung des jeweils aktuellen Werts in genau einen Hashwert.

Der EventLog wird additiv als Datei gespeichert und entspricht einer Legende für die Konstruktion und Interpretation der zugehörigen Konfigurationsregister durch den Verifizierer. Er wird ungeschützt und im Klartext in beliebigem Speicher abgelegt. Eine Manipulation des EL durch einen Angreifer $\mathcal{A}$ ist damit möglich, wird jedoch zuverlässig erkannt, da sich Inkonsistenzen mit dem sicher gespeicherten Inhalt des CR ergeben. Im Folgenden werden mögliche Manipulationen getrennt betrachtet. Die Sicherheitsbetrachtung beruht dabei wesentlich darauf, dass für H die Verwendung einer starken kryptographischen Hashfunktion angenommen wird.

6.5.4.1. Manipulation des EventLog

Ein EventLog $X.EL$ besteht aus einer Anzahl n von Einträgen der Form (ID_i, H_i), die potentiell beliebig manipuliert sind. Bei korrekter Erstellung müssen nach Konstruktion jedoch die folgenden Eigenschaften gelten:

1. Der angegebene Hashwert H_i stimmt mit dem Hashwert $H(BS)$ des Bitstroms BS mit $ID = ID_i$ überein. Dies muss für den Verifizierer überprüfbar sein, entweder indem ihm der Bitstrom selbst zum Vergleich vorliegt, oder indem die notwendigen Daten für eine allgemeine Überprüfbarkeit in der Verifikationsdatenbank öffentlich abrufbar sind.

2. Die Verkettung aller n in $X.EL$ angegebenen Hashwerte H_i ergibt den aktuellen Wert $V_n(X.CR)$ des zugehörigen $X.CR$. Es muss also gelten:

$$V_n(X.CR) = \begin{cases} H(BS_1), & \text{falls } n = 1. \\ H(V_{n-1}(X.CR) \,\|\, H(BS_n)), & \text{falls } n > 1. \end{cases} \tag{6.1}$$

Die Aussage ist rekursiv zu verstehen, bzw. der Wert von $X.CR$ rekursiv aus der Definition zu berechnen.

Hieraus läßt sich mit der Annahme der starken Kollisionsresistenz von H direkt folgern, dass bei Manipulation des EventLogs entweder die geforderte Übereinstimmung von $ID(BS)$ und $H(BS)$ für mindestens einen Bitstrom nicht mehr gegeben ist, oder sich der Wert $V_n(X.CR)$ nicht aus den Angaben in $X.EL$ rekonstruieren läßt. Ersteres ist für einen Verifizierer unmittelbar über einen Vergleich mit der Datenbank erkennbar. Für zweiteres wird mit $V_n(X.CR)$ verglichen. Ein potentieller Angreifer müsste für einen erfolgreichen Angriff also ebenfalls $X.CR$ manipulieren.

6.5.4.2. Manipulation der Konfigurationsregister

Die Konfigurationsregister CR stellen die eigentlich sichere Speicherung der Integritätsmessung dar. Der Wert $V_n(X.CR)$ nach n Konfigurationsvorgängen seit dem letzten Rücksetzen entsteht gemäß der oben gegebenen rekursiven Berechnungsvorschrift (6.4.1.3). Damit gehen alle n Konfigurationsbitströme in $V_n(X.CR)$ ein und jede Änderung in einem der Bitströme verändert den Wert des entsprechend betroffenen Konfigurationsregisters.

Die Belegung und Aktualisierung der Hardware-Konfigurationsregister erfolgt automatisch durch das Sicherheitssystem mit den direkt aus den Bitströmen erhobenen Daten ohne Benutzerinteraktion. Die Speicherung der CR erfolgt in physikalisch gesichertem Speicher innerhalb des TPM. Zugriff auf die Daten für die Beglaubigung besteht lesend über die TPM-Schnittstelle, beschrieben werden die HCR ausschließlich durch das Sicherheitssystem. Damit ist es nicht möglich, ein HCR von extern konkret zu setzen, sondern die Erweiterung oder die Ersetzung ist immer an einen Konfigurationsvorgang und den dazu verwendeten Bitstrom gekoppelt. Bei korrekter Implementierung stehen in den entsprechenden Hardware-Konfigurationsregistern also die tatsächlichen Hashwerte der konfigurierten Bitströme.

Eine nicht erkennbare, erfolgreiche Manipulation erzeugt einen Wert in einem HCR und einen dazu passenden EventLog, der jedoch nicht die tatsächliche Konfiguration abbildet. Ein Angreifer muss dazu zwei Abfolgen von Bitströmen $(BS_1^A, \ldots BS_n^A)$ und $(BS_1^B, \ldots BS_m^B)$ finden, die nicht identisch sind, aber verwendet als Eingabe für Verfahren (6.4.1.3) denselben Hashwert als Ergebnis liefern. Allgemeiner formuliert ergibt sich:

Seien $(a), (b) : \mathbb{N} \to \mathcal{BS}$, $i \mapsto a_i$ bzw. $i \mapsto b_i$ Folgen in der Menge der Bitströme. Weiter seien daraus abgeleitet Folgen $(Ha), (Hb)$ definiert, so dass

$$(Ha) : \mathbb{N} \to \{0,1\}^\ell, \; i \mapsto Ha_i = H\left(Ha_{i-1} \,\|\, H(a_i)\right)$$

mit H der entsprechenden Hasfunktion und ℓ der Bitlänge von H. Die Definition von (Hb) erfolgt analog. Ein erfolgreicher manipulativer Angriff bedeutet dann das Finden zweier solcher Folgen und zweier Werte $n, m \in \mathbb{N}$ mit:

$$Ha_n = Hb_m \text{ und } \exists i \in \{1, \ldots, n\} \text{ mit } a_{n-i} \neq b_{m-i}.$$

Sei nun n minimal mit obiger Eigenschaft. Dann gilt:

$$H\left(Ha_{n-1} \,\|\, H(a_n)\right) = Ha_n = Hb_m = H\left(Hb_{m-1} \,\|\, H(b_m)\right),$$

$$\text{aber } Ha_{n-1} \,\|\, H(a_n) \neq Hb_{m-1} \,\|\, H(b_m).$$

Das entspricht einer Kollisionberechnung für die verwendete Hashfunktion H. Damit liefert ein erfolgreicher Angriff immer eine Kollision für H. Aufgrund der Annahme einer stark kollisionsresistenten Hashfunktion ist die Wahrscheinlichkeit eines solchen Angriffs vernachlässigbar.

6.6. Realisierung mit Standard-TPM

Als erste Realisierungvariante wird ein Systementwurf basierend auf einem marktverfügbaren Standard-TPM-Baustein und einem zur Laufzeit partiell dynamisch rekonfigurierbaren FPGA betrachtet. Eine Kurzvorstellung der Architektur wurde veröffentlicht in [106]. Eine detailliertere Darstellung des Ablaufs der Integritätsmessung bietet [105].

6.6.1. Systemarchitektur

Ein wesentliches Entwurfskriterium für die Architektur ist es, vorhandene, verfügbare Komponenten mit möglichst wenigen Änderungen zu verwenden. Speziell das TPM als Kernelement der Trusted Platform wird unverändert nach TCG-Spezifikation eingesetzt. Die Funktionalität zur Integritätsmessung der konfigurierbaren Hardwareschicht wird vollständig auf dem Ziel-FPGA implementiert.

Dazu wird ein Bereich auf dem FPGA definiert, der die benötigte Hard- und Software für die Messung und die Ansteuerung des TPMs enthält. Um eine zuverlässige Funktionalität während der Laufzeit des Systems zu garantieren, wird der entsprechende Bereich mit Überwachungsfunktionen versehen, die eine Manipulation erkennen und bei Verletzung die Vertrauensfunktionen abschalten. Abbildung 6.4 zeigt einen Überblick über das System und seine Hauptkomponenten.

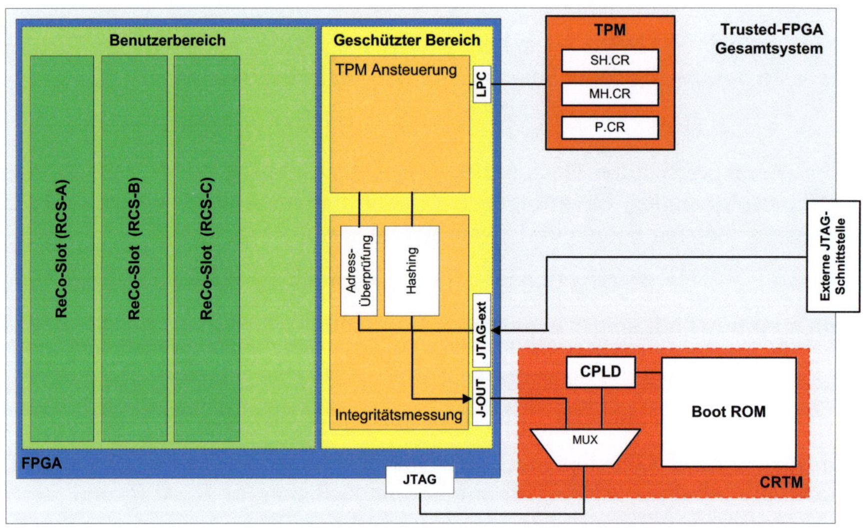

Abbildung 6.4.: Rekonfig. Trusted Platform: Architekturüberblick

Auf dem zentralen rekonfigurierbaren Baustein wird neben der Benutzerlogik in einem gesondert geschützten Bereich die Ansteuerlogik für den externen TPM-Baustein und die Funktionalität zur Überwachung der Rekonfiguration und zur Durchführung der Integritätsmessung implementiert. Hierzu wird jeder eingehende Rekonfigurations-Bitstrom durch die Static Section geleitet, bevor die eigentliche Konfigurationslogik des FPGA-Bausteins angesprochen wird. Zusätzlich zum FPGA werden zwei weitere externe Hardwarebausteine benötigt: Ein TPM als Vertrauensanker für Speicherung und Bericht und ein Vertrauensanker für die Integritätsmessung, bestehend aus einem Festspeicher (ROM), der die initialen Konfigurationsdaten für die Implementierung des geschützten Bereiches enthält.

6.6.1.1. Geschützter Bereich

Im geschützen Bereich sind alle Funktionen zusammengefasst, die auf dem FPGA realisiert werden müssen, um eine ordnungsgemäße Funktion der Trusted Platform zu ermöglichen. Das umfasst die Kommunikation zum externen Trusted Platform Module und die Durchführung der Integritätsmessung während der Rekonfiguration. Grundlegend für die Verankerung der Vertrauenskette ist somit, dass der geschützte Bereich beim Systemstart zuverlässig initialisiert wird.

Zugriff auf die Konfigurationsdaten: Um jederzeit den aktuellen Systemzustand als Ergebnis der Integritätsmessung in den HCRs und PCRs vorhalten zu können und die Beeinflussung der Messung durch die gemessene Entität zu verhindern, muss die entsprechende Messung geschehen, bevor die gemessene Einheit zur Ausführung kommt. Daher muss das Messsystem Zugang zu den Rekonfigurationsdaten haben, bevor diese auf den FPGA konfiguriert werden. Dies ist insbesondere wichtig, da das Messsystem selbst auf dem Ziel-FPGA implementiert ist und daher potentiell auch Ziel einer Rekonfiguration sein könnte, die die Funktionalität verändert.

Die Konfiguration ist über verschiedene Schnittstellen möglich. Die meisten Bausteine unterstützen das JTAG-Protokoll der Joint Test Action Group, das im IEEE-Standard 1149.1 [131] beschrieben ist. Im Folgenden wird von einer Konfiguration über die JTAG-Schnittstelle ausgegangen. Zur Sicherstellung der Integritätsmessung ist es nötig, alle möglichen Zugriffspunkte abzusichern oder die Konfiguration über nicht abgesicherte und durch die Messung erfasste Schnittstellen zu verhindern.

Ein direkter interner Zugriff auf die Konfigurationsdaten ist bei den verwendeten Xilinx-Bausteinen [300] nicht möglich, daher wird das JTAG-Protokoll über eine virtuelle Schnittstelle geleitet, die die Signale dem Messsystem zugänglich macht und an die tatsächliche JTAG-Konfigurationsschnittstelle des Bausteins weiterleitet.

Bitstrom-Parser Ein Bitstrom-Parser überprüft die Frame-Adressen, die bei der Rekonfiguration durch einen geladenen Bitstrom beschrieben werden. Diese Adressen werden aus zwei Gründen erhoben. Erstens muss erkannt werden, falls der geschützte Bereich und damit die Ansteuerung des TPM und die Integritätsmessung von einem nachgeladenen Bitstrom verletzt, das heißt ganz oder teilweise überschrieben wird. Sollte eine Verletzung vorliegen, verfällt die Trusted-Platform-Eigenschaft der Systems, da die korrekte Funktionalität nicht mehr gewährleistet werden kann. Konkret wird das TPM deaktiviert, womit keine Beglaubigung und kein Zugriff auf geschützte Speicherbereiche mehr möglich ist. Eine Reaktivierung ist nur im Zusammenhang mit einem Neustart des Systems möglich. Zweitens ist für die genaue Abbildung des Systemzustands in die entsprechenden HCRs die Information nötig, welche Adressen des Bausteins neu beschrieben wurden, um die Aktualisierung von CR und EL korrekt durchführen zu können.

Konfigurationsmessung Die zweite Hauptfunktion ist die Durchführung der Konfigurationsmessung, das heißt das Hashen des eingehenden Bitstroms. Um die Konfiguration nicht zu verzögern, muss das Hashen in Echtzeit erfolgen, daher ist eine Hardwareimplementierung der Hash-Engine realisiert. Beginnend mit dem SYNC-Wort wird der gesamte Bitstrom, also Adressen und Daten, in einem Hashwert zusammengefasst, der dann zur Speicherung in das entsprechende HCR zur Verfügung steht. Dabei werden die Informationen über die adressierten Bereiche des FPGA dazu verwendet, das Ziel-HCR zu bestimmen, das den Extrakt aufnimmt.

Rekonfigurations-Vorgang: Um den Rekonfigurationsvorgang mit Integritätsmessung durchführen zu können, wird der (partielle) Bitstrom durch das Modul geleitet, bevor er zur eigentlichen Konfigurationslogik weitergeleitet wird. Das ermöglicht eine Aktualisierung der PCRs in Echtzeit, so dass eine Beglaubigungs-Anfrage (Attestation Request) an das TPM jederzeit möglich ist und auch korrekte Werte liefert. Außerdem bleibt dem Bitstrom-Parser genug Zeit, bei Adressierung der Static-Section eine Warnmeldung zu generieren, bevor die Rekonfiguration wirksam wird. Dazu genügt die inhärente Verzögerung des seriellen JTAG-Protokolls, die zwischen Übertragung der Adresse und Übernahme der Daten in den Konfigurationsspeicher entsteht. Eine zusätzliche künstliche Verzögerung, etwa durch temporäre Pufferung des Bitstroms, ist nicht nötig.

6.6.1.2. Externe Module

Nicht auf dem FPGA selbst implementiert werden die Vertrauensanker (Roots of Trust) der Plattform. Sie sollen entsprechend der Spezifikation der TCG [256] einen Schutz oder zumindest eine Resistenz gegen physikalische Angriffe und Manipulationen der Hardware besitzen.

Trusted Platform Module: Als TPM-Baustein wird ein marktverfügbares TPM gemäß TCG-Spezifikation verwendet. Als Kommunikationsschnittstelle steht der LPC Bus [144, 139] zur Verfügung. Die Einbettung und Ansteuerung des TPM muss sicherstellen, dass die Integritätsmessung auf dem FPGA jederzeit korrekt durchgeführt werden kann und umgekehrt Anfragen zur Beglaubigung an das TPM übermittelt werden können. Im vorgestellten System erfolgt das über eine entsprechende Implementierung in der Static Section und eine LPC Busanbindung .

Das TPM erhält die Daten der Integritätsmessungen für alle Rekonfigurationsvorgänge. Als HCRs für die Speicherung der Konfigurationsdaten werden überzählige

PCR des TPM verwendet. Die Spezifikation [256] schreibt mindestens 16 PCRs in einem TPM vor, deren Belegung auch festgelegt ist. Darüber hinaus bieten die meisten verfügbaren Bausteine aber weitere PCRs an. Das verwendete Infineon SLB 9635 TT 1.2 TPM [140] enthält 24 PCRs. Somit stehen bis zu acht Konfigurationsregister für die Erfassung der Hardwarekonfiguration zur Verfügung. Die Vervollständigung der Vertrauenskette im Software-Bereich, falls vorhanden, obliegt dann der implementierten User-Logik. Auch die dort erhobenen Messungen werden in den PCR des TPM abgelegt.

BootROM: Das BootROM ist ein Speicherbaustein, der die initiale Konfiguration für den FPGA enthält. Diese initiale Konfiguration besteht aus der Static Section mit der entsprechenden Funktionalität und einer leeren Fläche innerhalb der Reconfigurable Area. Er versetzt das System in einen definierten, vertrauenswürdigen Grundzustand, der als Ausgangspunkt und Verankerung der Vertrauenskette dient. Erst nach Herstellung dieses Initialzustands ist das System über die Static Section in der Lage, Integritätsmessungen durchzuführen und mit dem externen TPM-Baustein zu kommunizieren. Somit ist per Konstruktion sicherzustellen, dass die Plattform immer initial aus dem BootROM gestartet wird und erst danach ein Benutzereinfluss, etwa durch das Einbringen des entsprechenden Benutzerbitstroms, möglich ist. Der Grundzustand für den Systemstart aus Benutzersicht ist also erst nach Konfiguration des initialen Bitstroms aus dem BootROM erreicht. Durch die initiale Herstellung der Fähigkeit zur Integrationsmessung und damit als Basis der Vertrauenskette ist das BootROM der Kern-Vertrauensanker für die Messung, die CRTM (Core Root of Trust for Measurement).

6.6.1.3. Benutzerbereich

Der Benutzerbereich ist der Teil des FPGA, der für die Implementierung der Benutzerfunktionalität zur Verfügung steht, wenn das System als Trusted Platform betrieben wird. Grundsätzlich besteht damit lediglich die Anforderung an die Bitströme, dass kein Teil des geschützten Bereichs adressiert werden darf, um die Trusted Platform Eigenschaften nicht zu deaktivieren. Wie in Abschnitt 6.4.1.2 beschrieben, kann der Bereich weiter strukturiert werden. Der nicht explizit einem ReCoSlot zugeordnete Teil des Benutzerbereichs ist dem MH.CR zugeordnet. Im erwarteten Anwendungsfall bleibt er über die Laufzeit des Systems weitgehend unverändert und enthält das Rekonfigurationsmanagement und die Kommunikation zwischen den Slots. Jedem der eingezeichneten ReCoSlots ist ein eigenes SH.CR zugeordnet.

6.6.2. Zustandsmodellierung

Während des Betriebs der Plattform sind verschiedene Systemzustände möglich, die ein unterschiedliches Verhalten des Sicherheitssystems und einen unterschiedlichen Umfang der verfügbaren Trusted-Platform Funktionalität widerspiegeln. Die Zustandsmodellierung unterscheidet sich von der im Konzeptionsteil vorgestellten insofern, als für den Fall einer Schutzverletzung auf der zu schützenden Static Section das System in einen definierten Fehlerzustand versetzt werden muss, der keinen Zugriff auf das TPM mehr erlaubt. Dies trägt der Situation Rechnung, dass bei Manipulation des geschützten Bereichs die ordnungsgemäße Funktionalität nicht mehr garantiert werden kann. Abbildung 6.5 stellt die Zustände und ihre Übergänge als endlichen Automaten dar.

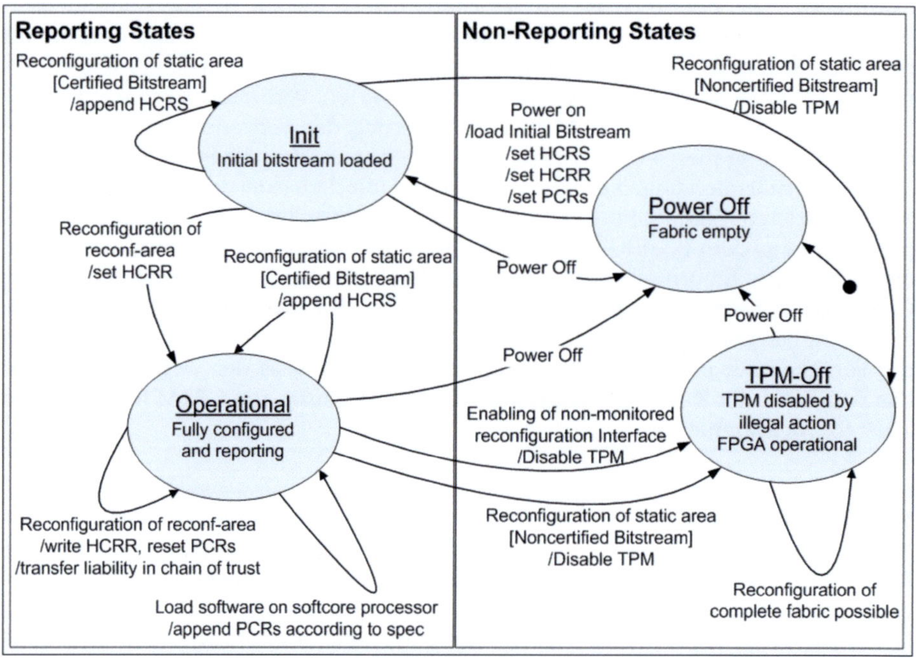

Abbildung 6.5.: Mögliche Zustände des rekonfigurierbaren Systems

Im stromlosen *Power Off*-Zustand ist die FPGA-Fläche unkonfiguriert, das System außer Funktion und alle HCR und PCR sind leer. Durch die Unterbrechung der Spannungsversorgung kann von jedem anderen Systemzustand direkt in diesen Ruhezustand gewechselt werden.

Bei Anlegen der Versorgungsspannung wird der initiale Bitstrom aus dem BootROM geladen und die HCR und PCR initialisiert. Dadurch wechselt das System in den *Init*-Zustand, der den Grundzustand der rekonfigurierbaren Trusted Platform darstellt. Die für die Benutzerfunktionalität vorgesehende Fläche und die Konfigurationsregister sind durch die Initialisierung in einem definierten Grundzustand. Danach ist Benutzerinteraktion und das Laden von externen Bitströmen möglich. In diesem Zustand ist erstmalig das Berichten der durch die Integritätsmessung erhobenen Zustandswerte in den Konfigurationsregistern möglich.

Durch Laden eines für den Trusted Platform Betrieb geeigneten Bitstroms, der die Konfigurationseinschränkungen durch die Schutzmaske für den geschützten Bereich respektiert, wechselt das System in den eigentlich funktionalen Zustand *Operational*. In diesem Zustand ist die Trusted Platform voll funktionsfähig und der jederzeit durch die Integritätsmessung vorgehaltene aktuelle Systemzustands kann berichtet werden. Durch Laden von Software und Rekonfiguration von Teilen des Bausteins wird der Zustand nicht verlassen, solange die Nutzungsbeschränkungen respektiert werden.

Wird im Init- oder Operational-Zustand ein Bitstrom geladen, der die Nutzungsbeschränkungen nicht einhält und die Static Section adressiert, wechselt das System sofort automatisch durch Deaktivierung des TPM-Bausteins in den *TPM-Off*-Zustand. Er wird charakterisiert durch die Deaktivierung aller Vertrauensfunktionen der rekonfigurierbaren Trusted Platform. Die Erkennung einer Schutzverletzung erfolgt über die Adressüberwachung der eingehenden Bitströme in Hardware. Das FPGA-System ist jedoch weiterhin funktionsfähig und kann ohne Nutzung der Vertrauensfunktionen einschränkungsfrei betrieben werden.

Die Schutzverletzung stellt eine Verletzung der funktionalen Integrität des Trusted Systems dar. Nach der Rekonfiguration kann keine korrekte Funktionalität der Static Section und der darin implementierten Integritätsmessung und Ansteuerung des TPMs mehr garantiert werden. Die Deaktivierung des TPMs stellt sicher, dass nach der Verletzung Beglaubigungen und CR-Auskünfte durch das TPM unmöglich sind, da die Korrektheit der gespeicherten Daten nicht mehr gesichert ist. Eine Reaktivierung des TPMs und damit aller Trusted-Platform-Funktionalität ist ausschließlich durch einen Neustart des Systems möglich [17], bei dem die gesamte rekonfigurierbare Fläche neu initialisiert wird. Damit ist gewährleistet, dass eine Reaktivierung nur in einem klar definierten, vertrauenswürdigen Zustand erfolgt. Durch die Deaktivierung des TPM erlöschen alle Trusted-Platform Eigenschaften des Systems bis zum nächsten Neustart. Alle anderen Funktionen des Systems stehen dem Benutzer jedoch weiterhin zur Verfügung. Das gezielte Überschreiben der Static Section kann somit bewusst verwendet werden, um die gesamte Chipfläche für Benutzerlogik zur Verfügung zu haben. Die Trusted Platform schränkt damit die Flexibilität des Gesamtsystems nicht ein, jedoch muss bei Nichtbeachtung der Nutzungsbeschränkungen auf die Vertrauensfunktionen verzichtet werden.

Liegt keine Schutzverletzung vor, adressiert der Konfigurationsbitstrom also ausschließlich den Benutzerbereich, so wird nach Abschluß der Konfiguration überprüft, welche HCRs adressiert wurden und ob in den betroffenen Gebieten alle Adressen beschrieben wurden. Je nachdem wird dann der Inhalt eines oder mehrerer HCR durch den erstellten Hashwert ersetzt oder erweitert und die entsprechenden Event-Logs angepasst.

6.6.3. Implementierung

Die prototypische Implementierung umfasst den für den Betrieb grundlegenden geschützten Bereich und die Anbindung des externen TPM-Bausteins. Zur Verifikation wurde zusätzlich eine externe Kommunikation über eine serielle RS232-Schnittstelle direkt in den geschützten Bereich integriert. Abbildung 6.6 zeigt die Kernkomponenten des Vertrauenssystems.

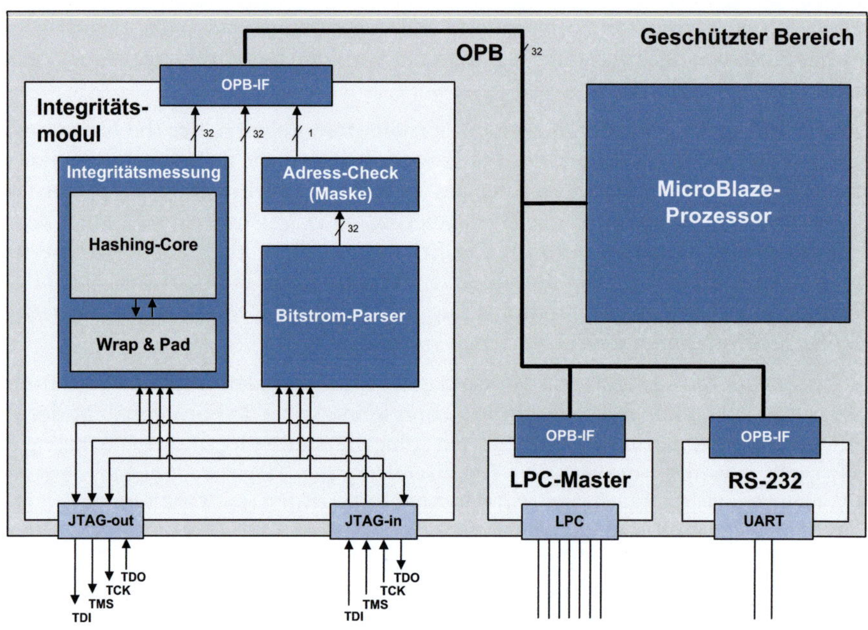

Abbildung 6.6.: Aufbau des Geschützten Bereichs

Die Steuerung des Systems, die Verwaltung der Konfigurationsregister und die funktionale Ansteuerung des TPM erfolgt in Software auf einem Softcore MicroBlaze Microprozessor. Auch die Kommunikation nach außen zur Integritätsüberprüfung erfolgt über den zentralen Prozessor. Als Trusted Platform Module wird ein marktverfügbares TPM der Firma Infineon [141] vom Typ SLB 9635 TT 1.2 [140] verwendet das den TCG-Spezifikationen entspricht(vgl. [223]). Zur Absicherung gegen physikalische Angriffe ist unter anderem ein externer Quarz vorgesehen, der den Chip in die Lage versetzt, Angriffe zu erkennen, die einen niedrigeren Systemtakt für eine leichtere Messung verwenden. Die physikalische Anbindung erfolgt über eine externe Testplatine, die auch den benötigten Quarz und einen Jumper für *physical presence* enthält.

Die Konfigurationsüberwachung und Integritätsmessung auf Bitstromebene erfolgt in einem eigenen Modul vollständig in Hardware. Dies ermöglicht es, die Messung parallel zur Konfiguration durchzuführen, ohne die Konfigurationsgeschwindigkeit über die JTAG-Schnittstelle zu verringern. Die folgenden Unterabschnitte gehen auf die einzelnen Sytemkomponenten detaillierter ein.

6.6.3.1. TPM-Anbindung: LPC-Bus

Die Trusted Computing Group legt in den allgemeinen Trusted Platform Spezifikationen, in diesem Fall dem TCG Specification Architecture Overview [258] und dem ersten Teil "Design Principles" der TPM Main Spezifikation [256] keine konkreten Schnittstellen für TPMs fest. Konkrete Aussagen zu Schnittstellen finden sich erst in den plattformspezifischen Spezifikationen, bspw. in der TPM Interface Spezifikation für den PC-Bereich [261]. Hier wird der Low Pin Count (LPC) Bus [144] als Standardschnittstelle angenommen. Er [144] besteht aus mindestens 7 Pins und wird bei einer Taktrate von 33 MHz betrieben. Ein Übertragungszyklus für ein Halbbyte besteht aus insgesamt 13 Buszyklen. Die resultierende maximale Datenrate beträgt 2,56 MByte/s.

Für die Kommunikation mit dem TPM wird ein LPC-Master-Interface benötigt. Die Realisierung innerhalb des geschützten Bereichs erfolgte in einem hardwareimplementierten LPC-Master-Core. Die Ansteuerung des LPC-Cores und der Datenaustausch erfolgt über ein einfaches Register-Interface, das vom OPB aus gelesen und geschrieben werden kann. Der gesamte LPC-Core belegt auf dem FGPA 122 Slices, das entspricht etwa 0,4% der Logikressourcen auf dem verwendeten Virtex-II Pro Baustein. Details zum LPC-Bus und zur Implementierung finden sich in Anhang B.3.2.

6.6.3.2. Softwareansteuerung des TPM

Die Anbindung des TPM-Bausteins und die Einbindung in das Trusted Computing Framework erfolgt ebenenweise in Hardware und Software. Das Hardwaremodul für die LPC-Busintegration ist über eine OPB-Schnittstelle mit dem zentralen MicroBlaze-Core verbunden, auf dem die zentrale Steuerung in Software implementiert ist. Abbildung 6.7 verdeutlicht den Aufbau.

LPC- und TPM-Treiber Die Treiberansteuerung des TPM auf dem MicroBlaze-Prozessor erfolgt auf zwei Ebenen. Ein LPC-Treiber steuert die oben beschriebene LPC-Hardware an und stellt softwareseitig einen Buszugriff zur Verfügung, der jeweils ein Byte Daten sendet oder empfängt. Darauf aufbauend ermöglicht ein TPM-Treiber den eigentlichen Zugriff auf das TPM, das heißt die Erkennung des TPM-Typs, die Initialisierung und die Steuerung der FIFO-Lese- und Schreibzugriffe. Bei manchen TPMs, speziell auch bei dem verwendeten Infineon-TPM müssen außerdem herstel-

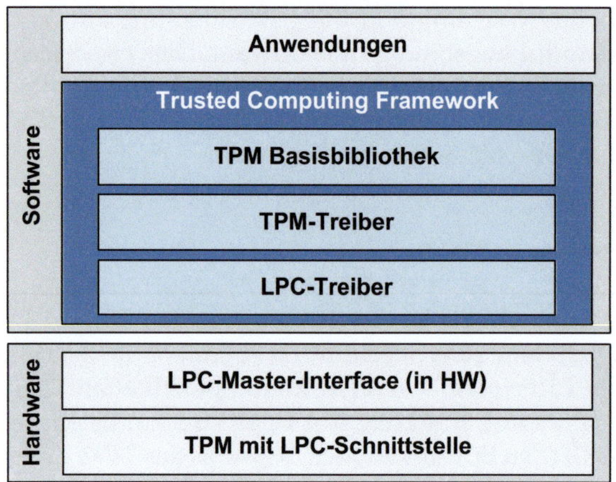

Abbildung 6.7.: Aufbau der TPM-Ansteuerung

lerspezifische Header ergänzt werden [139]. Die Treiberimplementierung für den MicroBlaze-Core basiert auf der Linux-Treiber-Implementierung von Selhorst [243] und wurde mit dem Infineon SLB9630 erfolgreich getestet. Details zur Implementierung und Verwendung finden sich in [241].

TPM-Befehlsbibliothek Auf dieser Treiberschicht setzt eine Befehlsbibliothek auf, die die in [259] definierten Befehle zur Verfügung stellt. Sie verwendet als Grundlage die von IBM entwickelte *libtpm*-Bibliothek [129], die als erste die Verwendung von TPM-Funktionalitäten unter Linux erlaubte und inzwischen Open Source entwickelt wird. Sie wurde anderen Implementierungen wie bspw. *TrouSerS* [272] vorgezogen, da sie näher an der Hardware ansetzt und leichter auf einen eingebetteten Microprozessor angepasst werden kann. Die vorliegende Implementierung wurde außerdem auf die aktuelle Spezifikation 1.2 angepasst. Abbildung 6.8 zeigt einen Überblick über die Bibliothek und ihre Struktur. An manchen Stellen wurden der Übersichtlichkeit halber Funktionen ausgelassen. Dies ist mit "…" gekennzeichnet.

Kryptographieeinbindung in der TPM-Bibliothek Die von der libtpm-Bibliothek ursprünglich verwendete OpenSSL-Kryptographiebibliothek [202] erweist sich durch ihre Größe (fast 15 MB im Speicher) und ihre enge Verflechtung mit dem Betriebssystem als nicht optimal. Daher wurden die Kryptographiefunktionen für die Micro-Blaze-Umsetzung angepasst bzw. neu implementiert. Wesentliche Grundfunktionen sind die SHA-1-Funktion (basierend auf B-Con [16]), die HMAC-Funktion (basierend auf Gifford [103]) und die RSA-Funktion. Letztere ist durch die spezielle Arithmetik sehr aufwändig, so dass auf die *Bignum*-Bibliothek [39, 53], des XySSL-Projekts[2] als

---

[2]Inzwischen ist XySSL in PolarSSL [208] aufgegangen.

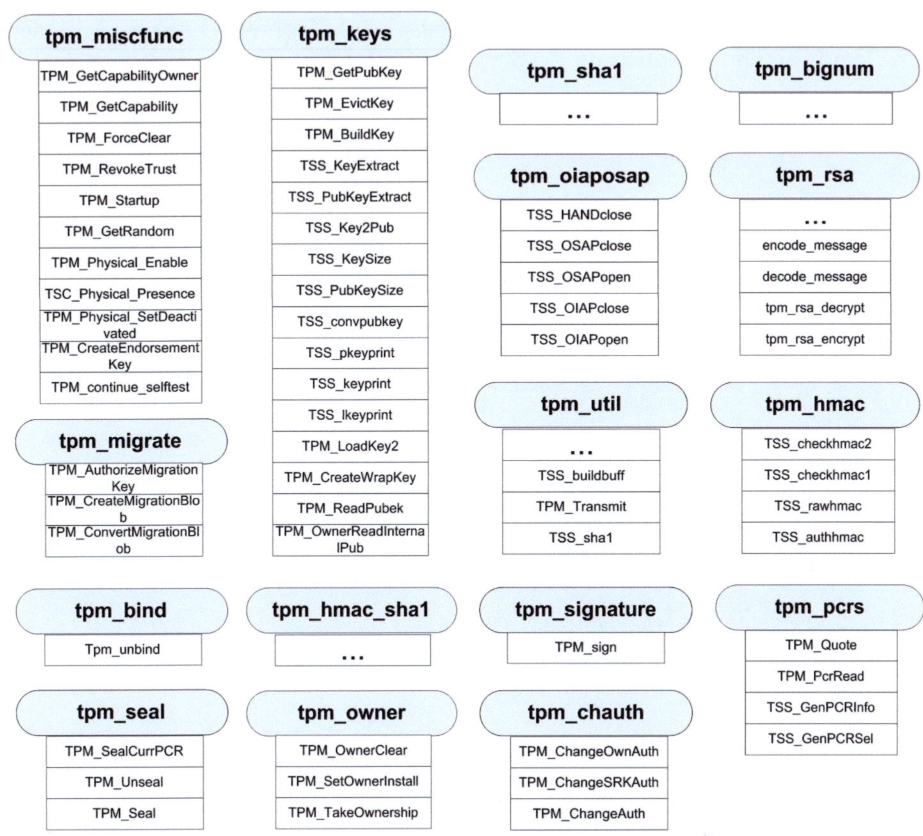

Abbildung 6.8.: Übersicht über die Funktionen der TPM-Befehlsbibliothek

Grundlage zurückgegriffen wurde. Da die RSA-Funktion im Betrieb nur sehr selten und dort auch nicht zeitkritisch verwendet wird, wurde auf eine hardwareunterstützte Implementierung verzichtet und die Funktionalität vollständig in Software umgesetzt. Für das vorgeschriebene OAEP-Padding [21, 98, 311, 220] wurde auf [252] zurückgegriffen.

Ressourcenverbrauch Insgesamt benötigen die Treiber und die Trusted Computing Bibliothek in vollem Funktionsumfang 279 KB Speicher auf dem MicroBlaze-System. Da dies über die zur Verfügung stehende BRAM-Kapazität hinausgeht, wurde externer Speicher eingebunden. Die Angabe bezieht sich auf die prototypische Implementierung ohne gezielte Optimierung. Durch Auslassen nicht benötigter Funktionen und Codeoptimierung sind deutliche Einsparungen möglich. Auch könnten Teile in Hardware ausgelagert bzw. vorhandene Hardwareeinheiten verwendet werden, wie etwa die SHA-Einheit des Integritätsmoduls (vgl. Abschnitt 6.6.3.3) oder eine Hardwareimplementierung des Signaturverfahrens.

6.6.3.3. Integritätsmessung und Konfigurationsüberwachung

Um die Daten der Konfiguration für die Integritätsmessung zur Verfügung zu stellen, wird der Datenverkehr über die JTAG-Konfigurationsschnittstelle in der FPGA-Logik verfügbar gemacht. Abbildung 6.9 zeigt den Aufbau.

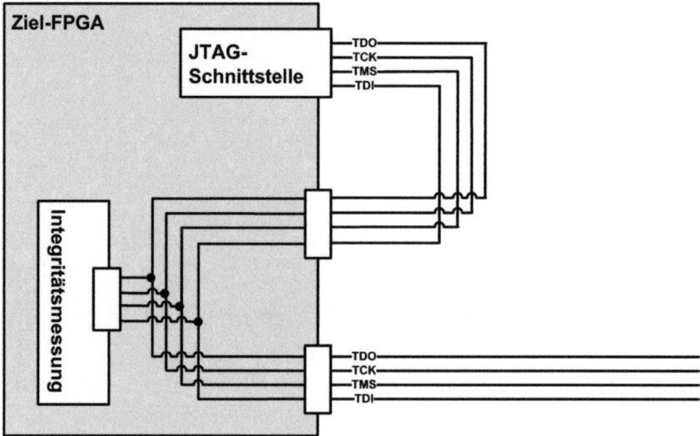

Abbildung 6.9.: Abgreifen der JTAG-Schnittstelle

Die JTAG-Konfigurationsschnittstelle des FPGAs wird extern über vier GPIO-Pins in die FPGA-Logik geführt und über weitere vier GPIO-Pins mit der externen JTAG-Chain verbunden. Auf die durch die FPGA-Logik geführten Leitungen kann für die Integritätsmessung zugegriffen werden. Damit stehen die Konfigurationsdaten für die Messung zur Verfügung.

Die Schutzüberwachung der Static Section bei der Rekonfiguration und die parallele Erfassung der Integritätsdaten erfolgt in einem weitgehend autarken Hardwaremodul (vgl. Abbildung 6.6), das lediglich die Ergebnisse der Überprüfung dem zentralen MicroBlaze-Prozessorsystem zur Verfügung stellt.

Bitstrom-Parser zur Adressüberprüfung Aufgabe der Adressüberprüfung ist, die vom Bitstrom adressierten Stellen des Konfigurationsspeichers zu identifizieren und dem Zentralsystem zur Verfügung zu stellen. Dazu wird der Bitstrom interpretiert und alle beschriebenen Adressen in einem FIFO am OPB zur Verfügung gestellt. Diese können dem Bitstrom entweder direkt entnommen werden, oder werden bei impliziter Adressierung vom Core erzeugt. Die Adressausgabe bildet anschließend die

Basis für die Bestimmung der beschriebenen Slots. Dies kann anschließend an die Rekonfiguration erfolgen und ist lediglich weichen Echtzeitbedingungen unterworfen und wird daher in Software auf dem MicroBlaze vorgenommen.

Zeitkritisch ist hingegen die Erkennung einer Schutzverletzung der Sicherheitssektion. Aufgrund der erhöhten Echtzeitanforderungen wird die Schutzüberprüfung der Static Section direkt im Hardwaremodul durchgeführt. Dazu ist eine Maske im Modul gespeichert, die angibt, welche Bereiche zur Static Section gehören und jede vom Bitstrom adressierte Zelle damit vergleichen. Wenn eine der erkannten Adressen diesen geschützten Bereich verletzt, wird umgehend ein Interrupt ausgelöst, so dass das TPM deaktiviert werden kann, bevor die Konfiguration der entsprechenden Adresse wirksam wird.

Bitstrommessung Die eigentliche Integritätsmessung erstellt einen Hashwert des geladenen Bitstroms und stellt ihn nach Abschluß der Übertragung in einem Register zur Verfügung. Das Softwaresystem auf dem Microblaze-Core entscheidet aufgrund der Adressdaten, in welches HCR die Speicherung erfolgt und überträgt die Daten entsprechend an das TPM. Die Messung erfolgt beginnend mit dem SYNC-Wort bis zum Ende des Konfigurationsbitstroms. Die Grenzen werden vom Hardwaremodul eigenständig erkannt.

Um die Rekonfigurationsgeschwindigkeit nicht negativ zu beeinflussen, wird eine Hardwareimplementierung des Hashingalgorithmus gewählt, die die Daten in der maximalen JTAG-Geschwindigkeit verarbeiten kann. Dies ist mit den Hash-Implementierungen auf dem Microblaze und auch im TPM nicht möglich, der entsprechende Geschwindigkeitsvergleich der Implementierungen findet sich in Anhang B.2. Als Grundlage dient wie in Abschnitt 5.4.2 eine frei verfügbare Hash-Implementierung von Opencores[3], allerdings für das von der TCG vorgeschriebene SHA-1-Verfahren [256, 91]. Die Verarbeitung erfolgt in Blöcken zu je 512 Bit mit entsprechender interner Pufferung. Nach Erkennung des Bitstromendes erfolgt das Padding des letzten Blocks automatisch und das Ergebnis steht in fünf 32-Bit Registern zur Verfügung.

Das System erreicht aktuell einen maximalen Durchsatz von 266 MBit/s bei 100 MHz. Die maximal von Xilinx unterstützte Frequenz für die JTAG-Schnittstelle bei Virtex-Bausteinen ist 33 MHz. Das enstspricht einem maximalen Datendurchsatz von 33 MBit/s. Die Konfigurationsgeschwindigkeit wird damit durch die Konfigurationsmessung und Adressüberprüfung nicht beeinträchtigt.

Ressourcenverbrauch Der Ressourcenbedarf für die Bitstromüberwachung und Integritätsmessung wurde ermittelt für einen XC2VP30-Baustein. Tabelle 6.2 zeigt einen Überblick über die Kernkomponenten.

Der Gesamtaufwand für die Konfigurationsmessung und Schutzüberwachung der Static Section beläuft sich in der Beispielimplementierung auf etwa 14% der zur Verfügung stehenden Chipfläche, für das gesamte Sicherheitssystem auf etwa 24%. Eine

---

[3]Erhältlich unter http://www.opencores.org

Komponente	Anzahl Slices	Anteil an Gesamtfläche
Xilinx XC2VP30FF896-7 gesamt	13696	100%
Testsystem mit MicroBlaze-Core, Integritätsmessung und Busmakro	3366	24%
Messung und Überwachung komplett	2096	14%
Interface (Core wrapper)	317	2%
Konfigurationsmessung (mit SHA)	1492	10%
SHA-1 Core (Opencores)	1228	8%

Tabelle 6.2.: Ressourcenbelegung für Integritätsmessung und Überwachung auf Xilinx XC2VP30FF896-7

Editor-Darstellung eines prototypisches Testsystem bestehend aus einem Microblaze-Prozessor, der über OPB angebundenen Bitstromüberwachung und Integritätsmessung, einem Busmakro als Kommunikationsschnittstelle zur Benutzerlogik und einer kleinen Beispiellogik für die rekonfigurierbare Fläche zeigt Abbildung 6.10.

Die Konzentration der Logik auf die rechte Seite des Chip wurde durch Bereichsbeschränkungen erreicht. Der linke Bereich des Chip steht somit zur Verwendung durch den Benutzer zur Verfügung.

Bei vollständiger Integration der TPM-Ansteuerung auf dem verfügbaren Entwicklungsboard ergeben sich Probleme durch die Verteilung der benötigten I/O-Pins für die Ansteuerung des externen Speichers. Diese lassen sich nicht auf die rechte Seite des FPGA legen, so dass die klare Einteilung in Static Section und Benutzerbereich nicht mehr gegeben ist. Dieses Problem kann möglicherweise durch spezielles Layout eines entsprechenden Boards oder durch starke Reduktion des Speicherbedarfs mit Beschränkung auf BRAM behoben werden.

6.6.3.4. Einteilung des ReCoSlots

Aus Gründen der Einfachheit und der eindeutigen Zuordnung zum betreffenden Konfigurationsbitstrom ist hier die direkte Eincodierung gewählt. Um das Protokoll der Konfigurationslogik nicht zu verletzen, werden die Informationen in einen Bereich des Bitstroms geschrieben, der von der Konfigurationslogik ignoriert wird. Geeignet ist damit der Bereich vor der sogenannten SYNC-Sequenz, die für die Konfigurationslogik den Beginn des Bitstroms markiert. Tabelle 6.3 zeigt die verwendete einfache Syntax.

Für die vorliegende Implementierung wurden vier HCR vorgesehen, so dass neben dem MH.CR maximal drei SH.CR jeweils einem ReCoSlot zugeordnet werden können. Einen Vorschlag für die Zuordnung von PCR im TPM liefert [105].

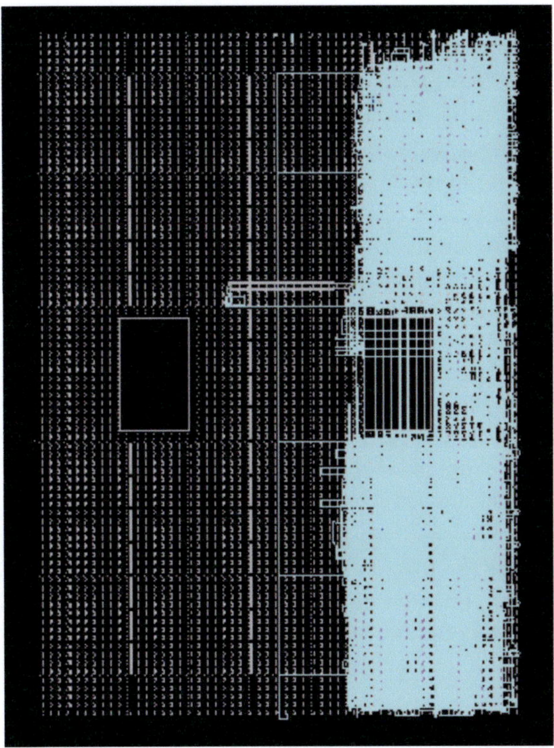

Abbildung 6.10.: Static Section mit Beispiellogik im FPGA-Editor

6.6.4. Bewertung des Standard-TPM Ansatzes

Das vorgestellte System realisiert eine Trusted Platform für rekonfigurierbare Systeme. Es basiert auf marktverfügbaren Komponenten und setzt keine zusätzlich integrierten Funktionen oder Änderungen im Design voraus. Auch ist kein sicherer Speicher im FPGA erforderlich, da Vertrauensanker und Sicherungsfunktionalität extern im TPM verankert bleiben. Mit diesen Eigenschaften stellt es nach Wissen des Autors den ersten Ansatz für eine rekonfigurierbare Trusted Platform dar. Der nicht im TPM verortete Vertrauensanker für die Integritätsmessung (RTM) besteht aus dem Sicherheitssystem, das im ersten Bootschritt aus einem gesonderten BootROM gela-

Header						Bitstrom	
UID-Length m	UID	# ReCoS n	SlotDef1	$\cdots$	Slotdef$n$	SYNCH	ConfigData
7..0	m-1..0	3..0	63..0	$\cdots$	63..0	31..0	$\cdots$

Tabelle 6.3.: Slotdefinition im Bitstrom-Header

den wird. Die Integrität dieses BootROMs und das korrekte initiale Konfigurieren des Systems wird als Annahme vorausgesetzt, so dass die entsprechenden Komponenten und Schnittstellen ebenso gegen Manipulation zu schützen sind wie das TPM bzw. der CRTM-Teil des BIOS im PC-Fall.

Allerdings stellt die Implementierung der Sicherungsfunktionalität auf dem Ziel-FPGA eine Einschränkung für den Benutzer dar, da die Logik nicht überschrieben werden darf, soll die Trusted Platform-Funktionalität erhalten bleiben. Daher steht nicht die gesamte programmierbare Hardwarefläche für den Benutzer zur Verfügung. Die Einschränkung betrifft dabei sowohl die verfügbare Anzahl der Funktionseinheiten als auch vor allem die Verortung der Einheiten auf der Chipfläche. Daher müssen Benutzerdesigns zu Verwendung auf einem Trusted Platform System ggf. angepasst werden.

Eine weitere Einschränkung entsteht durch die Anforderung, dass das System die partiell dynamische Rekonfiguration zur Laufzeit unterstützen muss, um den zweistufigen Konfigurationsprozeß durchzuführen, der zunächst das Sicherheitssystem aus dem BootROM und danach die eigentliche Benutzerlogik konfiguriert.

Unter Beachtung der genannten Einschränkungen stellt das System eine valide Umsetzung einer Trusted Computing Platform auf rekonfigurierbarer Hardware mit aktuell verfügbaren Komponenten dar. Für ein Anwendungsbeispiel in Form eines sichere Updates von Steuergeräten siehe Anhang C bzw. [107].

6.7. Realisierung mit funktionserweitertem Active-TPM

Der zweite im Rahmen der Arbeit entwickelte Realisierungsansatz betrachtet eine Erweiterung des Trusted Platform Module. Das TPM selbst wird dabei um die Funktionen erweitert, die für die Errichtung einer Trusted Platform auf rekonfigurierbarer Hardware nötig sind. Damit gibt es auf dem Zielbaustein keine Einschränkungen für die Benutzerlogik hinsichtlich Verwendung der rekonfigurierbaren Fläche und der Hardwareressourcen. Außerdem muss kein Sicherheitssystem auf dem Baustein selbst gegen Überschreiben geschützt werden. Die Erweiterung der TPM-Funktionalität erlaubt auch die einfachere Absicherung allgemeinerer eingebetteter Systeme, die etwa auf Mikrocontrollern basieren oder auf rekonfigurierbarer Hardware, die keine partiell dynamische Rekonfiguration zur Laufzeit unterstützt.

6.7.1. Systemaufbau

Kernpunkt des Ansatzes ist ein funktionserweitertes Trusted Platform Module, das alle benötigte Funktionalität zur Messung und Überwachung der rekonfigurierbaren Hardware zusätzlich zur TCG-spezifizierten Funktionalität enthält. Durch die Integration der Integritätsmessung in das TPM selbst kann auch die RTM im TPM verortet werden. Damit sind alle Vertrauensanker im TPM konzentriert. Die wichtigsten Erweiterungen sind im Folgenden aufgeführt:

Integritätsmessung: Das TPM übernimmt die komplette Erhebung und Speicherung der Konfigurationsdaten durch Betrachtung der Konfigurationsbitströme. Hierzu werden die benötigte Logik und die entsprechenden Hardware-Konfigurationsregister vorgesehen. Je nach verwendetem Benutzerdesign umfasst dies die konfigurierbare Hardwareschicht und ggf. zumindest Teile der darauf aufbauenden Software. Die Erfassung und Verwaltung von Rekonfigurationsslots und der entsprechenden SH.CR obliegt ebenfalls direkt dem TPM.

RTM: Da die Integritätsmessung direkt aus dem TPM gestartet wird führt das TPM nicht mehr lediglich als abhängiger Baustein extern vorgegebene Befehle aus, sondern wird selbständig aktiv. Es kann damit selbst als Vertrauensanker für die Integritätsmessung dienen. Vom Design muss sichergestellt werden, dass das TPM beim Systemstart gestartet wird.

Konfigurationsschnittstelle: Die Durchführung der Messung auf dem TPM bedingt einen Zugriff auf die entsprechenden Konfigurationsdaten. Daher wird eine Konfigurationsschnittstelle direkt in das TPM integriert.

Die Integration der Messung und Überwachung zur Laufzeit in das TPM geht einher mit einem Wechsel des Rollenverständnisses für das TPM. In seiner ursprünglichen Ausprägung konnte das TPM als Slave-Modul angesehen werden, das in Reaktion auf externe Anfragen und Befehle Funktionalität zur Verfügung stellt. Die selbständige Messung und Überwachung stellt im Gegensatz dazu eine Aktivierung des TPM dar, das infolgedessen proaktiv Sicherungsfunktionen wahrnimmt. Das so entstehende erweiterte TPM wird im folgenden als *ActiveTPM* bezeichnet.

Ziel des ActiveTPM-Konzepts ist ein autarker Sicherheitsbaustein, der die Absicherung eines Gesamtsystems zur Trusted Platform zentral und aktiv steuern kann. Ab dem Systemstart protokolliert das ActiveTPM ausgehend von einem definierten Grundzustand die Konfiguration und überwacht dazu die zur Verfügung stehenden Konfigurationsschnittstellen. Dabei kann ein definierter Grundzustand auf verschiedene Weise erzeugt werden. Neben einem garantierten Start des TPM-Systems vor der initialen Konfiguration könnte die FPGA-Fläche beim TPM-Start auch aktiv gelöscht und damit ein Neustart des FPGA-Systems erzwungen werden. Im Folgenden wird davon ausgegangen, dass beim Systemstart das TPM als erster Baustein gestartet wird und somit den initialen Konfigurationsvorgang schon überwachen kann.

Neben der zur Erstellung einer Trusted Platform notwendigen Basisfunktionalität bietet der ActiveTPM-Ansatz das Potential für zusätzliche optionale Erweiterungen. Im Folgenden werden einige Möglichkeiten vorgestellt:

Kommunikation: Im Grundkonzept bezieht sich die Aktivierung auf die primären Sicherheitsfunktionen Integritätsmessung und Speicherung. Für eine Beglaubigung von Konfigurationszuständen oder den Austausch von Schlüsseln und Zertifikaten ist jedoch zusätzlich eine Kommunikation nach außen nötig. Diese kann ebenfalls direkt am ActiveTPM ansetzen, um die Benutzerlogik von der Implementierung zu entbinden und eine einheitliche Schnittstelle der Trusted Platform nach außen zu garantieren, über die Konfigurationsanfragen und authentifizierte oder verschlüsselte Kommunikation unabhängig von der FPGA-Konfiguration abgewickelt werden kann.

Anpassung der Primitive: Die verwendeten Primitive zum Hashing und zur Signatur können an die spezifische Verwendung angepasst werden. So zeichnet sich etwa das für die C2X-Kommunikation verwendete ECDSA-Verfahren für elektronische Signaturen gegenüber dem von der TCG vorgeschriebenen RSA-Verfahren durch kürzere Schlüssellängen bei vergleichbarer Sicherheit aus. Im Umfeld der Absicherung der C2X-OBU hat die einheitliche Verwendung eines Signaturverfahrens zusätzlich den Vorteil, dass nur Ausführungeinheiten für ein einziges Verfahren zur Verfügung gestellt werden müssen.

Richtliniendurchsetzung: Die aktive Überwachung aller Konfigurationsvorgänge kann dahingehend erweitert werden, dass die Konfigurationen nicht lediglich protokolliert werden, sondern von Seiten des TPM ein beschränkender Einfluß im Sinne einer Verhinderung unerwünschter Benutzung ausgeübt wird. Die entstehende TPM-Erweiterung wird im Folgenden als EnforcingTPM bezeichnet. Basis ist eine ActiveTPM-Realisierung mit Kontrolle über die Konfigurationsschnittstelle. Um sicherzustellen, dass auf der Plattform nur zulässige Konfigurationen zur Ausführung kommen, wird der vom Bitstrom erstellte Messwert mit einer im EnforcingTPM gespeicherten Positivliste zugelassener Konfigurationen verglichen. Falls ausreichend lokaler Pufferspeicher zur Verfügung gestellt werden kann, erfolgt die Überprüfung vor der Konfiguration des Zielbausteins, die Bitstromdaten werden so lange im Puffer zwischengespeichert. Nur wenn die Konfiguration als zulässig erkannt wird, wird der Bitstrom auf die Zielplattform konfiguriert, ansonsten verworfen. Wenn nicht ausreichend Pufferspeicher zur Verfügung steht, muss die Überprüfung während der Konfiguration erfolgen. Wenn nach Abschluß der Überprüfung keine Übereinstimmung mit einem als zulässig gespeicherten Wert vorliegt, kann je nach Richtlinie die Konfiguration abgebrochen und der Baustein deaktiviert oder falls vorhanden eine Default-Konfiguration geladen werden. Dieser Ansatz erfordert eine Positivliste aller möglichen zulässigen Konfigurationen oder die Zertifizierung jedes Bitstroms, den die Plattform als zulässig akzeptieren soll, durch eine der Plattform bekannte vertrauenswürdige CA.

Die Aktivierung des TPMs selbst ermöglicht einen Systementwurf, der die Einschränkungen für Benutzer und Anwendungsentwickler minimiert, da die Absicherung im TPM konzentriert wird und für Anwendungen weitgehend transparent bleibt. Trotzdem kann das Sicherheitssystem für Anwendungen verwendet werden, etwa zur Zertifizierung oder zur sicheren Speicherung von Schlüsseln. Die dafür nötigen Primitive werden direkt im TPM zur Verfügung gestellt, um auf eine Implementierung durch das Benutzersystem verzichten zu können. Das ActiveTPM stellt sich damit als zentraler Sicherheitsbaustein dar, der die hardwaregestützte Absicherung eingebetteter Systeme ermöglicht. Abbildung 6.11 zeigt schematisch den Aufbau des erweiterten ActiveTPM. Im Gegensatz zum Standard-TPM ist die Konfigurationsüberwachung der Host-Plattform hier direkt mit eigener Schnittstelle integriert.

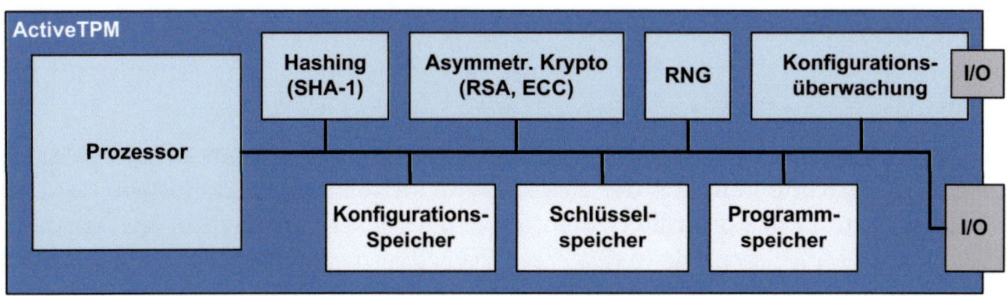

Abbildung 6.11.: Aufbau des ActiveTPM

6.7.2. Einbettung in die JTAG-Chain

Um der Integritätsmessung direkten Zugriff auf die Konfigurationsdaten während oder vor der Konfiguration zu ermöglichen, erhält das TPM Zugriff auf die JTAG-Kette. Durch die Ringstruktur der TDI/TDO-Leitung werden die über die JTAG übertragenen Daten jeweils durch alle sich in der Kette befindenden Bausteine geschoben. Grundsätzlich ist der Zugriff also auch auf Daten möglich, die für andere Elemente der Kette bestimmt sind. Damit sind mehrere Architekturen für die Einbettung des TPM denkbar.

Die erste betrachtete Möglichkeit ist die Einbettung des TPM als eigenes Element der JTAG-Kette vor dem eigentlichen Zielbaustein. Abbildung 6.12 zeigt den Aufbau schematisch.

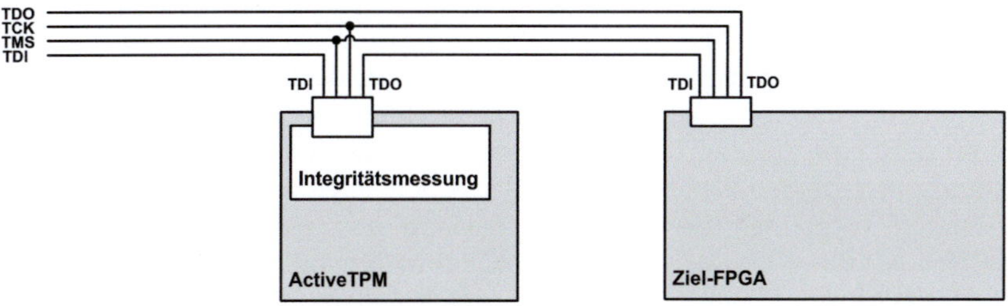

Abbildung 6.12.: Einbettung mit TPM als eigenes Glied der JTAG-Kette

Die Anordnung hat den Vorteil, dass das TPM auch selbst als Baustein adressiert werden kann. So könnten etwa Zusatzinformationen wie Sloteinteilungen gesondert und direkt ans TPM übermittelt werden. Grundsätzlich besteht hier auch die Möglichkeit, die Konfiguration des Zielbausteins zu verhindern, falls das TPM vor dem Zielbaustein in die Kette eingebunden ist. Hierzu würden die auf TDI eingehenden Daten über TDO nicht oder verändert weitergegeben. Dies stellt jedoch eine JTAG-Protokollverletzung dar und ist damit als Grundlage für den Systementwurf nicht optimal.

Eine zweite Möglichkeit ist die Einbettung des TPM an Stelle des Ziel-FGPAs. Hier ist in der JTAG-Kette lediglich der Zielbaustein sichtbar, die Schnittstelle wird aber tatsächlich vom TPM kontrolliert. Die übertragenen Daten werden im Normalfall direkt auf die JTAG-Schnittstelle des Ziel-FPGA übertragen, stehen aber für die Integritätsmessung im TPM zur Verfügung. Abbildung 6.13 verdeutlicht den Aufbau.

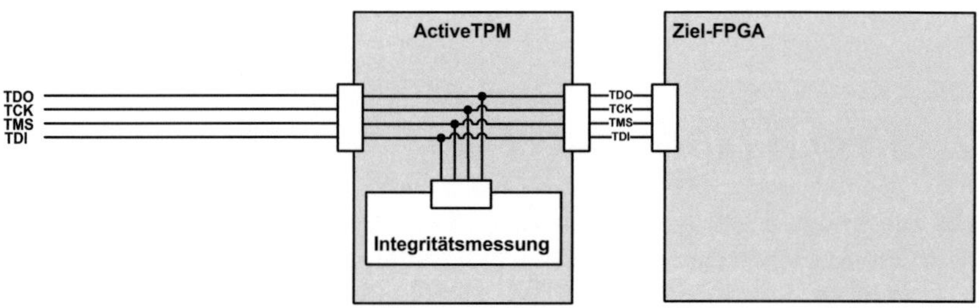

Abbildung 6.13.: Einbettung mit TPM anstelle des Zielbausteins

Dieser Aufbau bietet dem ActiveTPM die Möglichkeit, die Konfiguration des Zielbausteins zu kontrollieren. So kann zur Durchsetzung von Nutzungsbeschränkungen ggf. die Konfiguration unterbrochen oder abgebrochen werden. Außerdem kann die Schnittstelle zum Ziel-FPGA vom TPM selbst verwendet werden, etwa um extern gespeicherte Daten über die Konfigurationsschnittstelle auf den Ziel-FPGA zu laden oder auch über das TPM verschlüsselt gespeicherte Bitströme aufzuspielen.

Das TPM taucht somit nicht als eigener Baustein in der JTAG-Kette auf. Um über JTAG mit dem TPM kommunizieren zu können kann entweder das JTAG-Protokoll erweitert oder eine zusätzliche JTAG-Schnittstelle für das TPM verwendet werden. Aufgrund der größeren Flexibilität und der Möglichkeit zur Durchsetzung von Regeln wird im Folgenden die Einbettung anstelle des Zielbausteins favorisiert und verwendet. Als Erweiterung ist auch eine Kombination der Ansätze möglich, so dass das ActiveTPM den Ziel-FPGA maskiert und trotzdem als eigener Baustein in der Kette verbleibt. Das ActiveTPM würde in diesem Fall zwei Bausteine und zwei Glieder der Kette verkörpern.

6.7.3. Betrieb der Trusted Platform mit ActiveTPM

Mit Verwendung eines ActiveTPM sind die Trusted Platform Funktionen unabhängig von der Konfiguration des Ziel-FPGA. Durch die direkte Überwachung der Konfigurationsschnittstelle ist das System immer in der Lage, den aktuellen Systemzustand zu berichten. Damit entfällt der TPM-Off-Zustand im Vergleich zur Standard-TPM Lösung. Beim Systemstart besteht die Möglichkeit, ReCoSlots zu definieren (Abbildung 6.14). Die Integration einer Kommunikationsschnittstelle in das ActiveTPM erlaubt die Abfrage der Konfigurationsdaten direkt vom TPM.

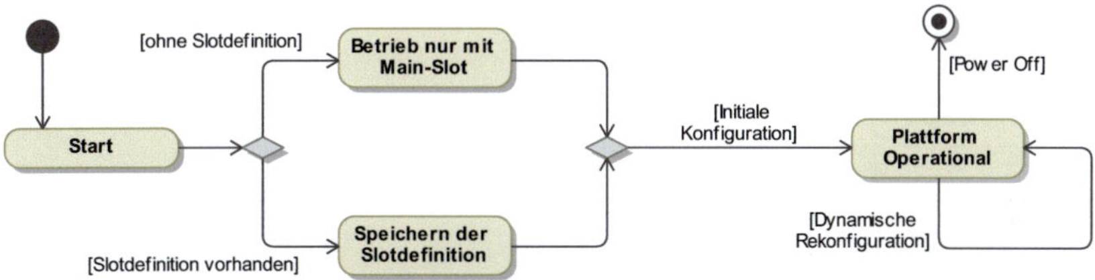

Abbildung 6.14.: Systembetrieb mit ActiveTPM

6.7.4. Implementierung

Eine Implementierung des Ansatzes für ein ActiveTPM erfolgte als Proof-of-concept auf FPGA-Basis. Die rekonfigurierbare Hardware dient hier als Prototyping-Basis. Für den Einsatz als Sicherheitsanker für ein eingebettetes System bietet ein applikationsspezifischer Hardwarebaustein (ASIC) Vorteile bezüglich der Sicherheit, da die Konfiguration des ActiveTPM selbst sonst zusätzlich abgesichert werden müsste. Eine Adaptivität des ActiveTPM selbst wird in diesem Zusammenhang nicht angestrebt. Ein ActiveTPM soll vielmehr durch definierte, garantierte Funktionalität, die hinter einer klar definierten Schnittstelle gekapselt ist, vertrauenswürdig für den Verifizierer sein.

6.7.4.1. TPM-Prototyp

Als Grundlage für einen ActiveTPM-Prototyp dient ein klassischer TPM-Ansatz, der auf einem FPGA implementiert wurde. Vor dem Hintergrund einer flexiblen Anpassung und Erweiterbarkeit wurde auf einen modularen Entwurf Wert gelegt. Im Folgenden wird der Aufbau und die Implementierung der zentralen Komponenten vorgestellt. Eine detailliertere Beschreibung findet sich in [282].

Architektur Das Basiskonzept für die Umsetzung der TPM-Kernfunktionen ist ein Baukastensystem aus gekapselten Hardware- und Softwaremodulen. Diese können je nach Anforderungen an Leistungsfähigkeit und Ressourcenbedarf für die einzelnen Funktionalitäten eingesetzt werden. Dies ermöglicht auch die Ersetzung von Funktionsblöcken durch alternative Primitive wie etwa HECC oder ECC statt RSA für die asymmetrische Verschlüsselung und Signatur. Abbildung 6.15 verdeutlicht das Baukastenprinzip. Als Kommunikationsschnittstelle wird ein LPC-Interface verwendet.

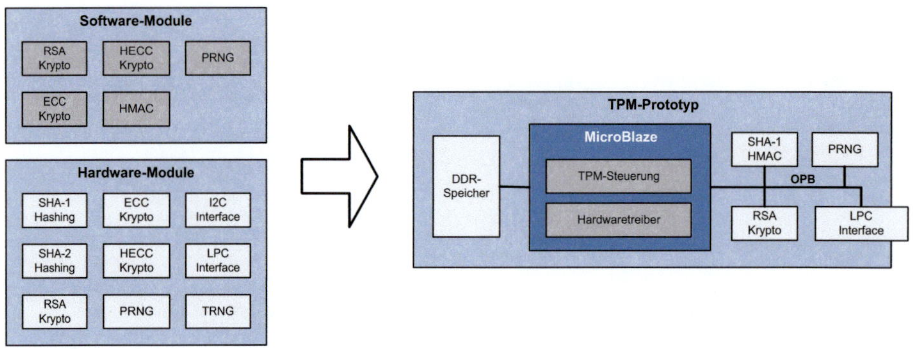

Abbildung 6.15.: Baukastenprinzip für den TPM-Prototyp

Als zentraler Prozessor ist ein 32 Bit Softcore MicroBlaze-Mikroprocessor integriert, an den die einzelnen Hardwaremodule per OPB angebunden sind. Die Kommunikation nach außen erfolgt immer über den MicroBlaze-Prozessor, der die interne Befehlsausführung steuert und je nach Auswahl der Einzelmodule zusätzliche Softwarefunktionen übernehmen kann. Die Softwareschnittstelle nach außen und die Umsetzung der TPM-Befehle auf die einzelnen Module ist fester Bestandteil der MicroBlaze-Software.

Um die TCG-Spezifikation abzubilden wurden zunächst die geforderten Primitive RSA und SHA-1 realisiert. Durch den modularen Aufbau ist ein Austausch durch andere Einheiten jedoch möglich. Als Zufallszahlengenerator wurde ein PRNG basierend auf LFSRs realisiert, vgl. Abschnitt 5.4.3. Im Folgenden wird auf die Kerneinheiten kurz eingegangen.

RSA-Kryptoeinheit Als Alternative zur in Abschnitt 6.6.3.2 gewählten Softwareimplementierung wurde eine RSA-Hardwareimplementierung realisiert, die zur Designzeit für verschiedene Bitbreiten (512, 1024, 2048) parametriert werden kann. Sie beherrscht die in der RSA-Spezifikation nach PKCS #1 [221] beschriebenen RSA-Operationen Verschlüsselung (RSAEP), Entschlüsselung (RSADP), Signatur (RSASP1) und

Signaturverifikation (RSAVP1) und erhält die dazu nötigen Schlüssel und Moduli als Parameter zur Laufzeit. Tabelle 6.4 zeigt ausgewählte Daten zu Leistung und Ressourcenverbrauch. Die kursiv gedruckten Daten für 2048 Bit Schlüssellänge sind Simulationswerte, da das System auf dem Versuchsrechner aufgrund von Hauptspeicherbeschränkungen für 2048 Bit Schlüssellänge nicht vollständig synthetisiert werden konnte.

Schlüssellänge	512 Bit		1024 Bit		*2048 Bit*	
Leistungsdaten						
Max. Frequenz	50,0	MHz	33,3	MHz	*20*	MHz
Encrypt (1 Byte)	0,092	ms	0,261	ms	*0,823*	ms
Decrypt (1 Byte)	1,970	ms	11,722	ms	*79,344*	ms
Ressourcenverbrauch						
Slices	2564	Slices	5401	Slices	-	
Slice Flip-Flops	2383	FF	4695	FF	-	
4-Input LUTs	4656	LUT	9872	LUT	-	

Tabelle 6.4.: Leistungsdaten und Ressourcenverbrauch des RSA-Hardwaremoduls

Die RSA-Implementierung steht als Hardwaremodul zur Verfügung, das über den OPB angesteuert wird. Alternativ kann eine Softwareimplementierung auf einem MicroBlaze-Prozessor verwendet werden (vgl. Abschnitt 6.6.3.2). Zur Erfüllung der Spezifikationsvorgaben, insbesondere der 2048 Bit Schlüssellänge, ist für das prototypischen System die Softwareimplementierung zu verwenden oder eine Optimierung der Hardwareimplementierung nötig.

Hashing und HMAC Auch für Hashing und HMAC wurde eine Hardwarerealisierung erstellt. Die Realisierung der Hashfunktion (SHA-1) und der HMAC-Authentisierung wurde dabei in einem Modul zusammengefasst, da das HMAC-Verfahren die Hashfunktion ebenfalls benötigt. Die Auswahl der Funktionalität erfolgt über OpCodes, der für den HMAC benötigte Schlüssel K wird als weiterer Parameter übertragen. Das nicht gesondert optimierte Modul belegt 4129 Slices. Da die Hashfunktion zentral ist für eine aktive Integritätsmessung, wird im Rahmen der Erweiterung zu einem ActiveTPM ein gemeinsames Modul erstellt, das eine verbesserte Ressourcenausnutzung realisiert.

LPC-Interface Die Implementierung der Master-Schnittstelle des verwendeten LPC-Busses wurde bereits in Abschnitt 6.6.3.1 beschriebenen. Im Gegensatz zur dort beschriebenen Anbindung ist hier die Client-Seite des LPC-Busses implementiert. Die Kommunikation erfolgt bei 33 MHz Taktfrequenz über GPIO-Pins des FPGA und konnte auch mit dem Master-Interface aus Abschnitt 6.6.3.1 verifiziert werden. Der Ressourcenbedarf beläuft sich auf 68 Flip-Flops und 153 LUTs in insgesamt 90 Slices.

Softwareschicht   Die Softwareschicht auf dem MicroBlaze-Prozessor stellt die TPM-Schnittstelle über den LPC-Bus oder alternativ über eine I^2C-Schnittstelle zur Verfügung. Dazu wird auf die einzelnen Funktionsmodule zurückgegriffen. Aufgrund des modularen Aufbaus wird über eine Bibliotheks- und Treiberschicht von der konkreten Implementierung in Hardware oder Software abstrahiert und eine einheitliche Schnittstelle zur Applikation zur Verfügung gestellt. Abbildung 6.16 zeigt den Aufbau des Softwaresystems. Orientiert ist der Aufbau an der in [252] erstellten TPM-Emulation in Software, aus der auch Codeteile verwendet werden konnten.

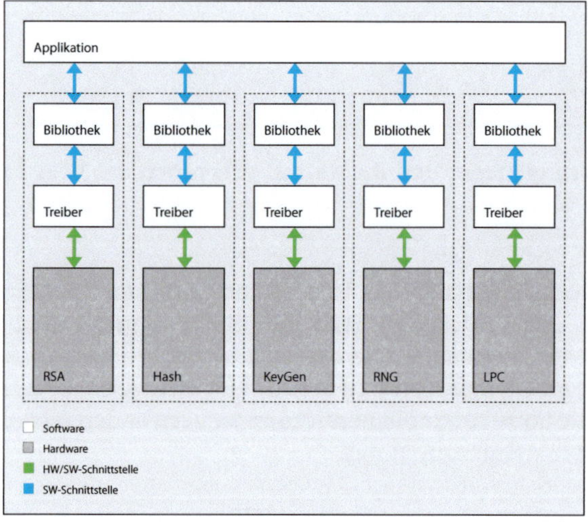

Abbildung 6.16.: Softwarearchitektur des TPM-Prototyps

Die Software besteht dabei aus statischen und dynamischen Teilen, die je nach Hardwarekonfiguration ausgetauscht werden. Abbildung 6.17 zeigt einen Überblick über den hierarchischen Aufbau. Die Funktionsbibliothek enthält die spezifizierten TPM-Kommandos. Bisher nicht benötigte Funktionen sind teilweise nur als Prototypen vorhanden. Eine vollständige Liste der implementierten Funktionen und ein genauer Aufbau des Systems findet sich in [282]. Je nach Art der Kommandos und Modulaufbau werden die einzelnen Funktionen direkt von den Funktionsmodulen realisiert oder aus Unterfunktionen zusammengesetzt. Beispiele für direkt realisierte Funktionen sind TPM_SHA1Start oder TPM_SHA1Update. Komplexere Funktionen wie TPM_Quote sind zusammengesetzt realisiert. Detaillierte Beschreibungen der Funktionen finden sich in der Spezifikation der TCG [259]. Die Software für die in Abbildung 6.15 gezeigte Konfiguration ist nicht speicheroptimiert und belegt etwa 245 kB Programmspeicher.

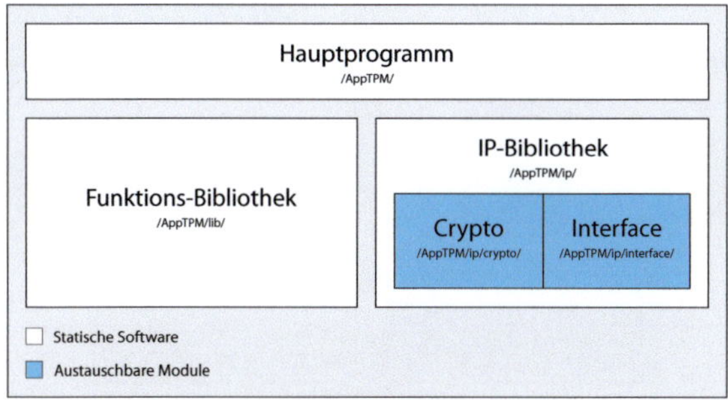

Abbildung 6.17.: Hierarchischer Softwareaufbau mit dynamischen Teilen

6.7.4.2. Integritätsmessung und Adressüberprüfung

Die beschriebene prototypische TPM-Implementierung dient als Basis für die ActiveTPM-Erweiterung. Hierzu wird die Integritätsmessung für das Zielsystem in das TPM integriert. Die Integration erfolgt als Funktionsmodul in Hardware, das von Seite des zentralen MicroBlaze über ein OPB-Interface angesprochen wird. Dieses Integritätsmodul vereint die Funktionalität zur Integritätsmessung von Bitströmen mittels Hashing, einen Bitstrom-Parser, der die konfigurierten Adressen extrahiert und zur Verfügung stellt und einer JTAG-Master-Schnittstelle, die ein angeschlossenes Ziel-FPGA mit einem Bitstrom konfigurieren kann. Jede der Einheiten kann getrennt von den anderen verwendet werden, vor allem ist aber die parallele Anwendung möglich, ohne die benötigten Bitstrom-Daten getrennt an mehrere Einheiten übertragen zu müssen. Abbildung 6.18 zeigt den Gesamtaufbau des Integritätsmoduls.

Das Modul hat eine zentrale Schnittstelle zum OPB, bestehend aus einem 32-Bit Konfigurations- und Statusregister, zwei 32-Bit FIFOs für den Datenaustausch und fünf 32-Bit Registern (insgesamt 160 Bit) für den Hashwert. Die Konfigurationsbits des 32-Bit Registers zeigt Tabelle 6.5.

Die Konfigurationsbits können extern gesetzt werden. Die Flags jtag_en, konf_en und parser_en aktivieren die entsprechenden Teilkomponenten JTAG-Schnittstelle, Konfigurationsmessung und den Bitstrom-Adress-Parser. Jtag_startup erzeugt nach

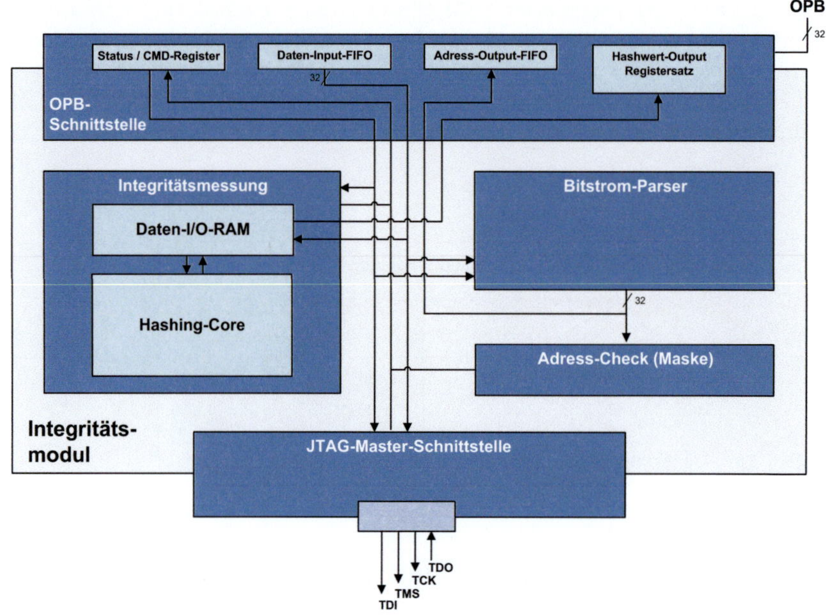

Abbildung 6.18.: Aufbau des Integritätsmoduls

Bit	31	27	22	21	20
Flag	data_end	jtag_startup	jtag_en	konf_en	parser_en

Tabelle 6.5.: Konfigurationsbits des Integritätsmoduls

der Übertragung des Bitstroms eine Startsequenz für den konfigurierten FPGA. Data_end signalisiert das Ende der übertragenen Daten. Nach Verarbeitung der Daten aus dem FIFO wird daraufhin der Hashwert erstellt bzw. die JTAG-Übertragung beendet.

Der Status des Moduls lässt sich über ein entsprechendes Statusregister erfragen, das den Zustand von JTAG-Schnittstelle (jtag_active) und der Konfigurationsmessung (reco_active) angibt und ein erkanntes SYNCH-Wort (synch), eine ID-Übereinstimmung des angeschlossenen FPGA mit dem Bitstrom (digest_valid) und einen verfügbaren Hashwert (digest_valid) signalisiert. Außerdem kann durch eine Maske ein zu schützender Bereich auf dem Ziel-FPGA definiert werden. In diesem Fall wird eine Verletzung dieses Bereichs durch Setzen des protect_flag signalisiert. Tabelle 6.6 zeigt das Statusregister. Über das Ergebnis-FIFO sind die vom Parser erkannten Adressen verfügbar. Der Hashwert steht nach Abschluß der Operation in einem eigenen 160-Bit Register zur Verfügung. Zur Konfiguration des Zielbausteins wurde eine

Bit	5	4	3	2	1	0
Flag	jtag_active	synch	ID_ok	reco_active	digest_valid	protect_flag

Tabelle 6.6.: Statusflags des Integritätsmoduls

JTAG-Schnittstelle realisiert, die die Übertragung von Bitströmen als Master erlaubt. Es können damit sowohl über eine JTAG-Slave-Schnittstelle empfangene Bitströme weitergeleitet werden, als auch in einem Speicher vorliegende Bitströme auf das Zielsystem übertragen werden. Dies wurde in einem Anwendungsszenario in Abschnitt 6.7.5.1 betrachtet und getestet.

Ressourcenbedarf Das vollständige Integritätsmodul belegt in der prototypischen FPGA-Implementierung 2096 Slices und drei BRAM-Blöcke. Ressourcenintensivster Bestandteil ist mit 1228 Slices die SHA-1 Hashing-Einheit, die auch einzeln angesprochen werden kann. Tabelle 6.7 gibt einen Überblick über die Ressourcenverwendung der einzelnen Submodule.

Teilmodul	# Slices	# FlipFlops	# LUTs	# BRAMs
Konfigurationsmessung	1492	1057	2722	1
Sha-1-Core	1228	926	2233	0
Bitstrom-Parser	167	155	306	0
JTAG-Master	101	105	183	0
OPB-Interface	317	332	555	2
Gesamtmodul	2096	1664	3811	3

Tabelle 6.7.: Ressourcenbedarf des Integritätsmoduls

6.7.5. Beurteilung und Test

6.7.5.1. Test im Anwendungsszenario

Zum Test des Systems wurde ein Szenario betrachtet, in dem ein eingebettetes System mit mehreren Konfigurationen ausgeführt werden kann, die in einem Flashspeicher zur Verfügung stehen und während der Laufzeit konfiguriert werden können. Zur Umsetzung wurde an das Active TPM ein Flashspeicher angebunden, der sowohl die Bitströme für das Zielsystem enthält, als auch von Seiten des TPM für die

Speicherung der EventLogs verwendet wird. Die Anbindung erfolgte über den auf der Prototyping-Plattform verfügbaren Xilinx SystemACE. Abbildung 6.19 zeigt den Aufbau.

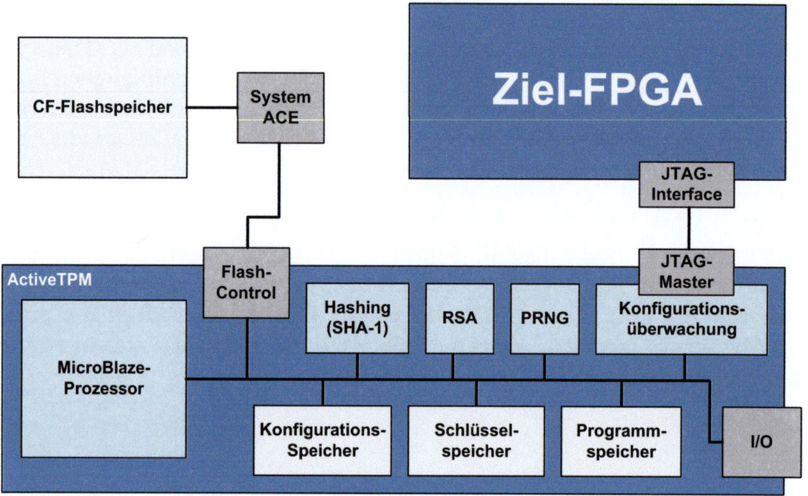

Abbildung 6.19.: Testaufbau für ActiveTPM

Die einzelnen Bitströme werden aus dem Flashspeicher gelesen, im TPM gemessen und über die JTAG-Schnittstelle auf den Zielbaustein konfiguriert. Die Hashwerte werden in ein HCR gespeichert bzw. das HCR bei Rekonfiguration zur Laufzeit mit dem neuen Hashwert erweitert. Der entsprechende EventLog enthält eine Bitstrom-ID, den jeweils erhobenen Hashwert und den Zeitpunkt der Konfiguration und wird ebenfalls auf dem Flashspeicher abgelegt. Die Geschwindigkeit ist aktuell durch die implementierte JTAG-Schnittstelle begrenzt, deren Taktrate durch die Qualität von Verbindungskabeln und Steckverbindungen im Test auf 1,5 MHz beschränkt war. Die Hardwareimplementierung selbst kann jedoch problemlos auch mit der von Xilinx angegebenen [290] maximalen JTAG-Frequenz von 33 MHz betrieben werden. Tabelle 6.8 zeigt die gemessenen Zeiten und Durchsätze für verschiedene Bitstrom-größen. Die Werte für 33 MHz sind durch Simulationen bestimmt.

6.7.5.2. Bewertung und Vergleich

Das ActiveTPM-Konzept stattet das TPM mit zusätzlichen Funktionen aus, die eine Trusted Platform auf rekonfigurierbarer Hardware ermöglicht, die von Benutzerseite

JTAG-CLK	Input [bytes]	1024	2048	4096	1.000.000
1,56 MHz	Zeit [ms]	5,259	10,502	20,988	5120,016
	Durchsatz [MByte/s]	0,19472	0,19501	0,19516	0,19531
33 MHz	Zeit [ms]	0,249	0,497	0,994	242,4
	Durchsatz [MByte/s]	4,112	4,119	4,122	4,125

Tabelle 6.8.: Durchsatz des ActiveTPM-Systems bei der Konfiguration

weitestgehend transparent ist. Im Gegensatz zum StandardTPM-Ansatz können alle Ressourcen des Ziel-FPGA vom Benutzer verwendet werden. Die Integritätsmessung erfolgt parallel zur Konfiguration und verringert die Konfigurationsgeschwindigkeit über JTAG nicht (vgl. [290] und Tabellen 6.8 und B.7). Dies erlaubt speziell im Umfeld von ressourcenbeschränkten eingebetteten Systemen mit Echtzeitanforderungen einen sicheren Systemstart ohne zusätzliche Verzögerung durch die Absicherung, was mit StandardTPM durch die zweistufige Bootphase erschwert ist (vgl. Geschwindigkeitsvergleich in Anhang B.2).

Die Durchleitung der Bitströme durch das ActiveTPM, mit Input über JTAG oder direkt aus dem Flashspeicher wie im Testszenario, erlaubt zusätzlich zur rein passiven Überwachung auch ein Eingreifen des TPM zur Durchsetzung von Benutzungsrichtlinien. Außerdem kann die Rekonfiguration vom ActiveTPM gesteuert werden, etwa zum Einbringen oder Überschreiben geheimer Daten (vgl. Abschnitt 6.8).

6.8. Anwendung auf die C2X-Kommunikation

Die Eigenschaften und Funktionen des ActiveTPM-Ansatzes können nun für die Absicherung der in Kapitel 5 vorgestellten C2X-OBU und speziell des Signatursystems verwendet werden. Basis ist ein Prüfungs- und Zertifizierungssystem wie in Abschnitt 3.1 beschrieben und die Realisierung einer Trusted Platform für die C2X-OBU.

6.8.1. Angriffsdefinition für C2X-Kommunikation

Ein C2X-System gilt als *illegitim* und damit im Sinne der C2X-Kommunikation als nicht vertrauenswürdiger Protokollteilnehmer, wenn der Zustand der Plattform nicht mit einem zertifizierten, bekannten Zustand übereinstimmt, der die Anforderungen des Protokolls erfüllt.

Definition 6.1 (Legitime Teilnehmer): *Sei* $\mathcal{PS} = \{PS_i : i \in I\}$ *eine nichtleere Menge von vertrauenswürdigen Prüfstellen mit Indexmenge I. Weiter sei* $\mathcal{PL}_i = \{PB_i^j : j \in J\} \, \forall \, i \in I$ *die Prüfliste von* PS_i*, bestehend aus Prüfbestätigungen* $PB_i^j = (ID^j, HW^j, E^j)$ *für* *eine Indexmenge J. Jede Prüfbestätigung besteht ihrerseits aus einer eindeutigen Identifikation* $\mathrm{ID}^j = \mathrm{ID}(K)$ *der geprüften Konfiguration K, einem Hashwert* $\mathrm{HW}^j = \mathrm{HW}(K)$ *der Konfiguration und einem Eigenschaftsvektor* E^j.

Weiter sei $\mathrm{E_P}$ *der für ein Protokoll P an die Teilnehmer geforderte Eigenschaftsvektor und die Schreibweise* $\mathrm{E}_k \Rightarrow \mathrm{E}_r$ *bezeichne, dass der Eigenschaftsvektor* E_k *den Vektor* E_r *logisch impliziert. Dann soll gelten:*

1. $\exists\,\mathrm{PB}_i^j \in \mathcal{PL}_i$ *genau dann, wenn für Konfiguration* ID^j *der Hashwert* HW^j *und der Eigenschaftsvektor* E^j *gilt und dies von der Prüfstelle* $\mathrm{PS}_i \in \mathcal{PS}$ *überprüft und bestätigt wurde.*

2. *Ein Teilnehmer TN mit Konfiguration K heißt* legitimer Teilnehmer *an einem Protokoll P genau dann, wenn gilt:*

$$\exists\,\mathrm{PB}_i^j \text{ mit } \mathrm{PS}_i \in \mathcal{PS}, \mathrm{ID}^j = \mathrm{ID}(K), \mathrm{HW}^j = \mathrm{HW}(K) \text{ und } \mathrm{E}^j \Rightarrow \mathrm{E_P}. \tag{6.2}$$

3. *TN heißt* illegitimer Teilnehmer *an P, wenn die Aussage 6.2 nicht gilt.*

Die Erstellung von $HW(K)$ ist dabei nicht auf die direkte Berechnung der Hashfunktion H eingeschränkt, sondern kann auch anders definiert werden wie etwa durch das oben definierte iterative Verfahren 6.4.1.3. Die gegebene Definition kann als technisch angesehen werden, da ein illegitimer Teilnehmer nach Definition 6.1 durchaus ein korrekter Teilnehmer sein kann, dessen Konfiguration lediglich nicht von einer entsprechenden Prüfstelle bestätigt wurde. Dies ist jedoch für einen Kommunikationspartner zunächst nicht unterscheidbar. Man kann jedoch die Menge der illegitimen Teilnehmer weiter klassifizieren.

Definition 6.2 (Klassifikation illegitimer Teilnehmer): *Sei TN mit Konfiguration K illegitimer Teilnehmer eines Protokolls P. Dann gehört TN zu mindestens einer der folgenden Klassen:*

1. *TN ist* versteckt legitim: *TN erfüllt die die geforderten Eigenschaften, dies ist aber nicht durch eine Prüfstelle bestätigt. Es gilt also* $\mathrm{E}(K) \Rightarrow \mathrm{E_P}$ *aber nicht Aussage 6.2.*

2. *TN ist* fehlerhaft: *Es gilt* $\neg(\mathrm{E}(K) \Rightarrow \mathrm{E_P})$ *aufgrund eines technischen Defekts oder eines Fehlers in Design oder Implementierung.*

3. *TN ist* korrumpiert: *Es gilt* $\neg(\mathrm{E}(K) \Rightarrow \mathrm{E_P})$ *aufgrund einer gezielten Manipulation eines TN einer der vorangehenden Klassen.*

Im vorliegenden Abschnitt wird die Absicherung von Systemen und Implementierungen betrachtet. Als Angriff im Sinne der Security auf einen Protokollteilnehmer wird lediglich der Fall verstanden, in dem eine gezielte Manipulation des Protokollverhaltens und damit der Eigenschaften eines Teilnehmers vorliegt.

Definition 6.3 (Angriff): *Der Begriff des* Angriff *A bezeichne ein Versuch, einen korrekten Protokollablauf zu manipulieren oder zu verhindern. Ein* Legitimitäts-Angriff auf einen Teilnehmer *(LAT) ist ein Versuch, einen korrumpierten Teilnehmer TN_k an einem Protokoll P teilnehmen zu lassen. LAT heißt erfolgreich, wenn TN_k von legitimen Teilnehmern als legitim akzeptiert wird.*

Da die Ableitung der Eigenschaften des Systems auf der Überprüfung und Zertifizierung von Quellcode durch den Hersteller selbst oder durch unabhägige Prüfinstitute beruht, wird im folgenden jede Abweichung von einer bekannten, zertifizierten Konfiguration als Angriff gewertet, da die Eigenschaften des veränderten Systems unbekannt sind. Eine *Legitimitätsverletzung* in diesem Sinne sei jeder Versuch eines illegitimen Teilnehmers, am Protokoll teilzunehmen. Dies schließt den oben definierten Angriff ein, allerdings auch die Teilnahme fehlerhafter oder versteckt legitimer Teilnehmer.

6.8.2. Zertifizierungssystem und Protokolle

Das Vorgehen für Erreichung von vertrauenswürdigen und authentifizierten C2X-Nachrichten besteht aus drei Schritten: Einer Phase der Legitimation von Konfigurationen, einer Initialisierung und Zertifizierung und einer darauf aufbauenden Phase des eigentlichen Systembetriebs. Dabei gelten folgende Prinzipien und Entwurfsentscheidungen:

1. **Zentrale Zertifizierung:** Die Bestimmung der Eigenschaften eines Systems anhand der Konfiguration und die Überprüfung auf Protokollkonformität der Eigenschaften wird an eine zentrale Vertrauensstelle delegiert. Als Ergebnis werden Zertifikate erstellt, die die Konformität zum Protokoll bescheinigen. Eine lokale Überprüfung oder Ableitung von Eigenschaften ist nicht mehr notwendig.

2. **Obligatorische Zertifikate:** Nachrichten werden für die Weitergabe an Applikationen und auch für die Weiterleitung im VANET nur dann berücksichtigt, wenn sie von zertifizierten Teilnehmern stammen und eine valide Signatur tragen.

3. **Erkennung von Angriffen:** Bei Angriffen auf die Integrität eines Teilnehmers werden dem System lokal die Pseudonyme entzogen und zentral keine neuen Zertifikate mehr erteilt. Dadurch wird der Einfluß des Angriffs auf das lokal angegriffene System begrenzt.

4. **Datenschutz:** Um die Privatsphäre der Teilnehmer zu schützen, wird die Authentifizierung depersonalisiert. Dazu werden Pseudonyme verwendet, die keine Rückschlüsse auf die Identität des Teilnehmers sondern lediglich über seine Eigenschaften erlauben. Um die Möglichkeiten der Nachverfolgung und Konnotation aus anderen Informationsquellen zu begrenzen, werden die Pseudonyme regelmäßig ausgetauscht.

6.8.2.1. Legitimation von Konfigurationen

Der erste Protokollschritt dient der Vorbereitung und weist definierten Konfigurationen einen Eigenschaftsvektor zu. Er erfolgt durch eine Prüfstelle im Vorfeld der anderen Phasen. Für die Legitimation einer Konfiguration K mit Identifikation $ID(K)$ und Integritäts-Hashwert[4] $HW(K)$ wird K von einer vertrauenswürdigen Prüfstelle $PS_i \in \mathcal{PS}$, $i \in I$ ein Eigenschaftsvektor $E(K)$ zugewiesen. Dazu überprüft PS_i die Eigenschaften von K und erstellt eine Prüfbestätigung $PB_i^j(K) = (ID^j(K), HW^j(K), E^j(K))$. Zum Beleg der Vertrauenswürdigkeit wird die Bestätigung $PB_i^j(K)$ mit einer digitalen Signatur $Sig_{PS_i}(PB_i^j(K))$ versehen. Damit ist der Konfiguration K der Eigenschaftsvektor $E^j(K)$ zugewiesen.

Für eine allgemeine Vertrauenswürdigkeit der Legitimation muss die Überprüfung der Eigenschaften von K nach einem Verfahren erfolgen, das von allen Protokollteilnehmern als zuverlässig anerkannt wird. Es bietet sich an, ein standardisiertes Verfahren zu wählen, dessen Intensität je nach Sicherheitsrelevanz des betrachteten Systems angepasst werden kann. Für den Security-Bereich gibt es international anerkannte Zertifizierungsverfahren für Systeme, die in den *Common Criteria for Information Technology Security Evaluation*, kurz Common Criteria (CC), aktuell in der Version 3.1, Release 3 [37], auch standardisiert im ISO-Standard 15408 [148] zusammengefasst sind. Die Evaluierungstiefe kann der Systemrelevanz für die Sicherheit entlang von Evaluierungsleveln (*Evaluation Assurance Level* EAL) angepasst werden. Je nach Prüftiefe ist auch ein umfangreicher Review des Quellcodes vorgeschrieben, was eine Zentralisierung der Überprüfung und Initiierung durch den Hersteller selbst nahelegt.

6.8.2.2. Initialisierung und Zertifizierung

Dieser zweite Schritt erfolgt ebenfalls im Vorfeld des Protokollbetriebs für jeden Teilnehmer unabhängig, um den Teilnehmer bzw. seine Konfiguration für das Protokoll zu zertifizieren. Für die Durchführung ist eine Kommunikation zwischen dem entsprechenden Teilnehmer TN und einer vertrauenswürdigen Zertifizierungsstelle CA nötig. Es wird angenommen, dass CA als TTP von allen Teilnehmern anerkannt ist (vgl. Definition 2.20). Das Zertifizierungsprotokoll besteht aus mehreren Protokollschritten.

1. Für die Zertifizierung von Pseudonymen PI_{TN}^x, $x \in \{1, \ldots, n\}$, erzeugt TN n Schlüsselpaare (Attestation Identity Keys AIK) zufällig innerhalb des ActiveTPM.

2. TN fordert die Zertifizierung der Pseudonyme für das Protokoll P bei CA an. Dazu belegt er CA gegenüber seine Trusted Platform Eigenschaften und die

---

[4]Dieser Hashwert $HW(K)$ kann auch aus einem Vektor mehrerer HCR- und PCR-Werte bestehen, die gemeinsam die Plattformkonfiguration abbilden. Zur Vereinfachung der Darstellung wird lediglich von einem einzigen Hashwert gesprochen.

aktuelle Konfiguration K und sendet die öffentlichen Schlüsselanteile $PK.PI_{TN}^x$ verschlüsselt an die CA.

3. CA überprüft die Belege von TN und überprüft, ob für die Konfiguration K ein Prüfbericht $PB_i^j(K)$ vorliegt. Wenn die Überprüfungen positiv sind verifiziert CA, ob $E^j(K) \Rightarrow E_P$ gilt. Wenn dies zutrifft, zertifiziert CA die Pseudonyme durch die Signatur des entsprechenden Credentials und erzeugt die Zertifikate $Sig_{CA}\left(PK.PI_{TN}^x, E_P\right)$ für alle x.

4. CA verschlüsselt die Zertifikate mit dem öffentlichen Schlüssel $PK.TN$ von TN und bindet sie somit an das ActiveTPM von TN. Danach werden sie an TN übertragen.

5. TN bzw. das ActiveTPM entschlüsselt die übertragenen Zertifikate und legt sie wiederum verschlüsselt und gebunden (Sealing) an die zertifizierte Konfiguration K ab.

Nach Durchführung des Zertifizierungsprotokolls ist TN im Besitz von gültigen pseudonymisierten Zertifikaten PI_{TN}^x, die die Konformität von TN in Konfiguration K zu Protokoll P belegen. Der Zugriff auf diese Zertifikate ist an die Konfiguration K gebunden. Diese Phase muss während des Betriebs regelmäßig wiederholt werden, da aus Datenschutzgründen die Pseudonyme gewechselt werden und daher irgendwann verbraucht sind. Die Beantragung von neuen Pseudonymen kann parallel zum sonstigen Protokollbetrieb durchgeführt werden, wenn eine Verbindung zu CA besteht.

6.8.2.3. Betrieb zur Sicherung der C2X-Nachrichten

Die verteilten Zertifikate werden für die Authentifizierung des C2X-Nachrichtenverkehrs eingesetzt. Jede Nachricht wird mit einer Signatur und einem Zertifikat versehen, die beim Empfänger verifiziert werden.

Senderprotokoll: Auf Senderseite wird jede C2X-Nachricht m mit einer Signatur und dem dazu passenden Zertifikat versehen. Dazu wird jeweils ein Pseudonym PI_{TN}^x verwendet. Die Signatur erfolgt also unter Verwendung des geheimen Schlüssels $SK.PI_{TN}^x$ und zur Bestätigung der Eigenschaften wird das Pseudonymzertifikat $\mathrm{Cert}(PI_{TN}^x)$ angehängt, das den entsprechenden Verifikationsschlüssel $PK.PI_{TN}^x$ enthält. Das verwendete Pseudonym wird regelmäßig durch ein neues ersetzt.

Empfängerprotokoll: Der Empfänger überprüft für jede empfangene Nachricht die Signatur und das Zertifikat. Wenn die Signatur valide ist und das Zertifikat dazu passt, von einer vertrauenswürdigen CA stammt und für das korrekte Protokoll ausgestellt ist, wird die Nachricht zur weiteren Bearbeitung weitergegeben und die enthaltenen Daten für die Applikationen verwendet. Schlägt einer der Verifikationsschritte fehl, wird die Nachricht verworfen. Bei valider Signatur einer Nachricht und dazu passendem, korrektem Zertifikat kann der Empfänger mit überwältigender Wahrscheinlichkeit davon ausgehen, dass die Nachricht von einem Sender stammt, dessen Eigenschaften die Protokollanforderungen erfüllen.

6.8.3. Umsetzung auf Fahrzeugebene

Für die konkrete Umsetzung wird die in Kapitel 5 vorgestellte C2X-OBU durch einen ActiveTPM-Baustein als Trusted Platform abgesichert. Das von der Konfigurationsmessung umfasste Zielsystem ist dabei die gesamte OBU mit allen Untermodulen. Abbildung 6.20 zeigt den Gesamtaufbau.

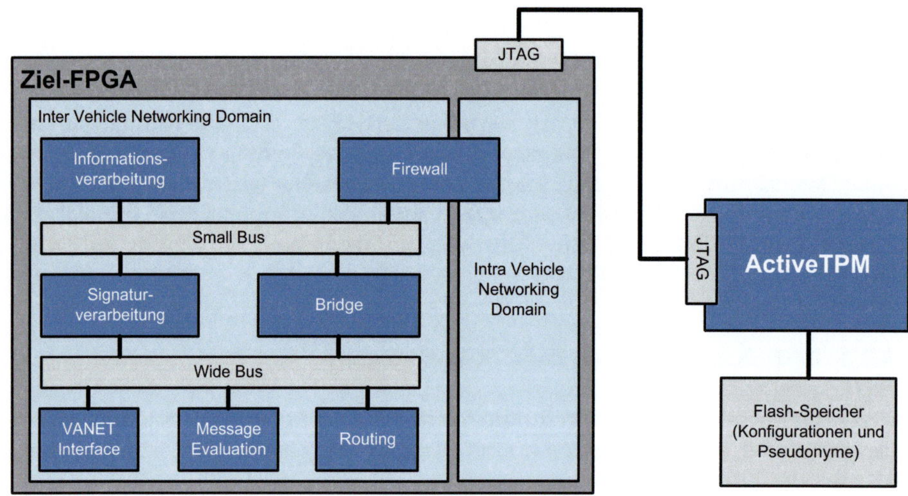

Abbildung 6.20.: Systemaufbau der C2X-Einheit mit ActiveTPM

6.8.3.1. Pseudonymisierung und Austausch der Pseudonyme

Basierend auf der Konfigurationsmessung werden Pseudonyme erstellt, von einer CA zertifiziert und vom ActiveTPM an den zertifizierten Konfigurationszustand gebunden verschlüsselt abgelegt. Der regelmäßige Austausch der Pseudonyme zum Schutz der Privatsphäre kann nun direkt vom ActiveTPM über die JTAG-Konfigurationsschnittstelle erfolgen. Dazu wird das jeweils aktuell verwendete Pseudonym und Zertifikat in einer definierten Speicherzelle abgelegt. Um das Pseudonym zu wechseln wird die entsprechende Speicherzelle über die Konfigurationsschnittstelle mit dem neuen Pseudonym und Zertifikat überschrieben. Um die Gesamtkonfiguration vom aktuell verwendeten Pseudonym unabhängig zu machen, wird für die Speicherzelle ein eigener Slot definiert, der in die Konfigurationserhebung für die Zertifizierung nicht einfließt.

Der Austausch erfolgt somit unabhängig vom On-Chip-Kommunikationssystem und transparent für alle Module einschließlich des Signaturmoduls. Vor dem Austauch wird jeweils der aktuelle Zustand der Konfigurationsregister überprüft, ob die Voraussetzungen für den Zugriff auf das entsprechende Pseudonym erfüllt sind.

6.8.3.2. Durchsetzung der Konfigurationsbindung

Der Direktzugriff auf den Pseudonymspeicher innerhalb des Signatursystems kann auch zur Durchsetzung der Konfigurationsbindung verwendet werden. Um sicherzustellen, dass keine nicht zertifizierte Konfiguration Zugriff auf zertifizierte Pseudonyme hat, wird die entsprechende Speicherzelle zu Beginn jeder Rekonfiguration gelöscht und erst wieder mit einem gültigen Pseudonym beschrieben, wenn nach Abschluß der Rekonfiguration eine zertifizierte Konfiguration erreicht ist, für die Pseudonyme vorliegen.

6.8.4. Sicherheitsbetrachtung der Trusted Platform für C2X

Ausgangspunkt ist die Betrachtung eines einzelnen Teilnehmers TN mit Trusted Platform Eigenschaften. Basierend darauf kann TN eine aktuelle Konfiguration K_{TN} zugeordnet werden. Für weitere Schlussfolgerungen muss die Information über die Konfiguration für den jeweiligen Kommunikationspartner interpretierbar sein. Die Extraktion von Eigenschaften ist aus maschinenausführbarem Code normalerweise nur sehr schwer möglich. Speziell bei kommerziellen Systemen kann jedoch allgemein nicht davon ausgegangen werden, dass Quellcode und alle verwendeten Compiler und Codegeneratoren jedem Verifizierer zur Verfügung stehen. Daher wird hier davon ausgegangen, dass die Überprüfung üblicher Konfigurationen und die Zuordnung von Eigenschaftsvektoren zu diesen Konfigurationen von vertrauenswürdigen Prüfstellen als TTP vorgenommen werden. Im konkreten Fall eingebetteter Systeme im Kraftfahrzeug kommen hierfür OEMs oder Tier-1-Zulieferer oder eine unabhängige Stelle analog zu einem TÜV in Frage. Für die Überprüfung können standardisierte Verfahren wie in den Common Criteria (CC) [37] vorgeschrieben werden. Die erhaltenen Eigenschaften werden dann in Form von Prüfberichten PB (vgl. Definition 6.1) veröffentlicht, die entsprechend der Annahmen in Definition 2.20 allen Verifizierern sicher zur Verfügung stehen.

Für den C2X-Anwendungsfall muss der Protokollteilnehmer TN die für die Teilnahme am Protokoll P relevanten Informationen den Empfängern seiner Nachrichten gegenüber beweisen. Dies kann theoretisch für jede Einzelnachricht über eine Trusted Platform Konfigurationsabfrage geschehen. Das Verfahren erzeugt über die Vielzahl der möglichen Konfigurationen und die Notwendigkeit der Überprüfung der Hashwerte jedoch einigen Overhead, so dass eine Delegation an eine Zertifizierungsstelle (CA) vorgeschlagen wird. Die CA überprüft anhand der Konfiguration K_{TN}, ob eine entsprechende Prüfbestätigung $PB_i^j = PB(K)$ vorliegt und für den dort bestätigten Eigenschaftsvektor $E^j \Rightarrow E_P$ gilt. Falls ja, können für TN Pseudonyme zertifiziert werden, die die Konformität zu E_P bestätigen.

Für den Umgang mit den Zertifikaten werden wiederum Funktionen der Trusted Platform eingesetzt. Die Pseudonyme werden mittels Versiegelung (Sealing) sicher an TN übertragen und dort an die Konfiguration gebunden verschlüsselt gespeichert (Binding). Damit ist sichergestellt, dass nur die zertifizierte Plattform in der zertifizierten Konfiguration Zugriff auf die Pseudonyme hat. Gegenüber anderen Protokollteilnehmern kann sich TN nun mittels Zertifikat als legitimer Teilnehmer ausweisen. Die ausgehenden Nachrichten werden per elektronischer Signatur authentifiziert.

Je nach Spezifität der Anwendung können die beiden Zertifizierungsschritte (Prüfung und Zertifizierung) zusammengelegt oder auch von den jeweiligen Protokollteilnehmern selbst ausgeführt werden. Aufgrund des hohen Einzelaufwands bei der Prüfung bzw. des Kommunikationsaufkommens und der Verzögerung bei der Zertifizierung wird hier jedoch die jeweils zentrale Durchführung vorgeschlagen.

Die Trusted Platform in Verbindung mit der beschriebenen Zertifizierung garantiert das korrekte Verhalten der zertifizierten C2X-OBU. Bei jeder Manipulation des Verhaltens und damit des Systemzustands stehen die benötigten Signaturschlüssel nicht mehr zur Verfügung. Bezogen auf die Angreifertaxonomie aus Definition 4.2 bedeutet das, dass ein Angreifer der Klasse 2, der im Besitz einer OBU ist, ihr Verhalten nicht manipulieren kann ohne die Legitimität des Systems zu zerstören, so dass die OBU selbst unter Kontrolle eines Angreifers nicht als kompromittiert gelten kann. Es wird so für die betrachteten Angreifer wirkungsvoll verhindert, dass ein Angreifer der Klasse 2 Fähigkeiten der Klasse 3 erlangt.

7. Zusammenfassung und Ausblick

7.1. Zusammenfassung

Fahrzeug-zu-Fahrzeug-Kommunikation stellt einen aussichtsreichen Schritt zu erhöhter Sicherheit und verbesserter Effizienz im Straßenverkehr dar. Grundlegende Voraussetzung hierfür ist die Gewährleistung der Sicherheit und Vertrauenswürdigkeit dieser neuartigen Form des Datenaustauschs. Vorliegende Arbeit beschäftigte sich vor diesem Hintergrund mit der Security der C2X-Kommunikation. Speziell betrachtet wurden Architektur und Realisierung des Sicherheitssystems der einzelnen Fahrzeuge. Dies umfasst insbesondere die Absicherung der Kommunikation in Echtzeit unter Beachtung der Leistungsanforderungen und die Schaffung einer Trusted Computing Platform auf den ausführenden Einheiten.

Nach Einführung der notwendigen mathematischen und kryptographischen Grundlagen wurde ausgehend vom aktuellen Stand der Forschung die C2X-Kommunikation aus Sicht der Security betrachtet. Hierfür konnte ein Lösungsansatz auf Basis der Zertifizierung der Teilnehmer und der Absicherung der Nachrichten über Signaturen identifiziert werden.

Ausgehend hiervon wurden die Möglichkeiten zur Konkretisierung und Realisierung der Securitymaßnahmen betrachtet. Eine wesentliche Herausforderung stellt die Umsetzung der Signaturverarbeitung dar. Anforderungen sind hier auf der einen Seite die Bereitstellung der nötigen Leistungsfähigkeit, um die geforderte Anzahl an Signaturen mit dem gewünschten Sicherheitslevel von 256 Bit Schlüssellänge in Echtzeit zu realisieren. Auf der anderen Seite ist mit Blick auf die lange Nutzungsdauer der Fahrzeuge von bis zu mehreren Jahrzehnten und die notwendige umfassende Interoperabilität eine entsprechende Langzeitstabilität anzustreben. Da ein Bruch des verwendeten Verfahrens nie ausgeschlossen werden kann, wurde von Seiten des Architekturentwurfs die Flexibilität vorgesehen, auch einen eventuell notwendigen Wechsel von Verfahren und Schlüssellänge unter Beibehaltung der Hardwareplattform zu ermöglichen.

Als zielführender Lösungsansatz wurde ein Sicherheitssystem für die C2X-Kommunikation auf Basis rekonfigurierbarer Hardware gewählt und ausgearbeitet. Durch effiziente Verwendung der FPGA-Plattform und Optimierungsmaßnahmen auf verschiedenen Ebenen von Algorithmik und Implementierung konnte ein Signaturmodul realisiert werden, das als erste bekannte Implementierung die Leistungsanforderungen in nur einer Recheneinheit erfüllt und einen Durchsatz von über 2900 Verifikationen oder 4200 Generierungen pro Sekunde mit ECDSA-256 erreicht. Durch die Realisierung auf rekonfigurierbarer Hardware ist die gewünschte Fexibilität und Anpassbarkeit gegeben. Das Signaturmodul arbeitet autark und transparent für darüber liegende Applikationsschichten und kann so auch für andere Systeme und Domänen eingesetzt werden. Es wurde konzipiert für die Einbettung in ein vollständiges C2X-Kommunikationssystem, das als On-Board-Unit (OBU) in ein Versuchsfahrzeug integriert und erfolgreich getestet wurde. Mit integrierter Signatureinheit stellt das System damit die erste bekannte Gesamtrealisierung dar, die die in verschiedenen weltweiten Standardisierungsentwürfen veröffentlichten Security-Anforderungen erfüllt.

Notwendige Voraussetzung für das gesamte Sicherheitssystem aus Zertifizierung und Signierung ist die Möglichkeit, Aussagen über Eigenschaften und Verhalten der teilnehmenden Knoten zu treffen und die Einhaltung zu garantieren. Erst dies erlaubt eine Einschätzung der Erhebung und Behandlung der Daten auf Senderseite und damit der Vertrauenswürdigkeit der empfangenen signierten Daten. Um eine vertrauenswürdige Basis für die C2X-Kommunikation zur Verfügung zu stellen, wurde erstmalig ein Konzept für Trusted Computing auf rekonfigurierbarer Hardware entwickelt. Dieses ermöglicht den Beweis eines Konfigurationszustands und damit der Funktionalität und des Verhaltens des FPGA-Systems gegenüber externen Verifizierern. Die programmierbare Hardwareschicht wurde hierfür in die Integritätsmessung eingebunden und die notwendige Funktionalität zur Erfassung und Protokollierung von Konfigurationsvorgängen zur Verfügung gestellt. Für die Realisierung wurden zwei Ansätze präsentiert. Eine Umsetzung beruht auf marktverfügbaren Trusted Platform Modulen (TPM) als Vertrauensanker und benötigt so kein Redesign des Hardwaremoduls, schränkt jedoch die Nutzung der FPGA-Fläche durch den Benutzer ein. Ein zweiter Ansatz integriert die zur Absicherung notwendige Funktionalität in ein erweitertes ActiveTPM, so dass das Ziel-FPGA vollständig dem Benutzer zur Verfügung steht. Beide Realisierungen ermöglichen eine Absicherung in Echtzeit, so dass keine nennenswerten Verzögerungen etwa beim Systemstart entstehen. Beide Ansätze wurden als Proof-of-Concept prototypisch umgesetzt.

Angewandt auf die C2X-Kommunikation ist damit eine anonyme, eigenschaftsbasierte Zertifizierung von Pseudonymen möglich, die die Anforderungen an Vertrauenswürdigkeit und Schutz der Privatspäre gleichermaßen erfüllt. Hierzu wurde eine Gesamtsystemrealisierung für ein C2X-Kommunikationssystem auf einer vertrauenswürdigen, rekonfigurierbaren Hardwareplattform und ein Zertifizierungssystem entworfen. Auf dieser Basis ist es möglich, die erteilten Zertifikate an die zertifizierte Plattformkonfiguration zu binden, so dass die Pseudonyme und Schlüssel nur in der entsprechend zertifizierten Konfiguration zur Verfügung stehen.

7.2. Kritische Einordnung und Diskussion

Die Trusted Platform kann den korrekten Umgang mit Daten und die spezifikationsgemäße Umsetzung des Protokolls garantieren. Doch nicht alle zur Absicherung des Gesamtsystems notwendigen Aspekte konnten in die Untersuchung einbezogen werden. So liegt die Absicherung gegen Manipulationen der Eingangsdaten, etwa der von der Fahrzeugsensorik erhobenen Sensorwerte, außerhalb des Betrachtungsrahmens. Ebenfalls vernachlässigt wurden die Diskussion von Angriffen auf die Hardware der C2X- bzw. Signatureinheit. Sowohl die interne Kommunikation als auch die rekonfigurierbare Hardware selbst können Ziele von Hardwareangriffen sein. Eine aktuell vielbeachtete Form von Angriffen sind in diesem Zusammenhang die Seitenkanalangriffe, bei denen über die Messung physikalischer Effekte wie Stromverbrauch, elektromagnetischer Abstrahlung oder auch zeitlichem Verhalten der Hardware Rückschlüsse auf durchgeführte Operationen, implementierte Algorithmen oder geheime Daten getroffen werden. Hier besteht weiterer Forschungsbedarf.

Abgesehen von den Security-Aspekten sind zusätzlich ökonomische Rahmenbedingungen zu berücksichtigen. Die Untersuchungen im Rahmen der vorliegenden Arbeit fokussierten sich auf die Erfüllung der technischen Anforderungen bezüglich Sicherheit und Leistungsfähigkeit einer Proof-of-Concept-Realisierung. Für die Realisierung und Markteinführung von zentralem Interesse ist jedoch auch die Betrachtung der Kosten in Relation zum Nutzen für den Kostenträger. Außerdem bestehen durch eine Integration der C2X-Kommunikation ins Fahrzeug neben den Vorteilen bzgl. Safety und Verkehrseffizienz auch Risiken in Form einer potentiellen Angreifbarkeit der Fahrzeugelektronik über den drahtlosen Kommunikationskanal oder einer Gefährdung der Privatsphäre durch die ständig versandten Beacons. Diese machen beispielsweise Daten zu Ort und Geschwindigkeit des Fahrzeugs in einem größeren Umfeld zugänglich, die – sollten sie mit dem konkreten Sender in Verbindung gebracht werden können – einem geschickten Angreifer zur Erstellung von Bewegungsprofilen dienen könnten. Außerdem können sie eventuell auch zur Ahndung von Verkehrsregelverstößen dienen, was vom individuellen Benutzer durchaus als Nachteil empfunden werden kann. Somit ist weiterhin abzuwägen, ob die Vorteile einer solchen Technik die Kosten und Risiken rechtfertigen.

Auf Seite der Umsetzung steht die Integration der Signatureinheit und des fahrzeugintegrierten Gesamtsystem zur C2X-Kommunikation in die Trusted Platform noch aus. Für den tatsächlichen Einsatz des ActiveTPM-Konzepts ist außerdem eine sichere Hardwareimplementierung des ActiveTPM und eine entsprechende Absicherung gegen Manipulation der Hardware nötig, die im Rahmen dieser Arbeit nicht betrachtet werden konnte.

7.3. Fazit und Ausblick

Die vorliegende Arbeit entwirft und demonstriert eine FPGA-basierte Architektur, die die Anforderungen an Leistung und Flexibilität für die Security-Absicherung der C2X-Kommunikation erfüllt. In Verbindung damit ermöglichen die enwickelten Konzepte zur Errichtung einer Trusted Platform auf einer rekonfigurierbaren Hardwarebasis ein vertrauenswürdiges Gesamtsystem, das die Absicherung des C2X-Datenverkehrs in Echtzeit realisiert.

Die gewonnenen Erkenntnisse und Konzepte eröffnen Möglichkeiten für weitere Anwendungen. Eine direkte Verwendung der Ergebnisse kann beispielsweise in der Durchführung realistischer Tests von Applikationen und Algorithmen in der C2X-Kommunikation erfolgen. Die echtzeitfähige Realisierung und prototypische Fahrzeugintegration erlaubt den Test sowohl in wirklichkeitsnahen Szenarien als auch in einer Simulationsumgebung. Bisherige Ansätze waren zumindest im Bereich der Absicherung auf Kompromisse angewiesen. Auch auf Seite des Simulators ist die Realisierung der Signaturverarbeitung mit Hilfe der entwickelten FPGA-Realisierung denkbar. Darüber hinaus ist der Einsatz der ECDSA-Verarbeitung nicht an die C2X-Domäne gebunden. Die transparente Kapselung der Funktionalität in ein weitgehend autarkes Modul erlaubt den flexiblen Einsatz in verschiedenen Systemen.

Der entwickelte aktive Trusted Computing Ansatz bietet vielfältige Einsatzmöglichkeiten für rekonfigurierbare und allgemein eingebettete Systeme. Beispiele aus dem Automotive-Bereich sind etwa die Absicherung von Updates [107] oder auch von Verfahren zur vertrauenswürdigen Einbringung von Verifikationsschlüsseln [161] mit einer Trusted Platform als Mittler. Die Trusted Platform für FPGA-basierte Systeme bietet Potential für elektronisches Rechtemanagement für IP, etwa die Bindung von Bitströmen an eine definierte Plattform oder die Erfassung von Pay-per-Use-Daten. Im Rahmen der Arbeit konnte gezeigt werden, dass aktuelle rekonfigurierbare Hardware einen vorteilhaften Lösungsansatz für die C2X-Kommunikation mit Security-Absicherung darstellt. Der entstandene Systementwurf stellt die aktuell schnellste Realisierung von ECDSA-256 dar. Die neuartige Absicherung von FPGA-Systemen als Trusted Platform liefert die vertrauenswürdige Basis für die Zertifizierung und die Sicherstellung der legitimen Zertifikatverwendung bei gleichzeitiger Einhaltung der Datenschutzanforderungen.

Die Sicherheit eingebetteter Systeme und drahtloser Ad Hoc Netze stellt die Forschung auch in Zukunft vor wichtige ungeklärte Fragestellungen. So wächst die Funktionalität und Kommunikationsfähigkeit von vielen Geräten ständig. Inzwischen haben Smartphones häufig einen ständigen Zugang zum Internet und webbasierten Anwendungsdiensten. Auch im Bereich der medizinischen Unterstützung und des Ambient Assisted Living ist die oft unmerkliche Erfassung und Kommunikation von Messwerten und Vernetzung der einzelnen Komponenten Basis der Funktionalität. Die Absicherung der zunehmend komplexen Kommunikations- und Abhängigkeitsbeziehungen und der benötigten Vertrauensbasis ist ein wichtiger Beitrag zur Sicherheit und Verläßlichkeit der entstehenden Systeme. Gerade bei Geräten, die sich in ungeschützer Umgebung und nicht unter ständiger Kontrolle des Benutzers befinden, ist eine überprüfbare Sicherstellung der Vertrauenswürdigkeit von großem Interesse. Für das betrachtete Trusted Computing Konzept sind Erweiterungen auf allgemeine eingebettete Systeme und die automatische Durchsetzung von Nutzungsrichtlinien bzw. Sicherstellung definierter Systemzustände von Interesse.

Für das in der vorliegenden Arbeit entwickelte und vorgestellte C2X-Sicherheitssystem wird eine vollständige Integration der einzelnen Komponenten und Mechanismen in einem belastbaren Gesamtsystem angestrebt. Dieses kann als Basis dienen für Test und Applikationsentwicklung, aber auch für erste Realisierungen in Richtung Markteinführung von C2X-Systemen. Vor dem Hintergrund der ökonomischen Betrachtung ist hierzu eine Portierung auf eine kosteneffizientere Hardwarebasis wie bspw. die Spartan-6-Serie interessant, deren DSP48A1-Slices von den im Rahmen der Arbeit verwendeten funktional abweichen, so dass die einzelnen Optimierungsschritte für die veränderte Hardware angepasst werden müssen. Für die weitere Entwicklung ist außerdem eine Erweiterung der bestehenden Simulations- und Testwerkzeuge von Interesse um die hinzugekommene C2X-Kommunikation zu unterstützen.

Im Bereich der C2X-Kommunikation ist zudem die Standardisierung in vielen Bereichen noch nicht abgeschlossen. So steht neben der Harmonisierung der Security- und Privacy-Architektur eine internationale Einigung unter anderem über Nachrichtenformate, Senderaten, Forwardingmechanismen und Kontrolle der Kanalauslastung noch aus. Auch ein ökonomisch tragfähiges Konzept zur großflächigen Markteinführung ist noch zu entwickeln. Vor dem Hintergrund der erhofften Verbesserung von Verkehrssicherheit und Verkehrseffizienz und des großen Fortschritts der Harmonisierung und Standardisierung in den letzten Jahren bleibt zu hoffen, dass eine sichere und vertrauenswürdige C2X-Kommunikation in näherer Zukunft Teil eines weiterentwickelten Mobilitätskonzepts wird, das die Mobilität von Gütern und Personen angesichts steigender Anforderungen durch Verkehrswachstum und den notwendigen schonenden Umgang mit den zur Verfügung stehenden Ressourcen erhält und verbessert.

A. Schreibweisen, Parameter und Beweise

A.1. Verwendete Schreibweisen und Formelzeichen

Angreifer $\mathcal{A}$ bezeichnet einen allgemeinen Angreifer (adversary).

Bitlänge $|k|$ bezeichnet die Bitlänge von k.

ECDSA-Verfahren. Im ECDSA-Verfahren bezeichnet p bzw. q die Körperordnung, $G \in E$ den öffentlichen Basispunkt mit Ordnung n, und jeweils Q den öffentlichen und d den geheimen Schlüssel des einzelnen Teilnehmers.

Elliptische Kurve E. Auf der Kurve E werden Punkte mit Großbuchstaben bezeichnet ($G, P, Q, R \in E$). Ihre Koordinaten werden im affinen Fall mit Kleinbuchstaben x, y, im projektiven Fall mit Großbuchstaben X, Y, Z bezeichnet ($G = (x_1, y_1) = (X_1, Y_1, Z_1)$).

Fensterbreite w bezeichnet die Fensterbreite in den für die skalare Multiplikation verwendeten Algorithmen.

Hashfunktion H bezeichnet eine (starke) kryptographische Hashfunktion nach Definition 2.14.

Körper GF(q) bzw. $\mathbb{F}$ bezeichnen endliche Körper von Ordnung q. Ist q prim wird zur Verdeutlichung statt des Buchstaben q der Buchstabe p verwendet. Ein allgemeiner Körpe wird mit K bezeichnet.

Konkatenation $X||Y$ bezeichnet die Konkatenation von X und Y.

Menge $\mathbb{N}$ bezeichnet die Menge $\{1, 2, 3, 4, \ldots\}$ der natürlichen Zahlen. In der hier verwendeten Definition gilt $0 \notin \mathbb{N}$. Soll die Null eingeschlossen werden, wird stattdessen die Schreibweise $\mathbb{N}_0$ verwendet.

Operationen. Die mit den Symbolen $+$ und $\cdot$ bezeichneten Operationen können je nach Kontext unterschiedlich definiert sein. So wird die Punktaddition und Punktverdopplung auf E ebenso mit $+$ bezeichnet wie die gewöhnliche Addition auf $\mathbb{N}$ oder $\mathbb{Z}$. In allen Kontexten wird die übliche Konvention verwendet, dass die Multiplikation stärker bindet als die Addition ("Punkt vor Strich"). Außerdem werden die Operatorzeichen für die Multiplikation ($\cdot$) ausgelassen, wo sie nicht Verdeutlichung nötig sind.

Primzahlen P_{256} bzw. P-256 bezeichnet die vom NIST als Modulus empfohlene und standardisierte Primzahl $P_{256} = 2^{256} - 2^{224} + 2^{192} + 2^{96} - 1$. Die ebenfalls verwendeten Zahlen P-224 und P-192 finden sich in Abschnitt 2.1.2 und in [195].

Schlüsselmengen $\mathcal{K}$. Mengen von Schlüsseln werden mit $\mathcal{K}$ bezeichnet, ihre Elemente mit K (bspw. $K_E \in \mathcal{K}_E$). Verwendete Indizes sind E für Verschlüsselungsschlüssel (*encryption*), D für Entschlüsselungsschlüssel (*decrypt*), S für Signierschlüssel (*signature*) und V für Verifikationsschlüssel (*verification*).

Urbild f^{-1} bezeichnet das Urbild einer Funktion f, auch wenn die Funktion im strengen Sinne nicht umkehrbar ist. Die Menge $f^{-1}(f(x))$ entspricht der Menge aller Urbilder von $f(x)$. Es gilt also $x \in f^{-1}(f(x))$.

Wahrscheinlichkeit $W[X]$ bezeichnet die Wahrscheinlichkeit des Ereignis X.

Zuordnung $X \leftarrow Y$ wird allgemein für Zuordnungen verwendet, etwa $K \leftarrow BS$ zum Laden des Bitstroms BS auf die Konfiguration K.

A.2. Kryptographische Parameter

A.2.1. NIST P-224 ECDSA-Parameter

Im Folgenden sind die allgemeinen statischen NIST-standardisierten Domänenparameter für die Kurve P-224 (secp224r1) [195, 38] in hexadezimaler Darstellung aufgeführt. Der Parameter a ist für alle NIST-Kurven auf $a = -3$ festgelegt.

$$p = \texttt{FFFFFFFF FFFFFFFF FFFFFFFF FFFFFFFF 00000000 00000000 00000001}$$
$$= 2^{224} - 2^{96} + 1$$

$$|p| = 224_{dez}$$

$$b = \texttt{B4050A85 0C04B3AB F5413256 5044B0B7 D7BFD8BA 270B3943 2355FFB4}$$

$$x_G = \texttt{B70E0CBD 6BB4BF7F 321390B9 4A03C1D3 56C21122 343280D6 115C1D21}$$

$$y_G = \texttt{BD376388 B5F723FB 4C22DFE6 CD4375A0 5A074764 44D58199 85007E34}$$

$$n = \texttt{FFFFFFFF FFFFFFFF FFFFFFFF FFFF16A2 E0B8F03E 13DD2945 5C5C2A3D}$$

$$h = \texttt{01}$$

A.2.2. NIST P-256 ECDSA-Parameter

Im Folgenden sind die allgemeinen statischen NIST-standardisierten Domänenparameter für die Kurve P-256 (secp256r1) [195, 38] in hexadezimaler Darstellung aufgeführt. Der Parameter a ist für alle NIST-Kurven auf $a = -3$ festgelegt.

$$p = \texttt{FFFFFFFF 00000001 00000000 00000000 00000000 FFFFFFFF FFFFFFFF FFFFFFFF}$$
$$= 2^{224}(2^{32} - 1) + 2^{192} + 2^{96} - 1$$

$$|p| = 256_{dez}$$

b = 5AC635D8 AA3A93E7 B3EBBD55 769886BC 651D06B0 CC53B0F6 3BCE3C3E 27D2604B

x_G = 6B17D1F2 E12C4247 F8BCE6E5 63A440F2 77037D81 2DEB33A0 F4A13945 D898C296

y_G = 4FE342E2 FE1A7F9B 8EE7EB4A 7C0F9E16 2BCE3357 6B315ECE CBB64068 37BF51F5

n = FFFFFFFF 00000000 FFFFFFFF FFFFFFFF BCE6FAAD A7179E84 F3B9CAC2 FC632551

h = 01

A.3. Beweis von Lemma 5.2

Im Folgenden wird Lemma 5.2 bewiesen. Der Übersichtlichkeit wegen ist das Lemma nochmals gegeben.

Lemma 5.2 (Schätzung des Korrekturfaktors n): *Sei Z_0 das Zwischenergebnis in [DSP5 ... DSP0] vor Propagation der Carrys. Dann erhält man eine Schätzung m für n mit $X = Z - np$ durch Betrachtung der Bits [44 ... 40] von DSP5 wie folgt: Bits [44 ... 41] ergeben interpretiert als Binärzahl den ersten Schätzer m_0. m ergibt sich aus m_0 durch Betrachtung des Entscheidungs-Bit 40 := d. Man setzt $m = m_0 - 1$, falls $d = 0$, $m = m_0$ sonst. Dann gilt: $m \leq n \leq m + 1$.*

Beweis: Die Schätzung m_0 in Lemma 5.2 für die Anzahl der "Überläufe" über p und damit den Korrekturfaktor legt einen Wert zugrunde, der aufgrund zweier systematischer Abweichungen nicht notwendigerweise dem korrekten Vielfachen von p entspricht. Diese zwei Abweichungen sind:

(i) Statt dem korrekten Wert $p = 2^{256} - 2^{224} + 2^{192} + 2^{96} - 1$ wird der Wert $s = 2^{256} > p$ herangezogen. Dieser lässt sich leicht aus den betrachteten Bits ablesen.

(ii) Die Schätzung erfolgt aufgrund des vor der Propagation der Carrys in DSP5 zur Verfügung stehenden Zwischenergebnisses und nicht aufgrund des eigentlichen Ergebnisses der Addition nach vollständiger Berechnung.

Abbildung A.1 zeigt einen Ausschnitt eines (nicht maßstabsgetreuen) Zahlenstrahls um den Ursprung mit den Werten für p, s und $\frac{s}{2}$.

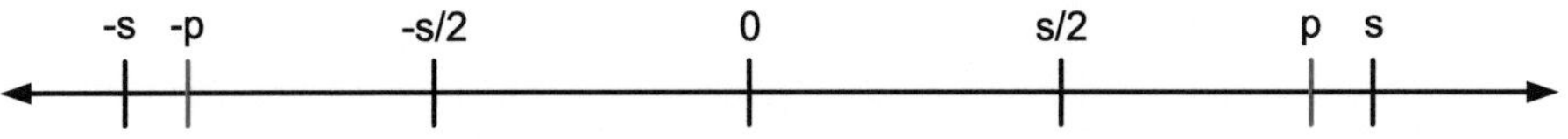

Abbildung A.1.: Zahlenstrahl mit Abschätzungsintervallen

Interessant für die Aussage des Lemmas ist der durch die Durchführung der Reduktion (vgl. Gleichung 2.9) für das Zwischenergebnis Z erreichbare Bereich $[-4s; 7s] \subset [-5p; 8p]$. Hierbei ist zu beachten, dass die einzelnen 256 Bit langen Summanden nicht modulo p reduziert sind und daher jeder Summand zwar aufgrund der Bitlänge kleiner s ist, aber nicht unbedingt kleiner p. Der Beweis von Lemma 5.2 erfolgt nun über mehrere Teilaussagen.

Lemma A.1 (Hilfsbehauptungen für den Beweis von Lemma 5.2): *Seien p und s wie oben definiert, $k \in [-5; 8]$.*

1. *Für ein Vielfaches kp von p gilt: $kp \in [\frac{2k-1}{2}; ks]$ falls k positiv, $kp \in [ks; \frac{2k+1}{2}]$ falls k negativ.*

2. *Der in Lemma 5.2 definierte Schätzer ist innerhalb der betrachteten Grenzen robust gegen die durch die fehlende Carrypropagation entstehende Unschärfe.*

Beweis der Hilfsbehauptung (1.):   Für die Schätzung werden Vielfache der Werte s und $\frac{s}{2}$ betrachtet. Geht man von einer kontinuierlichen Betrachtung aus, erhält man statt der Folgen für kp, ks und $k\frac{s}{2}$ mit $k \in \mathbb{N}$ die folgenden Funktionen für $k \in \mathbb{R}$:

$$f(k) \;=\; kp \tag{A.1}$$

$$g_1(k) \;=\; ks \tag{A.2}$$

$$g_2(k) \;=\; \begin{cases} g_2^+(k) & = & \frac{2k-1}{2}s & \text{falls} & k > 0 \\ g_2^0(k) & = & 0 & \text{falls} & k = 0 \\ g_2^-(k) & = & \frac{2k+1}{2}s & \text{falls} & k < 0. \end{cases} \tag{A.3}$$

Dabei erfolgt die Definition von $g_2(0) = 0$ aus Symmetriegründen. Die zu beweisende Behauptung ist korrekt genau im Bereich zwischen den beiden äußeren Schnittpunkten von f und g_2. Abbildung A.2 zeigt den Verlauf der Funktionen mit für die Darstellung skalierten Koordinatenachsen.

f und g_1, g_2 sind lineare bzw. abschnittsweise lineare Funktionen. Aufgrund der unterschiedlichen Steigung schneidet f die Funktion g_1 in genau einem Punkt $(0,0)$, die Funktion g_2 in jeweils genau einem Punkt der unterschiedlich definierten Äste. Alle drei Funktionen sind punktsymmetrisch zum Ursprung. Daher wird im Folgenden lediglich der Funktionsverlauf im ersten Quadranten betrachtet. Der durch Z erreichbare positive Bereich ist betragsmäßig größer, daher lassen sich die hierfür getroffenen Aussagen später sinngemäß auf den dritten Quadranten übertragen.

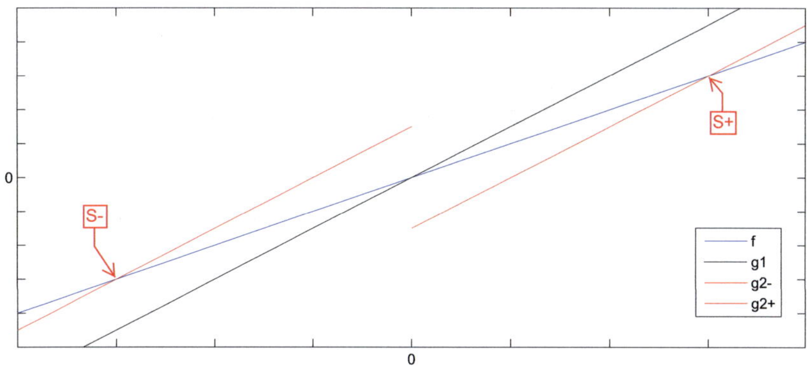

Abbildung A.2.: Verlauf der Abschätzungsfunktionen (unskaliert)

Für den Schnittpunkt S^+ von f und g_2^+ gilt:

$$
\begin{aligned}
g_2^+(S^+) &= f(S^+) \\
\frac{2k-1}{2}s &= kp \\
ks - \frac{1}{2}s - kp &= 0 \\
k &= \frac{s}{2(s-p)}
\end{aligned}
$$

Mit Einsetzen von p und s ergibt sich folgende Abschätzung:

$$
\begin{aligned}
k &= \frac{2^{256}}{2(2^{256} - (2^{256} - 2^{224} + 2^{192} + 2^{96} - 1))} \\
&= \frac{2^{255}}{2^{224} - 2^{192} - 2^{96} + 1} \\
&> \frac{2^{255}}{2^{224}} = 2^{31} = 2147483648 \approx 2,1 \cdot 10^9
\end{aligned}
$$

Da $8 << 2^{31}$ liegt f im betrachteten Bereich immer zwischen g_1 und g_2 und es folgt Hilfsbehauptung (1.).

$\square$

Beweis der Hilfsbehauptung (2.): Für die Hilfsbehauptung (2.) ist zu zeigen, dass innerhalb der betrachteten Grenzen das Vielfache kp weit genug von den Intervall-grenzen $[[\frac{2k-1}{2}; ks]]$ entfernt ist, dass auch bei einer Überschreitung dieser Grenzen nach Propagation der Carrybits der Schätzer korrekt ist. Für den positiven Fall sind lediglich die fünf positiven Summanden von Z zu berücksichtigen. Von diesen werden zwei noch mit 2 multipliziert, so dass insgesamt sieben Summanden angenommen werden können. Die aus dem jeweils niederwertigeren DSP propagierten Carry-bits können vereinfacht als weiterer Summand gerechnet werden. Der für die Schätzung als Grundlage dienende DSP5 erhält also maximal vier Bit Carry von DSP4. Damit ist der größtmögliche Fehler vor der Propagation, also die maximale Differenz $\Delta = |Z - Z_0|$ zwischen Z und Z_0, kleiner 2^{219}.

Aufgrund der Linearität der beteiligten Funktionen genügt die Betrachtung der Randwerte. Für $Z_0 \in [0; \frac{s}{2}]$, also $m_0 = 0$ und $d = 0$ ergibt der Schätzer $m = -1$, ebenso für $m_0 = -1$ und $d = 1$, was einem Wert von $Z_0 \in [-\frac{s}{2}; 0]$ in Zweierkomplement-Darstellung entspricht. Es gilt:

$$
\begin{aligned}
-p \;&=\; -2^{256} + 2^{224} - 2^{192} - 2^{96} + 1 \\
&<\; -2^{255} - 2^{219} &&=\; -\tfrac{s}{2} - \Delta \\
&<\; 2^{255} + 2^{219} &&=\; \tfrac{s}{2} + \Delta \\
&<\; 2^{256} - 2^{224} + 2^{192} + 2^{96} - 1 &&=\; p
\end{aligned}
$$

Als oberer Randwert wird aufgrund der besseren Darstellbarkeit in Zweierpotenzen mit $Z_0 \in [\frac{15s}{2}; 8s]$ ein schärferes Kriterium als nötig betrachtet. Es gilt:

$$
\begin{aligned}
7p \;&=\; 2^{259} - 2^{256} - 2^{227} + 2^{224} + 2^{195} - 2^{192} + 2^{99} - 2^{96} - 7 \\
&<\; 2^{259} - 2^{255} - 2^{219} &&=\; \tfrac{15s}{2} - \Delta \\
&<\; 2^{259} - 2^{255} + 2^{219} &&=\; \tfrac{15s}{2} + \Delta \\
&<\; 2^{259} - 2^{227} + 2^{195} + 2^{99} - 8 &&=\; 8p
\end{aligned}
$$

$$
\begin{aligned}
8p \;&=\; 2^{259} - 2^{227} + 2^{195} + 2^{99} - 8 \\
&<\; 2^{259} - 2^{219} &&=\; 8s - \Delta \\
&<\; 2^{259} + 2^{219} &&=\; 8s + \Delta \\
&<\; 2^{259} + 2^{256} - 2^{227} - 2^{224} \\
&<\; 2^{259} + 2^{256} - 2^{227} - 2^{224} + 2^{195} + 2^{192} + 2^{99} + 2^{96} - 9 &&=\; 9p
\end{aligned}
$$

Für den Fall dass Z_0 negativ ist gelten die Aussagen aus Symmetriegründen entsprechend. Damit ist der Schätzer korrekt und es gilt Hilfsbehauptung (2.).

$\square$

Nach Hilfslemma A.1 gilt also $kp \in [\frac{2k-1}{2}; ks]$. Die Bits $[44\ldots41]$ von DSP5 geben direkt die Anzahl m_0 der Überläufe über s an. Da $s > p$ gilt ist die Anzahl der Überläufe über p immer kleiner oder gleich. Wenn $Z_0 \in [\frac{2m_0+1}{2}; (m_0 + 1)s]$ gilt, so ist m_0 akkurat. Wenn $Z_0 \in [m_0 s; \frac{2m_0+1}{2}]$ gilt, so kann $n < m_0$ gelten und m wird entsprechend angepasst.

$\blacksquare$

B. Leistungsbetrachtungen und Implementierung

B.1. ECDSA-Tracing auf affinen Koordinaten

Zur Verdeutlichung der kritischen Stellen in den Verfahren zur ECDSA-Signaturberechnung wurde ein Tracing dieser Verfahren anhand einer Aufwandsschätzung durchgeführt. Grundlage sind die entsprechenden Algorithmen auf affinen Koordinaten und die in Kapitel 5.5 vorgestellte Referenzimplementierung. Dabei wurden die in Kapitel 5.5 beschriebene Parallelisierung und die Verwendung der gleichzeitigen Vielfachpunkt-Multiplikation berücksichtigt, ansonsten aber Worst-Case-Abschätzungen verwendet. Die entsprechenden Ergebnisse sind in den Tabellen B.1 und B.2 zusammengefasst.

1. Select a random $k \in [1; n-1]$	parallel zu 2.1
2. Calculate $r = x_1 \ (mod \ n)$, where $(x_1, y_1) = k \cdot G$	$6\lvert p\rvert^2 + 6\lvert p\rvert$ Takte
2.1 $P_1 = G \ \& \ P_2 = 2G$	
2.2 for i from $\lvert p\rvert - 2$ downto 0 do	
2.2a if $k_i = 0$ then $P_1 = 2P_1 \ \& \ P_2 = P_1 + P_2$	
2.2b else $P_1 = P_1 + P_2 \ \& \ P_2 = 2P_2$	
end if	
end for	
3. $e = HASH(m)$ (SHA2: 68 Takte/512bit)	parallel zu 1 und 2
4. $s = k^{-1} \cdot (e + d \cdot r) \ mod \ n$	$3\lvert p\rvert + 1$ Takte
4.1 $s = d \cdot r \ (mod \ n)$ $\lvert p\rvert$ Takte	
4.2 $s = e + s \ (mod \ n)$ 1 Takt	
4.3 $s = s/k \ (mod \ n)$ $2\lvert p\rvert$ Takte	
	$6\lvert p\rvert^2 + 9\lvert p\rvert + 1$ Takte

Tabelle B.1.: Tracing der ECDSA-Signaturgenerierung

Es wird deutlich, dass in beiden Algorithmen die skalare Multiplikation auf der elliptischen Kurve E bei den größten Gesamtaufwand erfordert. Für den verwen-

1. Verify that r and $s \in [1; n-1]$	1 Takt
2. $e = HASH(m)$ (SHA2: 68 Takte/512bit)	parallel zu 3
3. $w = s^{-1} \bmod n$	$2\|p\|$ Takte
4. $u_1 = e \cdot w \bmod n$ and $u_2 = r \cdot w \bmod n$	parallel zu 5.1
5. Calculate $X = (x_1, y_1) = u_1 \cdot G + u_2 \cdot Q$	$8\|p\|^2 + 14{,}75\|p\| + 5$ Takte
$\quad$ 5.1 $G + Q$ and $X = O$	
$\quad$ 5.2 For i from $\|p\| - 1$ downto 0 do	
$\qquad\quad$ 2.2a $X = 2X$	
$\qquad\quad$ 2.2b $X = X + (u_{1i}G + u_{2i}Q)$	
$\quad$ end for	
6. $v = x_1 \bmod n$	1 Takt
7. $v = r$?	1 Takt
	$8\|p\|^2 + 16{,}75\|p\| + 8$ Takte

Tabelle B.2.: Tracing der ECDSA-Signaturverifikation

deten Modulus $p256$ benötigt die skalare Multiplikation bei der Signaturgenerierung alleine 394752 von insgesamt 395521 Takten, ihr Anteil an der Gesamtlaufzeit ist damit 99,8%. Für die Signaturverifikation liegt der Anteil der Berechnung von $X = u_1G + u_2Q$ an der Gesamtlaufzeit sogar bei 99,9%. Da der Aufwand für die skalare Multiplikation quadratisch mit der Schlüssellänge wächst, der sonstige Aufwand jedoch lediglich linear, ist zweiterer sogar asymptotisch vernachlässigbar.

B.2. SHA-1 Benchmark

Um die Leistungsfähigkeit und den Durchsatz der Interitätsmessung mit unterschiedlichen Implementierungen zu vergleichen, wurden Messungen mit verschiedenen Alternativen durchgeführt. Als TPM-Baustein wurde ein Infineon SLB9630 verwendet, die Software zur Ansteuerung, Datenübertragung und ggf. Hashen wurde auf einem Xilinx MicroBlaze Softcore Prozessor bei 100 MHz Taktfrequenz ausgeführt. Es zeigen sich Unterschiede ja nachdem, ob die Software aus dem BRAM oder aus einem angeschlossenen externen DDR-RAM Speicher ausgeführt wird. Die folgenden Tabellen zeigen die Performanz für verschiedene Implementierungsvarianten.

Der Durchsatz steigt mit steigender Dateigröße an, konvergiert dann aber, da die jeweils einmalig durchgeführten Schritte zur Initialisierung am Anfang und zum Padding am Ende anteilig geringer werden. Im Vergleich einer Programmausführung aus dem BRAM (Tabelle B.3) ist die Leistung bei Programmausführung aus dem DDR-RAM (Tabelle B.4) aufgrund der Speicherzugriffe über den Controller deutlich geringer. Die Berechnung des Hashwertes direkt auf dem Microprozessor ist ingesamt wesentlich schneller, auch da die Übertragung über den LPC-Bus entfällt (Tabellen B.5 und B.6). Der Unterschied zwischen den unterschiedlichen Speicherstellen ist daher auch deutlicher.

Inputlänge [Byte]	1024	1216	2048	4096	12288
Laufzeit [Zyklen]	1596481	1639859	1996034	2790558	5900309
Laufzeit [s]	0,0159648	0,0163986	0,0199603	0,0279056	0,0590031
Durchsatz [Byte/s]	64141,070	74152,717	102603,46	146780,68	208260,28

Tabelle B.3.: SHA-1 Hash-Leistung TPM, Programmcode im BRAM

Inputlänge [Byte]	1024	1216	2048	4096	12288
Laufzeit [Zyklen]	5921514	6414817	8829648	14650009	37645492
Laufzeit [s]	0,0592151	0,0641482	0,0882965	0,1465001	0,3764549
Durchsatz [Byte/s]	17292,875	18956,114	23194,583	27959,027	32641,359

Tabelle B.4.: SHA-1 Hash-Leistung TPM, Programmcode im DDR-RAM

Inputlänge [Byte]	1024	1216	2048	4096	12288
Laufzeit [Zyklen]	77149	90799	149949	295549	877955
Laufzeit [s]	0,0007715	0,0009080	0,0014995	0,0029555	0,0087796
Durchsatz [Byte/s]	1327301,7	1339221,8	1365797,7	1385895,4	1399616,2

Tabelle B.5.: SHA-1 Hash-Leistung Microblaze, Programmcode im BRAM

Inputlänge [Byte]	1024	1216	2048	4096	12288
Laufzeit [Zyklen]	4281173	5040131	8329135	16424501	48807138
Laufzeit [s]	0,0428117	0,0504013	0,0832914	0,1642450	0,4880714
Durchsatz [Byte/s]	23918,678	24126,36	24588,388	24938,353	25176,645

Tabelle B.6.: SHA-1 Hash-Leistung Microblaze, Programmcode im DDR-RAM

Inputlänge [Byte]	1024	1216	2048	4096	12288
Laufzeit [Zyklen]	9499	11227	18715	37147	110875
Laufzeit [ms]	0,095	0,112	0,187	0,371	1,109
Durchsatz [10^6 Byte/s]	10,780	10,831	10,943	11,026	11,083

Tabelle B.7.: SHA-1 Hash-Leistung mit Hardware-SHA-1-Core

Das in Tabelle B.7 dargestellte Hashing in Hardware ist im Vergleich mit der Micro-Blaze-Implementierung eine Größenordnung leistungsfähiger. Die Beschränkung ist dort zudem die Datenübertragung über den OPB-Bus, mit dem der Hashing-Core an den MicroBlaze angebunden ist. Der Core selbst hat einen maximalen Durchsatz von 77,1 MByte/s bei 100 MHz Systemtakt. Die Latenz zwischen Übertragung des letzten Wortes und dem Bereitstehen des Hashwerts beträgt maximal 313 Takte, bestehend aus der Durchführung des Paddings (113-193 Takte) und der Übetragung der Daten.

Ein weiterer Leistungsvergleich erfolgte im Umfeld der Absicherung von auf Microcontrollern basierenden Systemen. Analog zur Konfigurationsmessung durch Betrachtung des Bitstroms bei rekonfigurierbaren Systemen wird in diesem Fall der Inhalt des Flashspeichers als Softwarekonfiguration betrachtet und als Hashwert abgelegt. Dies ermöglicht zum einen eine schnelle und sichere externe Überprüfung des Systemzustands, kann auf der anderen Seite aber auch als Basis für die Durchsetzung von Nutzungsregeln dienen. Die Messung erfolgt während des Systemstarts.

Eine Realisierung einer solchen Absicherung für eine telemedizinische Anwendung in einem Personal Area Network wurde vorgestellt von Grossmann et al [113]. Das betrachtete System umfasste als Hauptprozessor einen 16-Bit Low-Power MSP430-Microcontroller von Texas Instruments und zur Absicherung wurde ein zur TCG-Spezifikation 1.2 konformes Atmel-TPM mit System Management Bus (SMBus) [234] verwendet. Beim Systemstart wurde zunächst aus einem ROM die Integrationsmessung gestartet und der gesamte Flashinhalt (48 KB) im TPM gehasht. Anschließend wurde das System gestartet. Die Integritätsmessung in dieser Form erzeugte eine zusätzliche Latenz beim Systemstart von acht Sekunden, die sich vor allem aus der Übertragungszeit der Daten zum TPM und der Berechnung des Hashwertes zusammensetzt. Tabelle B.8 zeigt einen Vergleich der entstehenden Latenzen bei Verwendung des ActiveTPM-Ansatzes.

Quelle	Implementierung	Durchsatz [kByte/s]	Latenz [ms] 48 kByte	Latenz [ms] 1 MByte
[113]	Atmel-TPM / SMBus	6,04	7948	169.500
	Infineon-TPM / LPC	204	236	5.019
Diese Arbeit	MicroBlaze (SW) / Flash	1367	35	749
	ActiveTPM (HW)	272.384	0,18	3,76

Tabelle B.8.: Vergleich der Geschwindigkeit der Integritätsmessung für verschiedene Implementierungsvarianten

Vor dem Hintergrund der Echtzeitanforderungen im Betrieb, aber auch der Anforderungen an Kundenkomfort beim Systemstart etwa im Automobil ist die durch die Absicherung erzeugte Verzögerung eine relevante Größe. Die Absicherung durch ein

ActiveTPM mit integrierter Hardwareunterstützung für die Integritätsmessung bietet den Vorteil, dass die Absicherung selbst bei größerem Softwareumfang keinen merklichen Einfluß auf die Startzeit des Systems hat.

B.3. Implementierungsdetails

B.3.1. Nachrichtenformat für das On-Chip-BusNoC

Im Folgenden wird das Nachrichtenformat vorgestellt, das von dem auf der C2X-OBU implementierten On-Chip-Kommunikationssystem (BusNoC) verwendet wird. Tabelle B.9 zeigt die Header-Struktur eines BusNoC-Paketes.

Header						DATA
Byte0	Byte1	Byte2			Byte3	
7..0	7..0	7..4	3	2..0	7..0	
SRC	DST	PRI	CF	res	LEN	

Tabelle B.9.: Header-Struktur für BusNoC Datenpakete

Der BusNoC-Header besteht aus insgesamt vier Byte und enthält verschiedene Felder und Flags, die im Folgenden kurz erklärt sind:

SRC: Acht Bit Quellenadresse, die immer die Adresse des Senders angibt. Sie besteht aus fünf Bit Knotenadresse (NodeID) und drei Bit Subnetzmaske.

DST: Acht Bit Zieladresse, die analog zur Quellenadresse aufgebaut ist. Ziel kann entweder ein einzelnes Modul oder eine Gruppe von Modulen sein, um einen Multicast zu implementieren. DST 0 ist als Broadcast-Adresse definiert.

PRI: Vier Bit Prioritätsinformation. In den Bits 7..5 sind Applikationsprioritäten codiert während Bit 4 als Superprioritäts-Flag für Kontrollnachrichten reserviert ist.

CF: Chaining-Flag. Es gibt an, dass das betreffende Paket Teil einer mehrere Pakete umfassenden verketteten (engl. chained) Übertragung ist.

res: Drei Bit Reserve für spätere Protokollerweiterungen.

LEN: Acht Bit Daten-Längenfeld. Ein Wert n des Längenfelds entspricht einer Länge von $n + 1$ Byte des Datenfelds. Damit ist die maximale Länge auf 128 Byte Daten beschränkt. Diese Längenbeschränkung stellt einen Kompromiss dar zwischen Protokolleffizienz in der Übertragung und maximal akpzeptabler Arbitrierungslatenz für höchstpriore Botschaften. Für die Übertragung längerer Nachrichten müssen mehrere BusNoC-Pakete mit Hilfe des Chaining-Flags verkettet übertragen werden.

B.3.2. LPC-Bus

Der LPC-Bus [144] wurde 1989 von Intel als Ersatz für den ISA-Bus [181] eingeführt. Anstatt mit 30-72 Pins bei ISA kommt der LPC-Bus mit lediglich sieben Pins aus, wird dafür aber mit 33 MHz Taktfrequenz betrieben, um eine vergleichbare Datenrate zu erreichen. Softwareseitig unterscheiden sich die Busse nicht.

Die mindestens sieben Leitungen setzen sich zusammen aus vier Datenleitungen [LAD0..LAD3], einer Taktleitung LCLK, einer Signalleitung LFRAME, die den Anfang eines Frames markiert, und einer Resetleitung LRESET für die LPC-Peripherie. Optional sind eine LPCPD-Leitung, die einen bevorstehenden Energiesparmodus mit Taktabschaltung signalisiert und eine SERIRQ-Leitung, die die Art eines Interrupts signalisiert, falls Interrupts von der Hardware unterstützt werden.

Der LPC-Bus unterstützt nativ drei Zyklustypen: *Direct Memory Access* (DMA), *Busmastering* und *I/O*-Zyklen. Da das TPM nur I/O-Zyklen unterstützt, wird nur auf diese weiter eingegangen. Abbildung B.1 zeigt den Aufbau der entsprechenden Lese- und Schreibzyklen.

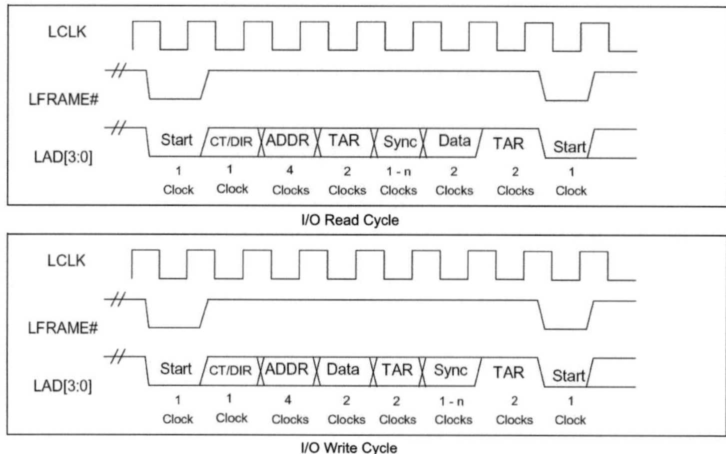

Abbildung B.1.: I/O-Frames auf dem LPC-Bus

Man sieht, dass ein kompletter Zyklus 13 Take umfasst, von denen in lediglich zwei Takten jeweils ein Halbbyte (Nibble) Daten übertragen wird. Die resultierende Datenrate des LPC-Busses bei 33 MHz Taktfrequenz ist 2,56 MByte/s.

Speziell für TPMs wurden im LPC-Protokoll neue Zyklen eingefügt. Hierfür werden im Start-Feld spezielle Werte eingetragen, die dem TPM neben der Adresse als zusätzliches Attribut für die Locality-Information dienen. Damit kann das TPM auf den fünf eigentlichen Locality-Ebenen [0..4] und für Abwärtskompatibilität auf einer weiteren Legacy-Locality angesprochen werden.

Umsetzung in Hardware Die Umsetzung auf dem Chip erfolgt in drei endlichen Automaten. Der erste (EA1) steuert die Übergänge, die Daten auf den Bus legen. Er reagiert auf die steigende Taktflanke des LPC-Taktsignals bei 33 MHz, das vom Digital Clock Management (DCM) des FPGA erzeugt wird. Für eingehende Daten, die immer etwas verzögert am Bus anliegen, wurde ein zweiter Automat EA2 implementiert, der auf die fallende Flanke des LPC-Taktes reagiert. Der dritte Automat EA3 reagiert auf den Bustakt des OPB bei 100 MHz und regelt das Lesen und Schreiben des Register-Interface. Abbildung B.2 zeigt alle drei Automaten zusammen farblich gekennzeichnet in einem Zustandsübergangsdiagramm.

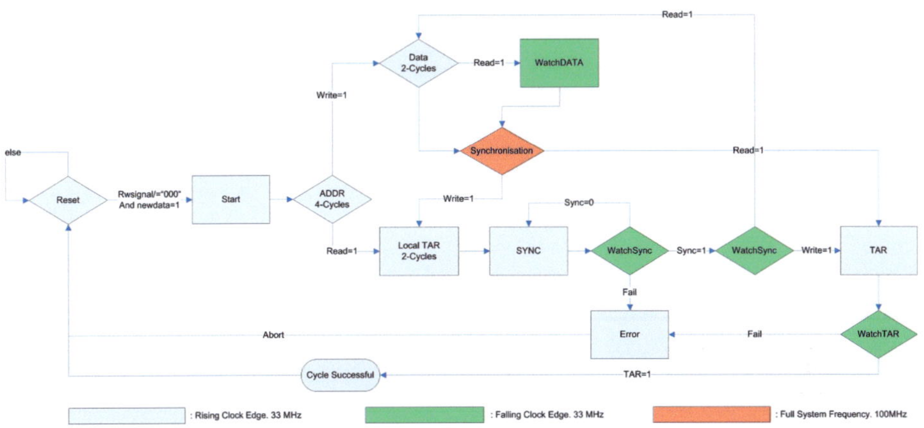

Abbildung B.2.: Zustandsautomat für die LPC-Steuerung

Die Ansteuerung des LPC-Cores und der Datenaustausch erfolgt über ein einfaches Register-Interface, das vom OPB aus gelesen und geschrieben werden kann. Der gesamte LPC-Core ist in Hardware implementiert und belegt auf dem FGPA 122 Slices, das entspricht etwa 0,4% der Logikressourcen auf dem verwendeten Virtex-II Pro Baustein.

C. Sicheres Update für eingebettete Systeme

Die Trusted Computing Basis für Steuergeräte kann auch als Basis für erweiterte Sicherheitsfunktionen dienen. Als Beispiel wird hier das Update oder Upgrade von eigebetteten Systemen über unsichere Kanäle betrachtet. Die Trusted Platform dient als Basis für die Authentifizierung und auch für die Verschlüsselung der Übertragung. Zusätzlich kann eine Durchsetzung von Regeln erzwungen werden und damit Rechtemanagement und die Verhinderung der Datenweitergabe an andere Systeme. Als Proof-of-Concept wurde ein Updateverfahren für eingebettete Systeme betrachtet und für ein rekonfigurierbares System mit Standard-TPM implementiert [107].

Das betrachtete Szenario umfasst ein eingebettetes System $\mathcal{TP}$, bspw. ein Automobilsteuergerät, das in Betrieb ist und bei nur sporadisch zur Verfügung stehender Onlineverbindung bei einem Updateserver $\mathcal{S}$ des Herstellers die Verfügbarkeit von Updates überprüft. Dort soll festgestellt werden, ob kompatible Updates vorliegen und diese ggf. sicher übertragen werden. Schutzziele sind dabei gegenseitige Authentifizierung der Kommunikationspartner und die Vertraulichkeit, Integrität und Nichtweitergabe der übertragenen Daten. Den Ablauf des Update-Protokolls zeigt Abbildung C.1 unter Verwendung der folgenden Bezeichner:

$(EK_{pub}^{\mathcal{TP}}, EK_{sec}^{\mathcal{TP}})$: Endorsement-Schlüsselpaar der Trusted Platform (2048 bit RSA)

$(BK_{pub}^{\mathcal{TP}}, BK_{sec}^{\mathcal{TP}})$: Binding-Schlüsselpaar der Trusted Platform $\mathcal{TP}$ (2048 bit RSA)

$(SK_{pub}^{\mathcal{TP}}, SK_{sec}^{\mathcal{TP}})$: Signatur-Schlüsselpaar der Trusted Platform $\mathcal{TP}$ (2048 bit RSA)

$\text{Cert}^{\mathcal{TP}}, \text{Cert}^{\mathcal{S}}$: Platformzertifikat von $\mathcal{TP}$ bzw. des Servers $\mathcal{S}$

$\mathcal{K}$: Symmetrischer Sitzungsschlüssel, implementiert ist ein 256 Bit AES-Schlüssel

nonce: 20 Byte durch den Server erzeugte Zufallszahl (Nonce[1]).

Das Protokoll verwendet die eindeutige Identität der Trusted Platform zur Authentifizierung und als Primärschlüssel für die Datenbank auf Serverseite. Zustand und Eigenschaften der Plattform werden über das Trusted Plattform-Zertifikat und eine Konfigurationsabfrage bestimmt und dienen als Basis für die Entscheidung, ob Updates für das Zielsystem zur Verfügung stehen und dem System außerdem vertraut werden kann, die Richtlinien für den Umgang mit den geschützten Daten einzuhalten. Um die Vertraulichkeit der Daten sicherzustellen, wird ein Sitzungsschlüssel auf

---

[1]Number used only ONCE

Schritt 1: $\mathcal{TP}$ überträgt EK_{pub}^{TP}, BK_{pub}^{TP}, SK_{pub}^{TP}, Cert^{TP} an $\mathcal{S}$. $\mathcal{S}$ überprüft die Identität von $\mathcal{TP}$ mit Hilfe von EK_{pub}^{TP} und einer lokalen Datenbank und die Eigenschaften E^{TP} von $\mathcal{TP}$ mittels Cert^{TP}.

Schritt 2: $\mathcal{S}$ sendet an $\mathcal{TP}$ die Authorisierungsinformationen $SK_{pub}^{\mathcal{S}}$, $\text{Cert}^{\mathcal{S}}$, einen signierten und an $\mathcal{TP}$ gebundenen Sitzungsschlüssel $BK_{pub}^{TP}\{\mathcal{K}\}$, $SK_{priv}^{\mathcal{S}}\{H(\mathcal{K})\}$ und eine verschlüsselte Konfigurationsanfrage $\mathcal{K}\{CR\ request,\ nonce_1\}$.

Schritt 3: $\mathcal{TP}$ überprüft die Authorisation von $\mathcal{S}$ anhand des Zertifikats $\text{Cert}^{\mathcal{S}}$, beantwortet die Konfigurationsanfrage verschlüsselt mit dem Sitzungsschlüssel $\mathcal{K}$ und überträgt $\mathcal{K}\left\{CR,\ SK_{priv}^{TP}\{CR,\ nonce_1,\ nonce_2\}\right\}$.

Schritt 4: $\mathcal{S}$ überprüft anhand der Inhalte der Konfigurationsregister CR den Zusatnd von $\mathcal{TP}$ und entscheidet, ob passende Updates vorhanden sind, und überträgt ggf. die benötigten Daten verschlüselt an $\mathcal{TP}$: $\mathcal{K}\left\{Data,\ SK_{priv}^{\mathcal{S}}\{H(Data),\ nonce_2\},\ nonce_3\right\}$.

Schritt 5: $\mathcal{TP}$ führt das Update aus und meldet die neue Konfiguration als Acknowledge an $\mathcal{S}$: $\mathcal{K}\left\{CR_{neu},\ SK_{priv}^{TP}\{CR_{neu},\ nonce_3\}\right\}$.

Abbildung C.1.: Protokollablauf für das Update

Serverseite erstellt und an die empfangende Plattform gebunden. Die übertragenen Daten werden durchgängig verschlüsselt übermittelt. Die verwendeten Nonces stellen sicher, dass ein Angreifer $\mathcal{A}$ abgefangene Nachrichten nicht für Replay-Angriffe verwenden kann. Durch die Rückmeldung der neuen Konfiguration in Schritt 5 erhält der Server eine Bestätigung über den Erfolg des Updates.

Abbildungsverzeichnis

Tabellenverzeichnis

Algorithmenverzeichnis

Abkürzungsverzeichnis

ABS	Anti-Blockier-System
ACC	Adaptive Cruise Control
AES	Advanced Encryption Standard
AHSRA	Advanced Cruise-Assist Highway System Research Association
AIK	Attestation Identity Key
API	Application Programming Interface
ARIB	Association of Radio Industries and Businesses
ASIC	Application Specific Integrated Circuit
ASIP	Application Specific Processor
ASR	Anti-Schlupf-Regelung
BIOS	Basic Input Output System
BIP	Bruttoinlandsprodukt
BRAM	Block Random Access Memory
BTE	Bitstream Trust Engine
C2C	Car-to-Car
C2CC	Car-to-Car Communication
C2I	Car-to-Infrastructure
C2X	Car-to-X
CA	Certification Authority
CALM	Communications Access for Land Mobiles
CAN	Controller Area Network
CBF	Contention Based Forwarding
CC	Common Criteria (for Information Technology Security Evaluation)
CCRA	Common Criteria Recognition Agreement
COOPERS	Co-operative Systems for Intelligent Road Safety
CORDIC	Coordinate Rotational Digital Computer
CPLD	Complex Programmable Logic Device
CPU	Central Processing Unit
CRC	Cyclic Redundancy Check
CRM	Customer Relationship Management
CRTM	Core Root of Trust for Measurement
CVIS	Cooperative Vehicle Infrastructure System
DCM	Digital Clock Management

DLP .... Discrete Logarithm Problem
DMA .... Direct Memory Access
DNAC .... Direct Network Access Control
DoS .... Denial-of-Service
DOT .... Department of Transportation
DRM .... Digital Rights Management
DRNG .... Deterministic Random Number Generator
DSA .... Digital Signature Algorithm
DSRC .... Dedicated Short Range Communication
DSS .... Digital Signature Standard
E/E .... Elektrik/Elektronik
EAL .... Evaluation Assurance Level
EC .... Elliptic Curve
ECC .... Elliptic Curve Cryptography
ECDLP .... Elliptic Curve Discrete Logarithm Problem
ECDSA .... Elliptic Curve Digital Signature Algorithm
ECU .... Electronic Control Unit
EDK .... Embedded Development Kit
EEA .... Erweiterter Euklidischer Algorithmus
EEPROM .... Electrically Erasable and Programmable Read Only Memory
EK .... Endorsement Key
ESP .... Elektronisches Stabilitätsprogramm
ETC .... Electronic Toll Collect
ETSI .... European Telecommunications Standards Institute
EVITA .... E-safety Vehicle Intrusion proTected Applications
FAR .... Frame Address Register
FDRI .... Frame Data Register, Input Register
FF .... FlipFlop
FIPS .... Federal Information Processing Standard
FPGA .... Field Programmable Gate Array
FSL .... Fast Simplex Link
FSM .... Finite State Machine
GPIO .... General Purpose Input Output
GPP .... General Purpose Processor
GPS .... Global Positioning System
GST .... Global System for Telematics
HCR .... Hardware Configuration Register
HDL .... Hardware Description Language
HECC .... HyperElliptic Curve Cryptography
HMAC .... keyed-Hash Message Authentication Code
HSM .... Hardware Security Module
ICAP .... Internal Configuration Access Port
IEEE .... Institute of Electrical and Electronics Engineers

IFP	Integer Factorization Problem
IP	Intellectual Property
IPL	Initial Program Loader
IPM	Information Processing Module
ISA	Industry Standard Architecture
ISO	International Organization for Standardization
ITIV	Institut für Technik der Informationsverarbeitung
ITS	Intelligent Transportation System
IVC	Inter-Vehicle Communication
JTAG	Joint Test Action Group
KFZ	Kraftfahrzeug
LOCC	LOCation Checker
LPC	Low Pincount Bus
LUT	LookUp Table
MAC	Message Authentication Code
MANET	Mobile Ad-Hoc NETwork
MBR	Master Boot Record
MHCR	Main Hardware Configuration Register
MIPS	Mega Instructions Per Second
MLTM	Mobile Local Owner Trusted Module
MMM	Montgomery Modular Multiplication
MRTM	Mobile Remote Owner Trusted Module
MTM	Mobile Trusted Module
MUX	Multiplexer
NFS	Number Field Sieve
NIST	National Institute of Standards and Technology
NONCE	Number used only ONCE
NOW	Network On Wheels
NRNG	Non-deterministic Random Number Generator
NVM	Non-Volatile Memory
NVRAM	Non-Volatile RAM
OAEP	Optimal Asymmetric Encoding Padding
OBU	On-Board Unit
OEM	Original Equipment Manufacturer
OPB	On Board Peripheral Bus
OS	Operating System
OSEK	Offene Systeme und deren Schnittstellen für die Elektronik im Kraftfahrzeug
OTP	One-Time-Pad
PA	Point-Add
PC	Personal Computer
PCR	Platform Configuration Register
PD	Point-Double

PDA	Personal Digital Assistant
PK	Public Key
PKC	Public Key Cryptography
PKCS	Public Key Cryptography Standard
PKI	Public Key Infrastructure
POST	Power-On Self-Test
PRNG	Pseudo Random Number Generator
PUF	Physically Unclonable Function
RAM	Random Access Memory
RIM	Reference Integrity Metric
RNG	Random Number Generator
ROM	Read Only Memory
RoT	Root of Trust
RSA	Rivest, Shamir, Adleman
RSADP	RSA Decryption Primitive
RSAEP	RSA Encryption Primitive
RSASP	RSA Signature Primitive
RSAVP	RSA Verification Primitive
RSU	RoadSide Unit
RTM	Root of Trust for Measuring
RTR	Root of Trust for Reporting
RTS	Root of Trust for Storage
SEL	Safety Effect Level
SeReCon	Secure Reconfiguration Controller
SEVECOM	Secure Vehicular Communication
SHA	Secure Hash Algorithm
SHCR	Slot Hardware Configuration Register
SIL	Safety Integrity Level
SK	Secret Key
SPI	Serial Peripheral Interface
SRAM	Static Random Access Memory
SRK	Storage Root Key
TC	Trusted Computing
TCG	Trusted Computing Group
TCK	Test Clock
TCPA	Trusted Computing Platform Alliance
TDI	Test Data In
TDO	Test Data Out
TEN	Trusted Embedded Network
TMS	Test Mode Select
TN	Teilnehmer
TNM	Trusted Network Module
TPM	Trusted Platform Module

TRNG	True Random Number Generator
TSS	Trusted Software Stack
TTP	Trusted Third Party
UART	Universal asynchronous receiver/transmitter
USB	Universal Serial Bus
USDOT	United States Department of Transportation
V2I	Vehicle-to-Infrastructure
V2V	Vehicle-to-Vehicle
V2X	Vehicle-to-X
VANET	Vehicular Ad-Hoc NETwork
VDX	Vehicle Distributed Executive
VHDL	Very High Speed Integrated Circuit Hardware Description Language
VII	Vehicle Infrastructure Integration
VIIC	Vehicle Infrastructure Integration Consortium
WAVE	Wireless Access in Vehicular Environments
WLAN	Wireless Local Area Network
XUP	Xilinx University Program

Literatur- und Quellennachweise

[1] D. G. Abraham, G. M. Dolan, G. P. Double, and J. V. Stevens. Transaction security system. *IBM Systems Journal*, 30(2):206–229, 1991.

[2] Actel Corporation. Company webpage. www.actel.com, Zugriff am 27.05.2010.

[3] Actel Corporation. *ProASIC Plus flash family FPGAs, Datasheet*, 2004.

[4] Advanced Cruise-Assist Highway System Research Association (AHSRA). Organization website. www.ahsra.or.jp/index_e.html, Zugriff am 28.05.2010.

[5] AKTIV Projekt und BMW AG. ACUp - Aktiv Communication Unit. ACUp-Flyer, CAR 2 CAR Forum 2008, Dudenhofen, Deutschland.

[6] Altera Corporation. An FPGA Design Security Solution Using a Secure Memory Device. version 1.0, Oktober 2007, http://www.altera.com/literature/wp/wp-01033.pdf, Zugriff am 02.06.2010.

[7] Altera Corporation. Company webpage. www.altera.com, Zugriff 27.05.2010.

[8] Ross Anderson and Markus Kuhn. Tamper resistance - a cautionary note. In *Proceedings of the 2nd USENIX Workshop on Electronic Commerce*, 1996.

[9] Ross J. Anderson. *Security Engineering: A Guide to Building Dependable Distributed Systems*. Wiley Publishing, Indianapolis, Indiana, USA, 2008.

[10] Josef Angermeier, Christophe Bobda, Mateusz Majer, and Jürgen Teich. Erlangen Slot Machine: An FPGA-Based Dynamically Reconfigurable Computing Platform. In Marco Platzner, Jürgen Teich, and Norbert Wehn, editors, *Dynamically Reconfigurable Systems*, pages 51–71, Dordrecht Heidelberg London New York, 2010. Springer.

[11] Antonio Kung. Security Architecture and Mechanisms for V2V/V2I. Deliverable 2.1, v3.0, SEVECOM project, 2008.

[12] Association of Radio Industries and Businesses. ARIB STD-T55: Dedicated Short-Range Communication for Transport Information and COntrol Systems. ARIB standard, v1.0, 27.11.1997, Englische Übersetzung, 1997. Elektronisch verfügbar unter http://www.arib.or.jp/english/html/overview/doc/5-STD-T55v1_0-E.pdf, Zugriff 29.05.2010.

[13] Association of Radio Industries and Businesses. ARIB STD-T75: Dedicated Short-Range Communication System. ARIB standard, v1.0, 09.09.2001, Englische Übersetzung, 2001. Elektronisch verfügbar unter http://www.arib.or.jp/english/html/overview/doc/5-STD-T75v1_0-E2.pdf, Zugriff 29.05.2010.

[14] Association of Radio Industries and Businesses. ARIB STD-T88: DSRC Application Sub-Layer. ARIB standard, v1.0, 35.05.2004, Englische Übersetzung, 2004. Elektronisch verfügbar unter http://www.arib.or.jp/english/html/overview/doc/5-STD-T88v1_0-E2.pdf, Zugriff 29.05.2010.

[15] Roberto Avanzi, Christophe Doche, Tanja Lange, Kim Nguyen, and Frederik Vercauteren. *Handbook of Elliptic and Hyperelliptic Curve Cryptography*. Chapman & Hall/CRC, Boca Raton London New York Singapore, 2006.

[16] B-Con. SHA-1 Implementation in C. Implementierung, 2004. http://b-con.us.

[17] Boris Balacheff, Liqun Chen, Siani Pearson, David Plaquin, and Graeme Proudler. *Trusted Computing Platforms - TCPA Technology in Context*. Prentice Hall, Upper Saddle River, New Jersey, USA, 2003.

[18] J. Becker, M. Hübner, G. Hettich, R. Constapel, J. Eisenmann, and J. Luka. Dynamic and partial fpga exploitation. *Proceedings of the IEEE*, 95(2):438–452, feb. 2007.

[19] Mihir Bellare, Ran Canetti, and Hugo Krawczyk. The HMAC Construction. *Cryptobytes Spring 1996 - Technical Journal Newsletter of RSA Laboratories*, 1996.

[20] Mihir Bellare and Phillip Rogaway. Random oracles are practical: a paradigm for designing efficient protocols. In *CCS '93: Proceedings of the 1st ACM conference on Computer and communications security*, pages 62–73, New York, NY, USA, 1993. ACM.

[21] Mihir Bellare and Phillip Rogaway. Optimal asymmetric encryption. In *Advances in Cryptology - EUROCRYPT 1994*, volume 950/1995 of *LNCS*, pages 92–111. Springer, 1995.

[22] Mary Katherine Bennett. *Affine and projective geometry*. A Wiley-Interscience publication. Wiley, New York [u.a.], 1. print. edition, 1995.

[23] Norbert Bißmeyer, Hagen Stübing, Manuel Mattheß, Jan Peter Stotz, Julian Schütte, Matthias Gerlach, and Florian Friederici. simTD Security Architecture: Deployment of a Security and Privacy Architecture in Field Operational Tests. Technical report, simTD-Projekt, 2009.

[24] Subir Biswas, Raymond Tatchikou, and Francois Dion. Vehicle-to-vehicle wireless communication protocols for enhancing highway traffic safety. *Communications Magazine, IEEE*, 44(1):74 – 82, jan. 2006.

[25] Jeremy J. Blum, Azim Eskandarian, and Lance J. Hoffman. Challenges of intervehicle ad hoc networks. *Intelligent Transportation Systems, IEEE Transactions on*, 5(4):347 – 351, dec. 2004.

[26] Manuel Blum and Silvio Micali. How to generate cryptographically strong sequences of pseudo-random bits. *SIAM Journal on Computing*, 13(4):850–864, 1984.

[27] BMW AG. Connected drive website. http://www.bmw.com/com/de/insights/technology/connecteddrive/overview.html, Zugriff am 27.05.2010.

[28] Christophe Bobda. *Introduction to Reconfigurable Computing.* Springer, Dordrecht, The Netherlands, 2007.

[29] Siegfried Bosch. *Algebra.* Springer-Verlag, Berlin Heidelberg New York, 1993.

[30] Antoon Bosselaers and Bart Preneel, editors. *Integrity Primitives for Secure Information Systems - Final Report of RACE Integrity Primitives Evaluation RIPE-RACE 1040*, volume 1007/1995 of *LNCS*. Springer, Berlin / Heidelberg, 1995.

[31] M. Brown, D. Hankerson, and A. Menezes. A.: Software implementation of the nist elliptic curves over prime fields. In *Topics in Cryptology (CT-RSA 2001), Volume 2020 of LNCS*, pages 250–265, Berlin / Heidelberg, 2001. Springer.

[32] Stephen D. Brown, Robert J. Francis, Jonathan Rose, and Zvonko G. Vranesic. *Field-Programmable Gate Arrays.* Kluwer Academic Publishers, Boston - Dordrecht - London, 1992.

[33] J. Buchmann. *Einführung in die Kryptographie.* Springer, Berlin, 2008.

[34] CAMP. Vehicle safety communications (vsc) projects. Elektronisch verfügbar unter http://www.car-to-car.org/fileadmin/downloads/security_2006/sec_06_04_laberteaux_CAMP.pdf, Zugriff am 28.05.2010.

[35] CAR 2 CAR Communication Consortium. Project website. www.car-2-car.org, Zugriff am 27.05.2010.

[36] CAR 2 CAR Communication Consortium. Manifesto - Overview of the C2C-CC System, 2007. Version 1.1, 28.08.2007, www.car-2-car.org, Zugriff am 29.10.2008.

[37] CCRA Member Organisations. Common Criteria for Information Technology Security Evaluation (CC), v3.1 Release 3. Standard, 2009.

[38] Certicom Research. Standards for Efficient Cryptography, SEC 2: Recommended Elliptic Curve Domain Parameters, 2000.

[39] Devine Christophe. Bignum Math Implementation in C. Implementation, XySSL Project, inzw. PolarSSL, 2007. http://polarssl.org, Zugriff 22.06.2010.

[40] D. V. Chudnovsky and G. V. Chudnovsky. Sequences of numbers generated by addition in formal groups and new primality and factorization tests. *Advances in Applied Mathematics*, 7(4):385 – 434, 1986.

[41] Yih chun Hu and Kenneth P. Laberteaux. Strong vanet security on a budget. In *Proceedings of Workshop on Embedded Security in Cars (ESCAR)*, 2006.

[42] COMeSafety. Project presentation. Deliverable D02, http://www.comesafety.org/uploads/media/COMeSafety_DEL_D02_Project_Presentation_01.pdf, Zugriff am 17.06.2010, 2009.

[43] COMeSafety Project. European Communication Architecture FRAME Annex 10-1, 2008. www.comesafety.org, Zugriff am 29.10.2008.

[44] COMeSafety Project. European ITS Communication Architecture - Overall Framework, 2008. Version 3.0 www.comesafety.org, Zugriff am 30.05.2010.

[45] COMeSafety Project - Communication for eSafety. Project website. www.comesafety.org, Zugriff am 28.05.2010.

[46] Commission of the European Communities. European transport policy for 2010: time to decide. White paper com(2001) 370 final, 2001. Elektronisch verfügbar unter http://ec.europa.eu/transport/strategies/doc/2001_white_paper/lb_com_2001_0370_en.pdf, Zugriff am 29.05.2010.

[47] Cooperative Vehicle Infrastructure System (CVIS). Project website. www.cvisproject.org, Zugriff am 29.05.2010.

[48] COOPERS: Co-operative Systems for Intelligent Road Safety. Project website. www.coopers-ip.eu, Zugriff am 29.05.2010.

[49] Thomas H. Cormen, editor. *Introduction to algorithms*. MIT Press, Cambridge, Mass. [u.a.], 3. ed. edition, 2009.

[50] Ronald Cramer and Victor Shoup. Universal Hash Proofs and a Paradigm for Adaptive Chosen Ciphertext Secure Public-Key Encryption, 12 2001. Elektronisch verfügbar unter http://eprint.iacr.org/2001/085.pdf.

[51] Guerric Meurice de Dormale and Jean-Jacques Quisquater. High-speed hardware implementations of Elliptic Curve Cryptography: A survey. *Journal of Systems Architecture*, 53:72–84, 2007.

[52] Debian Project. Debian GNU/Linux 4.0 *"Etch"*. http://www.debian.org/releases/etch/, Zugriff am 17.06.2010, 2009.

[53] Tom Denis. *BigNum Math: Implementing Cryptographic Multiple Precision Arithmetic*. Syngress Publishing, 2006.

[54] DENSO Corporation. Company webpage. www.globaldenso.com/en/, Zugriff am 09.06.2010.

[55] DENSO Corporation. DENSO Wireless Safety unit (WSU) - Produktflyer. C2CCC Forum and Demonstration, 22 and 23 October 2008, Opel, Dudenhofen Test Center, 2008.

[56] DIN Deutsche Industrie Norm. DIN EN 61508: Funktionale Sicherheit sicherheitsbezogener elektrischer/elektronischer/programmierbarer elektronischer Systeme. *DIN EN 61508; VDE 0803*, 2002.

[57] Markus Dichtl and Jovan Dj. Golic. High-speed true random number generation with logic gates only. In *CHES*, pages 45–62, 2007.

[58] Digilent Inc. Company wesite. www.digilentinc.com, Zugriff am 17.06.2010.

[59] Hans Dobbertin, Antoon Bosselaers, and Bart Preneel. Ripemd-160: A strengthened version of ripemd. In *Fast Software Encryption*, volume 1039/1996 of *LNCS*, pages 71–82. Springer-Verlag, 1996.

[60] Danny Dolev and Andrew C. Yao. On the security of public key protocols. In *Foundations of Computer Science, 1981. SFCS '81. 22nd Annual Symposium on*, pages 350 –357, oct. 1981.

[61] Florian Dötzer. *Privacy Enhancing Technologies: Privacy Issues in Vehicular Ad Hoc Networks*, volume 3856/2006 of *Lecture Notes in Computer Science (LNCS)*, pages 197–209. Springer Berlin / Heidelberg, 2006.

[62] Florian Dötzer, Markus Strassberger, and Timo Kosch. Classification for traffic related inter-vehicle messaging. In *Proceedings of the 5th IEEE International Conference on ITS Telecommunications, Brest, France*, June 2005.

[63] Saar Drimer. Security for volatile FPGAs. Dissertation UCAM-CL-TR-763, University of Cambridge, Computer Laboratory, November 2009.

[64] Milos Drutarovsky and Michal Varchola. Cryptographic System on a Chip based on Actel ARM7 Soft-Core with Embedded True Random Number Generator. In *DDECS '08: Proceedings of the 2008 11th IEEE Workshop on Design and Diagnostics of Electronic Circuits and Systems*, pages 1–6, Washington, DC, USA, 2008. IEEE Computer Society.

[65] eBACS. ECRYPT Benchmarking of Cryptographic Systems. website, http://bench.cr.yp.to/ebats.html, 2010.

[66] Claudia Eckert. *IT-Sicherheit*. Oldenbourg Wissenschaftsverlag, München Wien, 2004.

[67] ECRYPT II: European Network of Excellence in Cryptology II. Project website, 7. eu-rahmenprogramm, ict-2007-216676. www.ecrypt.eu.org, Zugriff am 07.06.2010.

[68] N. Ehrenfeuchter. Absicherung von Linux Diskless Clients durch TPM. Technical report, Albert-Ludwigs-Universität Freiburg, Institut für Informatik, Lehrstuhl für Kommunikationssysteme, 2007.

[69] T. Eisenbarth, T. Güneysu, C. Paar, A. Sadeghi, D. Schellekens, and M. Wolf. Reconfigurable trusted computing in hardware. In *STC '07: Proceedings of the 2007 ACM workshop on Scalable trusted computing*, pages 15–20, New York, NY, USA, 2007. ACM.

[70] T. Eisenbarth, T. Güneysu, C. Paar, A.-R. Sadeghi, R. Tessier, and M. Wolf. Trusted computing in reconfigurable hardware. *uselT 2007*, 2007.

[71] Thomas Eisenbarth, Tim Güneysu, Christof Paar, Ahmad-Reza Sadeghi, and Marko Wolf. International Symposium on Field-Programmable Custom Computing Machines. *Establishing Chain of Trust in Reconfigurable Hardware*, 2007.

[72] Jan-Erik Ekberg and Markku Kylänpää. Mobile Trusted Module (MTM) - an introduction. Technical report NRC-TR-2007-015, verfügbar unter http://research.nokia.com/files/NRCTR2007015.pdf, Zugriff am 01.06.2010, Nokia Research Center Helsinki, Finnland, 2007.

[73] Tamer ElBatt, Siddhartha K. Goel, Gavin Holland, Hariharan Krishnan, and Jayendra Parikh. Cooperative collision warning using dedicated short range wireless communications. In *VANET '06: Proceedings of the 3rd Internat. Workshop on Vehicular ad hoc Networks*, pages 1–9, New York, USA, 2006. ACM.

[74] Taher ElGamal. A Public Key Cryptosystem and a Signature Scheme Based on Discrete Logarithms. *IEEE Transactions on Information Theory*, 31(4), july 1985.

[75] Peter Engel and Gunther Hildebrandt. Die rhythmischen Schwankungen der Reaktionszeit beim Menschen. *Psychological Research*, 32:324–336, Dec 1969.

[76] eSafety Initiative. Organization website. http://ec.europa.eu/information_society/activities/esafety/index_en.htm, Zugriff am 05.06.2010.

[77] escrypt GmbH. esBOX 1609.2 V2X - the escrypt module for secure vehicular communication. Produktinformationsblatt, http://www.escrypt.com/N-letter/esBOX.pdf, Zugriff am 08.06.2010.

[78] escrypt GmbH. Firmenwebsite. www.escrypt.com, Zugriff am 09.06.2010.

[79] Gerald Estrin. Organization of computer systems - the fixed plus variable structure computer. In *Proceedings of the Western Joint Computer Conference*, pages 33–40, 1960.

[80] ETSI Technical Committee Intelligent Transportation System. website. http://www.etsi.org/WebSite/Technologies/IntelligentTransportSystems.aspx, Zugriff am 28.05.2010.

[81] ETSI Workgroup ITS - Intelligent Transportation System. Subgroup website. http://portal.etsi.org/portal/server.pt/community/ITS/317, Zugriff am 28.05.2010.

[82] European Commission: Information Society and Media. eSafety - Moderne Informations- und Kommunikationstechnologien für mehr Sicherheit im Straßenverkehr. Merkblatt 48, http://ec.europa.eu/information_society/doc/factsheets/048-esafety-de.pdf, zugriff am 18.06.2010, eSafety, 2008.

[83] European Telecommunications Standards Institute. ETSI TR 102 492-1: Electromagnetic compatibility and Radio spectrum Matters (ERM);Intelligent Transport Systems (ITS);Part 1: Technical characteristics for pan-European harmonized communications equipment operating in the 5 GHz frequency range and intended for critical road-safety applications. System reference document dtr/erm-rm-036-1, version 1.1.1, 2005. Elektronisch verfügbar über http://pda.etsi.org/pda/queryform.asp, Zugriff am 29.05.2010.

[84] European Telecommunications Standards Institute. ETSI TR 102 492-2: Electromagnetic compatibility and Radio spectrum Matters (ERM);Intelligent Transport Systems (ITS);Part 2: Technical characteristics for pan European harmonized communications equipment operating in the 5 GHz frequency range intended for road safety and traffic management, and for non-safety related ITS applications. System reference document dtr/erm-rm-036-2, version 1.1.1, 2006. Elektronisch verfügbar über http://pda.etsi.org/pda/queryform.asp, Zugriff am 29.05.2010.

[85] European Telecommunications Standards Institute (ETSI). Organization website. www.etsi.org, Zugriff am 28.05.2010.

[86] EVITA: E-safety Vehicle Intrusion proTected Applications. Project website.

http://evita-project.org/, Zugriff am 04.06.2010.

[87] EVITA project. EVITA: E-Safety Vehicle Intrusion Protected Applications. Project Factsheet. Elektronisch verfügbar unter http://evita-project.org/EVITA_factsheet.pdf, 31.07.2009.

[88] R. C. Fairfield, R. L. Mortenson, and K. B. Coulthart. An LSI Random Number Generator (RNG). In *Advances in Cryptology, LNCS*, volume 196/1985, pages 203–230, 1985.

[89] Horst Feistel. Cryptography and computer privacy. *Scientific American*, 228(5):15–23, 1973.

[90] FIPS. Pub 46-3: Data Encryption Standard (DES). Federal Information Processing Standards Publication, U.S. Department of Commerce, National Institute of Standards and Technology (NIST), 1999.

[91] FIPS. Pub 180-2: Secure Hash Standard (SHS). Federal Information Processing Standards Publication, U.S. Department of Commerce, National Institute of Standards and Technology (NIST), Gaithersburg, MD, USA, 2002.

[92] FIPS. Pub 198: The Keyed-Hash Message Authentication Code (HMAC). Federal Information Processing Standards Publication, U.S. Department of Commerce, Information Technology Laboratory (ITL), National Institute of Standards and Technology (NIST), 2002.

[93] FIPS. Pub 140-2 Annex C: Approved Random Number Generators for FIPS PUB 140-2. Federal Information Processing Standards Publication Draft, U.S. Department of Commerce, Information Technology Laboratory, National Institute of Standards and Technology (NIST), Gaithersburg, MD, USA, 2009.

[94] FIPS. Pub 186-3: Digital Signature Standard (DSS). Federal Information Processing Standards Publication, U.S. Department of Commerce, Information Technology Laboratory, National Institute of Standards and Technology (NIST), Gaithersburg, MD, USA, 2009.

[95] Walter Franz. Car-to-Car Communication: Anwendungen und aktuelle Forschungsprogramme in Europa, USA und Japan. In *Kongressband zum VDE-Kongress 2004 - Innovationen für Menschen*, 2004.

[96] Walter Franz, Hannes Hartenstein, and Martin Mauve, editors. *Inter-Vehicle-Communications Based on Networking Principles: The Fleetnet Project*. Universitätsverlag Karlsruhe, 2005. elektronisch verfügbar unter http://digbib.ubka.uni-karlsruhe.de/volltexte/1000003684.

[97] Fraunhofer SIT. Spezifikation der IT-Sicherheitslösung. Deliverable d21.5, v2.0, simTD-Projekt, 2009.

[98] E. Fujisaki, T. Okamoto, D. Pointcheval, and J. Stern. RSA-OAEP is Secure under the RSA Assumption. *Advances in Cryptology- Crypto 2001 Volume 2139 of Lecture Notesin Computer Science; Springer Verlag New York*, 2001.

[99] Blaise Gassend, Dwaine Clarke, Marten van Dijk, and Srinivas Devadas. Silicon

physical random functions. In *CCS '02: Proceedings of the 9th ACM conference on Computer and communications security*, pages 148–160, New York, NY, USA, 2002. ACM.

[100] Blaise L. P. Gassend. Physical Random Functions. Master's thesis, Massachusetts Institute of Technology (MIT), 2003.

[101] Matthias Gerlach, Florian Friederici, Albert Held, Viktor Friesen, Andreas Festag, Masato Hayashi, Hagen Stübing, and Benjamin Weyl. Deliverable 1.3: Security architecture. Technical report, PRE-DRIVE C2X Projekt, 2009. v1.0.

[102] Santosh Ghosh, Monjur Alam, Indranil Sen Gupta, and Dipanwita Roy Chowdhury. A robust gf(p) parallel arithmetic unit for public key cryptography. In *DSD '07: Proceedings of the 10th Euromicro Conference on Digital System Design Architectures, Methods and Tools*, pages 109–115, Washington, DC, USA, 2007. IEEE Computer Society.

[103] Aaron D. Gifford. HMAC implementation in C. 1998.

[104] Benjamin Glas. Ein beweisbar sicheres Schlüsselaustauschprotokoll auf Basis des Konjugationsproblems in Zopfgruppen, 2005. Diplomarbeit, Universität Karlsruhe (TH).

[105] Benjamin Glas, Alexander Klimm, Klaus D. Müller-Glaser, and Jürgen Becker. Configuration measurement for fpga-based trusted platforms. In *20th IEEE/IFIP International Symposium on Rapid System Prototyping (RSP)*, pages 123–129, 2009.

[106] Benjamin Glas, Alexander Klimm, Oliver Sander, Klaus D. Müller-Glaser, and Jürgen Becker. A system architecture for reconfigurable trusted platforms. In *Design Automation and Test in Europe (DATE)*, 2008.

[107] Benjamin Glas, Alexander Klimm, David Schwab, Klaus D. Müller-Glaser, and Jürgen Becker. A prototype of trusted platform functionality on reconfigurable hardware for bitstream updates. *The 19th IEEE/IFIP International Symposium on Rapid System Prototyping, 2008. RSP '08.*, pages 135–141, 2008.

[108] Global System for Telematics (GST). Project website. www.gstforum.org, Zugriff am 29.05.2010.

[109] Robert Bosch GmbH, editor. *Autoelektrik Autoelektronik - Systeme und Komponenten*. Vieweg, Wiesbaden, 5. edition, 2007.

[110] Maya Gokhale and Paul Graham. *Reconfigurable Computing - Accelerating Computation with Field-Programmable Gate Arrays*. Springer, Dordrecht, NL, 2005.

[111] Oded Goldreich. *Foundations of Cryptography : Basic Tools*, volume I. Cambridge University Press, 2001.

[112] Marc Green. "How Long Does It Take to Stop?" Methodological Analysis of Driver Perception-Brake Times. *Transportation Human Factors*, 2(3):195–216, 2000. verfügbar unter http://www.informaworld.com/10.1207/STHF0203_1.

[113] U. Grossmann, E. Berkhan, L. Jatoba, J. Ottenbacher, W. Stork, and K. D. Mueller-Glaser. Security for mobile low power nodes in a personal area network by means of trusted platform modules. In *LNCS Security and Privacy in Ad-hoc and Sensor Networks*, volume 4572/2007 of *Lecture Notes in Computer Science*, pages 172–186. Springer Verlag Berlin / Heidelberg, 2007.

[114] Jorge Guajardo, Sandeep S. Kumar, Geert-Jan Schrijen, and Pim Tuyls. Fpga intrinsic pufs and their use for ip protection. In *Cryptographic Hardware and Embedded Systems - CHES 2007, LNCS 4727*, pages 63–80, 2007.

[115] Tim Güneysu and Christof Paar. Ultra High Performance ECC over NIST Primes on Commercial FPGAs. In *Cryptographic Hardware in Embedded Systems (CHES)*, pages 62–78, 2008.

[116] Jason J. Haas, Yih-Chun Hu, and Kenneth P. Laberteaux. Real-world vanet security protocol performance. In *Global Telecommunications Conference, 2009. GLOBECOM 2009. IEEE*, pages 1 –7, nov. 2009.

[117] Darrel Hankerson. Implementing elliptic curve cryptography (a narrow survey). In *WORKSHOP IN IMPLEMENTATION OF CRYPTOGRAPHIC METHODS (WIMC 2005)*, 2005.

[118] Darrel Hankerson, Alfred Menezes, and Scott Vanstone. *Guide to Elliptic Curve Cryptography*. Springer-Verlag New York, 2004.

[119] C. Harsch, A. Festag, and P. Papadimitratos. Secure position-based routing for vanets. In *Vehicular Technology Conference, 2007. VTC-2007 Fall. 2007 IEEE 66th*, pages 26 –30, sept. 2007.

[120] Hannes Hartenstein and Kenneth P. Labertaux, editors. *VANET: Vehicular Applications and Inter-Networking Technologies*. Wiley, Chichester, UK, 2010.

[121] Scott Hauck and Andre DeHon, editors. *Reconfigurable Computing: The Theory and Practice of FPGA-based Computation*. Elsevier, Morgan Kaufmann Publishers, 2008.

[122] Dirk Helbing. Traffic and related self-driven many-particle systems. *Reviews of modern physics*, 73(4):1067–1141, Dec 2001.

[123] Walter Hell. Zukunft Verkehr und Transport. In *Aktiv Plenum, 25. Mai*, 2009.

[124] Olaf Henninger, Alastair Ruddle, Herve Seudie, Benjamin Weyl, Marko Wolf, and Thomas Wollinger. Securing vehicular on-board it systems: The evita project. In *25. VDI/VW Gemeinschaftstagung Automotive Security*. VDI Wissensforum, Verein Deutscher Ingenieure (VDI), 2009.

[125] John Edward Hopcroft, Rajeev Motwani, and Jeffrey David Ullman. *Einführung in die Automatentheorie, formale Sprachen und Komplexitätstheorie*. i - Informatik. Pearson Studium, München, 2nd revised edition, 2002.

[126] Huaqiang Huang, Chen Hu, and Jianhua He. A security embedded system base on TCM and FPGA. *Computer Science and Information Technology, International Conference on*, 0:605–609, 2009.

[127] Jean-Pierre Hubaux, Srdjan Capkun, and Jun Luo. The security and privacy of smart vehicles. *Security Privacy, IEEE*, 2(3):49 –55, may-june 2004.

[128] Michael Hübner. *Dynamisch und partiell rekonfigurierbare Hardwaresystemarchitektur mit echtzeitfähiger On-Demand Funktionalität.* Dissertation, Universität Karlsruhe, 2007.

[129] IBM. Trusted Computing for Linux. 2003. Open Source Projekt, elektronisch verfügbar unter http://domino.research.ibm.com/comm/research_projects. nsf/pages/gsal.TCG.html.

[130] IEEE. 1363-2000: Standard Specifications for Public Key Cryptography. Standard, IEEE, 2000.

[131] IEEE. 1149.1: IEEE Standard Test Access Port and Boundary-Scan Architecture. IEEE Standard 1149.1-2001 (R2008), IEEE-SA Standards Board, 2006.

[132] IEEE. 1609: Trial-Use Standard for Wireless Access in Vehicular Environments (WAVE). Standard, IEEE Vehicular Technology Society, ITS Committee, 2006.

[133] IEEE. 1609.1: Trial-Use Standard for Wireless Access in Vehicular Environments (WAVE) - Resource Manager. Standard, IEEE Vehicular Technology Society, ITS Committee, 2006.

[134] IEEE. 1609.2: Trial-Use Standard for Wireless Access in Vehicular Environments (WAVE) - Security Services for Applications and Management Messages. Standard, IEEE Vehicular Technology Society, ITS Committee, 2006.

[135] IEEE. 1609.3: Trial-Use Standard for Wireless Access in Vehicular Environments (WAVE) - Networking Services. Standard, IEEE Vehicular Technology Society, ITS Committee, 2006.

[136] IEEE. 1609.4: Trial-Use Standard for Wireless Access in Vehicular Environments (WAVE) - Multi-Channel Operation. Standard, IEEE Vehicular Technology Society, ITS Committee, 2006.

[137] IEEE. P802.11p/D2.01. Draft standard for information technology, IEEE 802.11 Working Group of the IEEE 802 Committee, 2007.

[138] IEEE. Std. 802.11-2007: IEEE Standard for Information Technology - Telecommunications and information exchange between systems - Local and metropolitan area networks - Specific requirements. Part 11: Wireless LAN Medium Access Control (MAC) and Physical Layer (PHY) Specifications. Ieee standard, IEEE Computer Society, 2007.

[139] Infineon. SLD 9630 TT Specification of the LPC-I/O communication protocol. Preliminary specification, Infineon Corporation, 2004.

[140] Infineon. *SLB 9635 TT 1.2 Databook, V 1.1*, 2006.

[141] Infineon Technologies AG. Firmenwebsite. www.infineon.com, Zugriff am 11.06.2010.

[142] Hiroshi Inoue, Susumu Osawa, Atsushi Yashiki, and Hiroshi Makino. Dedica-

ted short-range communications (dsrc) for ahs services. In *Intelligent Vehicles Symposium, 2004 IEEE*, pages 369–374, 14-17 2004.

[143] Integrated Vehicle-Based Safety Systems. Project webpage. www.its.dot.gov/ivbss/, Zugriff am 28.05.2010.

[144] Intel Corporation. Intel Low Pin Count (LPC) Interface Specification, Revision 1.1. *Document Number 251289-001*, 2002.

[145] Intelligente Transport- und Verkehrssysteme und -dienste Niedersachsen e.V. (ITS Niedersachsen). Vereinswebseite. www.its-nds.de, Zugriff am 17.06.2010.

[146] International Organization for Standardization (ISO). Technical committee 204: Intelligent transportation systems, website. http://www.iso.org/iso/iso_technical_committee?commid=54706, Zugriff am 29.05.2010.

[147] ISO International Standardization Organisation. ISO/IEC 10118-3:2004 Information technology – Security techniques – Hash-functions – Part 3: Dedicated hash-functions. *ISO Standard*, 2004.

[148] ISO International Standardization Organisation. ISO/IEC 15408: Common Criteria for Information Technology Security Evaluation. *ISO Standard*, 2007.

[149] ISO TC204 Working Group 16. Communications access for land mobiles (calm) - continuous communications for vehicles. www.calm.hu, Zugriff am 28.05.2010.

[150] Carl Gustav Jacob Jacobi. Fundamenta nova theoriae functionum ellipticarum. *Gesammelte Werke, 1881*, 1:49–239, 1829.

[151] Charlie Jenkins and Christian Plante. Military anti-tampering solutions using programmable logic. www.altera.com/literature/cp/CP-01007.pdf, Altera Corporation, 2006.

[152] Don Johnson, Alfred Menezes, and Scott Vanstone. The Elliptic Curve Digital Signature Algorithm (ECDSA). *International Journal on Information Security (IJIS)*, 1:36–63, 2001.

[153] W.D. Jones. Building safer cars. *Spectrum, IEEE*, 39(1):82 –85, jan 2002.

[154] Benjamin Jun and Paul Kocher. The intel random number generator. White paper prepared for intel corporation, elektronisch verfügbar unter http://www.cryptography.com/public/pdf/IntelRNG.pdf, Cryptographic Research Inc., 1999.

[155] F. Kargl, P. Papadimitratos, L. Buttyan, M. Müter, E. Schoch, B. Wiedersheim, Ta-Vinh Thong, G. Calandriello, A. Held, A. Kung, and J.-P. Hubaux. Secure vehicular communication systems: implementation, performance, and research challenges. *IEEE Communications Magazine*, 46(11):110–118, 2008.

[156] Tom Kean. Secure configuration of field programmable gate arrays. *Field-Programmable Logic and Applications (LNCS)*, 2147/2001:142–151, 2001.

[157] Krzysztof Kepa, Fearghal Morgan, Krzysztof Kosciuszkiewicz, and Tomasz R. Surmacz. SeReCon: A Secure Dynamic Partial Reconfiguration Controller. In

IEEE Computer Society Annual Symposium on Emerging VLSI Technologies and Architectures, 2008.

[158] Krzysztof Kepa, Fearghal Morgan, Krzysztof Kosciuszkiewicz, and Tomasz R. Surmacz. SeReCon: A Trusted Environment for SoPC Design. In *Dependability of Computer Systems, 2008. DepCos-RELCOMEX '08. Third International Conference on*, pages 332–338, june 2008.

[159] Torsten Kercher. Entwicklung eines adaptiven Frameworks für Multi-Hop Car-to-Car-Communication auf rekonfigurierbarer Hardware. Diplomarbeit, Universität Karlsruhe, ITIV, 2009.

[160] Jean-Guillaume Hubert Victor François Alexandre Auguste Kerckhoffs von Nieuwenhof. La cryptographie militaire. *Journal des sciences militaires*, 1883.

[161] Alexander Klimm, Benjamin Glas, Matthias Wachs, Jürgen Becker, and Klaus D. Mueller-Glaser. A secure keyflashing framework for access systems in highly mobile devices. In *Proceedings of the 5th International Workshop on Reconfigurable Communication-centric Systems on Chip (ReCoSoC) 2010*, number 7551 in KIT Scientific Reports, pages 121–126. KIT Scientific Publishing, May 2010.

[162] Donald Ervin Knuth. *The art of computer programming, volume 2: Seminumerical algorithms*. Addison-Wesley, 1998.

[163] Oliver Kömmerling and Markus G. Kuhn. Design principles for tamper-resistant smartcard processors. In *USENIX Workshop on Smartcard Technology*, 1999.

[164] Timo Kosch, Ilse Kulp, Marc Bechler, Markus Strassberger, Benjamin Weyl, and Robert Lasowski. Communication architecture for cooperative systems in europe. *Communications Magazine, IEEE*, 47(5):116 –125, may 2009.

[165] Karl Koscher, Alexei Czeskis, Franziska Roesner, Shwetak Patel, Tadayoshi Kohno, Stephen Checkoway, Damon McCoy, Brian Kantor, Danny Anderson, Hovav Shacham, and Stefan Savage. Experimental security analysis of a modern automobile. In *2010 IEEE Symposium on Security and Privacy*, 2010. www.autosec.org.

[166] Kraftfahrt-Bundesamt (KBA). Behördenwebseite. www.kba.de, Zugriff am 29.05.2010.

[167] Rainer Kroh, Antonio Kung, and Frank Kargl. Vanets security requirements final version. Deliverable 1.1, v2.0, SEVECOM project, 2006.

[168] Lantronix Inc. Wiport - embedded wireless device. Produktbeschreibung, http://www.lantronix.com/device-networking/embedded-device-servers/wiport.html, Zugriff am 09.06.2010.

[169] Robert Lasowski, Tim Leinmüller, and Markus Strassberger. OpenWAVE Engine / WSU - A Platform For C2C-CC. In *Proceedings of 15th World Congress on Intelligent Transport Systems*, 2008.

[170] Tim Leinmüller, Robert K. Schmidt, Bert Böddeker, Roger W. Berg, and Tadao

Suzuki. A global trend for car 2 x communication. In *Proceedings of FISITA 2008 World Automotive Congress*, 2008.

[171] Joseph Lemieux. *Programming in the OSEK/VDX Environment*. CMP Books, 2001.

[172] A.K. Lenstra and H.W. Lenstra, editors. *The development of the number field sieve*. Lecture Notes in Mathematics. Springer, Berlin Heidelberg New York, 1993.

[173] Andreas Lübke. Car-to-car communication - technologische herausforderungen. In *Fachtagungsbericht GMM, VDE-Kongress 2004*. VDE-Verlag, 2004.

[174] Rahul Mangharam, Raj Rajkumar, Mark Hamilton, Priyantha Mudalige, and Fan Bai. Bounded-latency alerts in vehicular networks. In *2007 Mobile Networking for Vehicular Environments*, pages 55 –60, 11-11 2007.

[175] George Marsaglia. The Marsaglia Random Number CDROM including the Diehard Battery of Tests of Randomness, 1995. Elektronisch verfügbar unter http://www.stat.fsu.edu/pub/diehard/.

[176] Martin Treiber and Dirk Helbing. Realistische Mikrosimulation von Straßenverkehr mit einem einfachen Modell. In *16. Symposium Simulationstechnik ASIM Rostock*, page 514ff, 2002.

[177] Kirsten Matheus, Rolf Morich, and Andreas Lübke. Economic background of car-to-car communication. In *IMA 2004, Informationssysteme für mobile Anwendungen*, 2004.

[178] Ciaran J. McIvor, Maire McLoone, and John V. McCanny. Hardware Elliptic Curve Cryptographic Processor Over GF(p). *IEEE Transactions on Circuits and Systems*, 53(9):1946–1957, 2006.

[179] Cornelius Menig, Lars Wischof, Andre Ebner, Tobias Gansen, Volker Seemann, Robert Hildebrandt, and Robert Braun. Increasing mobility by car-to-x communication: Applications for market introduction. In *FISITA World Automotive Congress 2008*, Munich, Germany, 2008.

[180] Marin Mersenne. *Cogitata physico-mathematica*. Paris: Bertier, 1644.

[181] Microsoft Corporation and Intel Corporation. *Plug and Play ISA Specification Version 1.0a*, 1994.

[182] J. S. Milne. *Elliptic Curves*. BookSurge Publishers, 2006.

[183] Peter L. Montgomery. Modular multiplication without trial division. *Mathematics of Computation*, 44:519–521, 1985.

[184] Peter L. Montgomery. Speeding the Pollard and elliptic curve methods of factorization. *Mathematics of Computation*, 177(48):243–264, january 1987.

[185] Hassnaa Moustafa and Yan Zhang, editors. *Vehicular Networks - Techniques, Standards, and Applications*. CRC Press, Auerbach Publications, Taylor & Francis Group, Boca Raton, USA, 2009.

[186] National Highway Traffic Safety Administration (NHTSA). 2008 overview traf-

fic safety fact sheet. http://www-nrd.nhtsa.dot.gov/Pubs/811162.pdf, Zugriff am 09.06.2010.

[187] Nationz Technologies. nationz-TC Solution, company website. http://www.nationz.com.cn/en/Solutions2.aspx?id=40, Zugriff am 02.06.2010.

[188] NEC. Car2x sdk. Präsentation, http://c2x-sdk.neclab.eu/, zugriff 09.06.2010, NEC Laboratories Europe, 2007.

[189] NEC. Nec linkbird-mx version 3. Produktbroschüre, http://www2.renesas.eu/applications/automotive/documents/NEC_LinkBirdMX3_Leaflet_090707b.pdf, zugriff 09.06.2010, NEC Laboratories, 2009.

[190] NEC Corporation. Company webpage. www.nec.com, Zugriff am 09.06.2010.

[191] Maziar Nekovee. Sensor networks on the road: the promises and challenges of vehicular ad hoc networks and grids. In *Proceedings of the Workshop on Ubiquitous Computing and e-Research*, Edinburgh, UK, May 2005.

[192] Maziar Nekovee. Quantifying Performance Requirements of Vehicle-to-Vehicle Communication Protocols for Rear-end Collision Avoidance. In *VTC2009-Spring: Proceedings of the IEEE 69th Vehicular Technology Conference*, Barcelona, Spain, 2009.

[193] Isaac L. Nielsen, Michael A. ; Chuang. *Quantum computation and quantum information*. Cambridge Univ. Press, Cambridge [u.a.], 9. print. edition, 2007.

[194] Dennis K. Nilsson, Phu Phung, and Ulf E. Larson. Vehicle ecu classification based on safety-security characteristics. In *Proceedings of the 13th International Conference on Road Transport and Information Control (RTIC)*, 2008.

[195] NIST. Recommended elliptic curves for federal government use. Technical report, National Institute of Standards and Technology, U.S. Department of Commerce, 1999.

[196] NIST. SP 800-57: Recommendation for Key Management - Part 1: General (Revised). Special publication, National Institute of Standards and Technology, Computer Security, 2007.

[197] NIST. SP 800-90: Recommendation for Random Number Generation Using Deterministic Random Bit Generators. Special publication, National Institute of Standards and Technology, U.S. Department of Commerce, 2007.

[198] NIST. SP 800-22: A Statistical Test Suite for Random and Pseudorandom Number Generators for Cryptographic Applications. Special publication, National Institute of Standards and Technology, U.S. Department of Commerce, 2009.

[199] NIST. SP 800-57: Recommendation for Key Management - Part 3: Application-Specific Key Management Guidance. Special publication, National Institute of Standards and Technology, U.S. Department of Commerce, 2009.

[200] NOW: Network on Wheels. Project website. www.network-on-wheels.de, Zugriff am 29.05.2010.

[201] Onstar LLC. Company webpage. www.onstar.com, Zugriff am 27.05.2010.

[202] OpenSSL - Cryptography and SSL/TLS Toolkit. Project website. www.openssl. org, Zugriff am 11.06.2010.

[203] Gerardo Orlando and Christof Paar. A scalable gf(p) elliptic curve processor architecture for programmable hardware. In *CHES 2001, LNCS 2162*, pages 348–363, 2001.

[204] Panagiotis Papadimitratos, Levente Buttyan, Tamas Holczer, Elmar Schoch, Julien Freudiger, Maxim Raya, Zhendong Ma, Frank Kargl, Antonio Kung, and Jean-Pierre Hubaux. Secure vehicular communication systems: design and architecture. *Communications Magazine, IEEE*, 46(11):100 –109, november 2008.

[205] Panos Papadimitratos, Giorgio Calandriello, Jean-Pierre Hubaux, and Antonio Lioy. Impact of vehicular communications security on transportation safety. In *INFOCOM Workshops 2008, IEEE*, pages 1 –6, 13-18 2008.

[206] Jonathan Petit. Analysis of ecdsa authentication processing in vanets. In *NTMS'09: Proceedings of the 3rd international conference on New technologies, mobility and security*, pages 388–392, Piscataway, NJ, USA, 2009. IEEE Press.

[207] Marco Platzner, Jürgen Teich, and Norbert Wehn, editors. *Dynamically Reconfigurable Systems*. Springer, Dordrecht Heidelberg London New York, 2010.

[208] polar ssl - Small Cryptographic Library. Project website. http://polarssl.org, Zugriff am 11.06.2010.

[209] J. M. Pollard. Monte carlo methods for index computation (mod p). *Mathematics of Computation*, 32(143):918–924, 1978.

[210] Vehicle Safety Communications Project. Final report. Technical report hs 810 591, US Department of Transportation, 2006.

[211] A J Rae and L. P. Wildman. A taxonomy of attacks on secure devices. In *Proceedings of the Australia Information Warfare and Security Conference 2003. 20-21 November 2003*, 2003.

[212] Adrian Perrig Ran, Ran Canetti, J. D. Tygar, and Dawn Song. The tesla broadcast authentication protocol. *RSA CryptoBytes*, 5:2002, 2002.

[213] Maxim Raya and Jean-Pierre Hubaux. The security of vehicular ad hoc networks. In *SASN 2005*, pages 11–21. ACM, 2005.

[214] Maxim Raya, Panos Papadimitratos, and Jean-Pierre Hubaux. Securing vehicular communications. *Wireless Communications, IEEE*, 13(5):8 –15, october 2006.

[215] RIM Blackberry 7230. Datasheet. http://pdadb.net/index.php?m=specs&id= 1467&view=1&c=rim_blackberry_7230, Zugriff am 07.06.2010.

[216] R.L. Rivest, A. Shamir, and L. Adleman. A method for obtaining digital signatures and public-key cryptosystems. *Communications of the ACM*, 21:120–126, 1978.

[217] Ronald Rivest. RFC1321: The MD5 Message-Digest Algorithm. Request for

Comments, MIT Laboratory for Computer Science and RSA Data Security, Network Working Group, 1992.

[218] Christoph Roth. Entwicklung und Implementierung einer Systemarchitektur für eine Car-to-X Communication Unit. Diplomarbeit, Universität Karlsruhe, ITIV, 2008.

[219] Roy Ward, Tim Molteno. Table of Linear Feedback Shift Registers, 2007. Elektronisch verfügbar unter http://www.otagophysics.ac.nz/px/research/electronics/papers/technical-reports/lfsr_table.pdf.

[220] RSA Laboratories. RSAES-OAEP Encryption Scheme Algorithm specification and supporting documentation. 2000. ftp://ftp.rsasecurity.com/pub/rsalabs/rsa_algorithm/rsa-oaep_spec.pdf.

[221] RSA Laboratories. PKCS #1 v2.1: RSA Cryptography Standard. ftp://ftp.rsasecurity.com/pub/pkcs/pkcs-1/pkcs-1v2-1.pdf, Zugriff am 19.06.2010, 2002.

[222] Alastair Ruddle, David Ward, Benjamin Weyl, Sabir Idrees, Yves Roudier, Michael Friedewald, Timo Leimbach, Andreas Fuchs, Sigrid Gürgens, Olaf Henniger, Roland Rieke, Matthias Ritscher, Henrik Broberg, Ludovic Apvrille, Renaud Pacalet, and Gabriel Pedroza. Deliverable d2.3: Security requirements for automotive on-board networks based on dark-side scenarios. Project deliverable, version 1.1, EVITA project, 2009.

[223] Ahmad-Reza Sadeghi, Marcel Selhorst, Christian Stüble, Christian Wachsmann, and Marcel Winandy. Tcg inside?: a note on tpm specification compliance. In *STC '06: Proceedings of the first ACM workshop on Scalable trusted computing*, pages 47–56, New York, NY, USA, 2006. ACM.

[224] SAE. J2735D: Dedicated Short Range Communications (DSRC). SAE Standard Draft, Society of Automotive Engineers, 2006.

[225] SAFESPOT. Project website. www.safespot-eu.org, Zugriff am 29.05.2010.

[226] Kazuo Sakiyama, Lejla Batina, Bart Preneel, and Ingrid Verbauwhede. Multicore curve-based cryptoprocessor with reconfigurable modular arithmetic logic units over gf(2^n). *IEEE Transactions on Computers*, 56:1269–1282, 2007.

[227] Oliver Sander. *Skalierbare adaptive System-on-Chip-Architekturen für Inter-Car und Intra-Car Kommunikationsgateways*. Karlsruher Institut für Technologie (KIT), 2009. Dissertation.

[228] Oliver Sander, Jürgen Becker, Michael Hübner, Michael Dreschmann, Jürgen Luka, Matthias Traub, and Thomas Weber. Modular system concept for FPGA-based Automotive Gateway. In *Electronic Systems for Vehicles*, number 2000 in VDI-Berichte, pages 223–232. VDI, Verein Deutscher Ingenieure, 2007.

[229] Oliver Sander, Benjamin Glas, Christoph Roth, Jürgen Becker, and Klaus D. Müller-Glaser. Design of a vehicle-to-vehicle communication system on reconfigurable hardware. In *Proceedings of the 2009 International Conference on Field-Programmable Technology (FPT09)*, pages 14–21. Institute of Electrical and

Electronics Engineers, IEEE, December 2009.

[230] Oliver Sander, Benjamin Glas, Christoph Roth, Jürgen Becker, and Klaus D. Müller-Glaser. Priority-based packet communication on a bus-shaped structure for FPGA-systems. In *Design Automation and Test in Europe (DATE)*, 2009.

[231] Oliver Sander, Benjamin Glas, Christoph Roth, Jürgen Becker, and Klaus D. Müller-Glaser. Real Time Information Processing for Car-to-Car Communication Applications. In *EAEC 2009 - the 12th European Automotive Congress*, Bratislava, 2009.

[232] Oliver Sander, Benjamin Glas, Christoph Roth, Jürgen Becker, and Klaus D. Müller-Glaser. Testing of an fpga based c2x-communication prototype with a model based traffic generation. In *20th IEEE/IFIP International Symposium on Rapid System Prototyping (RSP)*, pages 68–71, 2009.

[233] Akashi Satoh and Kohji Takano. A scalable dual-field elliptic curve cryptographic processor. *Computers, IEEE Transactions on*, 52(4):449 – 460, april 2003.

[234] SBS Implementers Forum. System Management Bus (SMBus) Specification, 2000. Spezifikation Version 2.0.

[235] Harald Scheid. *Zahlentheorie*. Spektrum Akademischer Verlag, 2003.

[236] Dries Schellekens, Bart Preneel, and Ingrid Verbauwhede. Fpga vendor agnostic true random number generator. In *FPL*, pages 1–6, 2006.

[237] Dries Schellekens, Tim Tuyls, and Bart Preneel. Embedded trusted computing with authenticated non-volatile memory. In *TRUST 2008, LNCS 4968*, pages 60–74, Berlin / Heidelberg, 2008. Springer.

[238] Robert K. Schmidt, Tim Leinmüller, and Bert Böddeker. V2X Kommunikation. In *Proceedings des 17ten Aachener Kolloquium*, 2008.

[239] Elmar Schoch, Frank Kargl, Michael Weber, and Tim Leinmüller. Communication patterns in vanets. *Communications Magazine, IEEE*, 46(11):119 –125, november 2008.

[240] Matthias Schulze, Tapani Mäkinen, Joachim Irion, Maxime Flament, and Tanja Kessel. Ip_d15: Final report. Ip deliverable, PReVENT: Preventive and Active Safety Applications Integrated Project, Contract number FP6-507075, 2008. Version 1.6. Elektronisch verfügbar unter http://www.prevent-ip.org/download/ deliverables.

[241] David Schwab. Entwicklung eines Framework zur Nutzbarmachung von Trusted Computing-Technologie auf rekonfigurierbarer Hardware im Automotive-Bereich. Diplomarbeit, Universität Karlsruhe, ITIV, 2007.

[242] Karim Seada. Insights from a freeway car-to-car real-world experiment. In *WiNTECH '08: Proceedings of the third ACM international workshop on Wireless network testbeds, experimental evaluation and characterization*, pages 49–56, New York, NY, USA, 2008. ACM.

[243] Marcel Selhorst. TPM Driver for Infineon SLB9635 TT. 2005. Electronically available at http://www.trust.ruhr-uni-bochum.de/tpm/tpm_driver_details.html# download.

[244] SEVECOM: Secure Vehicle Communication. Project website. www.sevecom. org, Zugriff am 29.05.2010.

[245] Claude E. Shannon. Communication theory of secrecy systems. *Bell Systems Technical Journal*, 28(4):656–715, 1949.

[246] Peter W. Shor. Polynomial-time algorithms for prime factorization and discrete logarithms on a quantum computer. *SIAM Review*, 41(2):303–332, 1999.

[247] Eric Simpson and Patrick Schaumont. Offline hardware/software authentication for reconfigurable platforms. In *Cryptographic Hardware in Embedded Systems (CHES) 2006, LNCS 4249*, pages 311–323. Springer, 2006.

[248] simTD. Sichere Intelligente Mobilität: Testfeld Deutschland. Project webpage, 2008.

[249] Jeroma A. Solinas. Efficient implementation of koblitz curves and generalized mersenne arithmetic. In *ECC '99: The 3rd workshop on Elliptic Curve Cryptography*, University of Waterloo, Waterloo, Ontario, Canada, 1999.

[250] Jerome A. Solinas. Generalized mersenne numbers. Technical report, National Security Agency, Ft. Meade, MD, USA, 1999.

[251] STMicroelectronics. *ST19WP18-TPM Trusted Platform Module Produktbeschreibung, DS_19WP18-TPM/0610 Rev 1*, 2006.

[252] M. Strasser. A Software-based TPM Emulator for Linux. Implementation, Department of Computer Science Swiss Federal Institute of Technology Zurich, 2004.

[253] Vitali Stuckert. Signaturverarbeitung für Car-to-X-Kommunikation auf rekonfigurierbarer Hardware. Diplomarbeit, Universität Karlsruhe, ITIV, 2009.

[254] Berk Sunar, William J. Martin, and Douglas R. Stinson. A provably secure true random number generator with built-in tolerance to active attacks. *IEEE Transactions on Computers*, 56(1):109–119, 2007.

[255] Robert C. Tausworthe. Random numbers generated by linear recurrence modulo two. *Mathematics of Computation*, 19(90):201–209, 1965.

[256] TCG. TPM main specification v1.2 - part 1 design principles. Specification version 1.2, level 2 revision 103, Trusted Computing Group, 2003. www. trustedcomputinggroup.org.

[257] TCG. Trusted computing platform alliance main specification. Specification version 1.1b, Trusted Computing Group, 2003. http://www. trustedcomputinggroup.org.

[258] TCG. TCG specification architecture overview. Specification, revision 1.2, Trusted Computing Group, 2004. www.trustedcomputinggroup.org.

[259] TCG. TPM Main Specification v1.2 - Part 3 Commands. Specification version 1.2, level 2 revision 103, Trusted Computing Group Incorporated, 2004. www. trustedcomputinggroup.org/home.

[260] TCG. TCG PC Client Specific Implementation Specification For Conventional BIOS . Specification version 1.20 final, revision 1.00, Trusted Computing Group Incorporated, 2005.

[261] TCG. TCG PC Client Specific TPM Interface Specification (TIS) . Specification version 1.20 final, revision 1.00, Trusted Computing Group Incorporated, 2005.

[262] TCG. TCG Mobile Reference Architecture. Specification version 1.0, revision 1, Trusted Computing Group Incorporated, 2007. www.trustedcomputinggroup. org.

[263] TCG. TPM Main Specification v1.2 - Part 2 TPM Structures. Specification version 1.2, level 2 revision 103, Trusted Computing Group Incorporated, 2007. www.trustedcomputinggroup.org/home.

[264] TCG. TCG Mobile Trusted Module Specification. Specification version 1.0 revision 6, Trusted Computing Group Incorporated, 2008. www. trustedcomputinggroup.org.

[265] TCG. Glossary. Technical report, Trusted Computing Group, 2010. http://www. trustedcomputinggroup.org/developers/glossary/.

[266] Christian Tchepnda, Hassnaa Moustafa, Houda Labiod, and Gilles Bourdon. Security in vehicular networks. In Hassnaa Moustafa and Yan Zhang, editors, *Vehicular Networks: Techniques, Standards, and Applications*, pages 331–354. CRC Press, Taylor & Francis, 2009.

[267] The Mathworks. *Simulink HDL Coder 1.7*, 2006. Datasheet 91368v00, 09/06.

[268] Thomas E. Tkacik. A hardware random number generator. In *Cryptographic Hardware and Embedded Systems - CHES 2002 (LNCS)*, volume 2523/2003, pages 875–876, 2003.

[269] Toll Collect GmbH. Firmenwebseite. www.toll-collect.de, Zugriff am 28.05.2010.

[270] Marc Torrent Moreno. *Inter-vehicle Communications: Achieving Safety in a Distributed Wireless Environment*. Shaker Verlag, 2007. Dissertation.

[271] Steve Trimberger. Trusted design in fpgas. In *DAC '07: Proceedings of the 44th annual Design Automation Conference*, pages 5–8, New York, NY, USA, 2007. ACM.

[272] TrouSerS - The open-source TCG Software Stack . Projekt-webseite. http:// trousers.sourceforge.net/, Zugriff am 19.06.2010.

[273] Trusted Computing Group (TCG). Organization website. www. trustedcomputinggroup.org, Zugriff am 01.05.2010.

[274] Sadayuki Tsugawa. Issues and recent trends in vehicle safety communication systems. *IATSS Research*, 29(1):7–15, 2005.

[275] Umfrage Eurobarometer 65.4. Discrimination in the eu, organized crime, medical research, vehicle intelligence systems, and humanitarian aid. Variablen v326 und v327, 2006.

[276] United Nations Conference on Trade and Development. UNCTAD Handbook of Statistics 2009. http://www.unctad.org/Templates/Download.asp?docid= 12930&lang=1&intItemID=2364, Zugriff 15.06.2010, 2009.

[277] US Department of Transportation Research and Innovative Technology Administration. Intelligent transportation systems, website. www.its.dot.gov, Zugriff am 28.05.2010.

[278] Ihor Vasyltsov, Eduard Hambardzumyan, Young-Sik Kim, and Bohdan Karpinskyy. Fast digital trng based on metastable ring oscillator. In *CHES*, pages 164–180, 2008.

[279] Vehicle Information and Communication System (VICS) Center. Webpage. http://www.vics.or.jp/english/vics/index.html, Zugriff 29.05.2010.

[280] G. S. Vernam. Cipher printing telegraph systems for secret wire and radio telegraphic communications. *American Institute of Electrical Engineers, Transactions of the*, XLV:295 –301, jan. 1926.

[281] Jack E. Volder. The cordic computing technique. *IRE Transactions on Electronic Computing*, EC-8(8):330–334, 1959.

[282] Patrick von Brunn. Entwicklung einer modularen Testimplementierung eines Trusted Platform Modules (TPM) auf FPGA-Basis. Studienarbeit, Universität Karlsruhe, ITIV, 2008.

[283] Henning Wallentowitz and Konrad Reif, editors. *Handbuch Kraftfahrzeugelektronik*. Vieweg, Wiesbaden, 2006.

[284] J. S. Walther. A unified algorithm for elementary functions. In *AFIPS '71 (Spring): Proceedings of the May 18-20, 1971, spring joint computer conference*, pages 379–385, New York, NY, USA, 1971. ACM.

[285] Andre Weimerskirch, Jason J Haas, Yih-Chun Hu, and Kenneth P. Labertaux. Data security in vehicular communication networks. In Hannes Hartenstein and Kenneth P. Labertaux, editors, *VANET - Vehicular Applications and Inter-Networking Technologies*, pages 299–264. Wiley, 2010.

[286] M. Williams. The prometheus programme. In *Towards Safer Road Transport - Engineering Solutions, IEE Colloquium on*, pages 4/1 –4/3, 30 1992.

[287] L. Wischhof, A. Ebner, and H. Rohling. Information dissemination in self-organizing intervehicle networks. *Intelligent Transportation Systems, IEEE Transactions on*, 6(1):90 – 101, march 2005.

[288] Lars Wischhof, Andre Ebner, Hermann Rohling, Matthias Lott, and Rüdiger Halfmann. Sotis - a self-organizing traffic information system. In *In VTC2003-Spring: Proceedings of the 57th IEEE Vehicular Technology Conference*, pages 2442–2446, 2003.

[289] Lars Wischof. *Self-Organizing Communication in Vehicular Ad Hoc Networks*. Universitätsverlag Karlsruhe, 2007. Dissertation.

[290] Xilinx Inc. Answers database record #8796. www.nalanda.nitc.ac.in/industry/appnotes/xilinx/documents/techdocs/8796.htm, Zugriff am 27.05.2010.

[291] Xilinx Inc. Company webpage. www.xilinx.com, Zugriff am 27.05.2010.

[292] Xilinx Inc. Xilinx university program, webpage. www.xilinx.com/univ/, Zugriff am 27.05.2010.

[293] Xilinx Inc. *Embedded System Tools Reference Manual*, 2008. EDK 10.1, Service pack 3.

[294] Xilinx Inc. *UG073: XtremeDSP for Virtex-4 FPGAs - User Guide*, 2008. v2.7, 15.05.2008.

[295] Xilinx Inc. *DS100: Virtex-5 Family Overview*, 2009. Product Specification, v5.0, 06.02.2009.

[296] Xilinx Inc. *DS249: CORDIC v4.0*, 2009. Product Specification, 14.04.2009.

[297] Xilinx Inc. *UG012: Virtex II Pro Platform FPGA User Guide*, 2009. v2.4, 30.06.2003.

[298] Xilinx Inc. *UG069: Xilinx University Program Virtex-II Pro Development System - Hardware Reference Manual*, 2009. v1.2, 21.07.2009.

[299] Xilinx Inc. *UG081: MicroBlaze Processor Reference Guide - EDK 11.4*, 2009. v10.3, 26.10.2009.

[300] Xilinx Inc. *UG191: Virtex-5 FPGA Configuration User Guide*, 2009. v3.8, 14.08.2009.

[301] Xilinx Inc. *UG193: Virtex-5 FPGA XtremeDSP Design Considerations - User Guide*, 2009. v3.3, 12.01.2009.

[302] Xilinx Inc. *UG347: ML505/ML506/ML507 Evaluation Platform - User Guide*, 2009. v3.1.1, 07.10.2009.

[303] Xilinx Inc. *UG369: Virtex-6 FPGA DSP48E1 Slice - User Guide*, 2009. v1.2, 16.09.2009.

[304] Xilinx Inc. *UG389: Spartan-6 FPGA DSP48A1 Slice - User Guide*, 2009. v1.1, 13.08.2009.

[305] Xilinx Inc. *UG129: PicoBlaze 8-bit Embedded Microcontroller User Guide for Spartan-3, Spartan-6, Virtex-5 and Virtex-6 FPGAs*, 2010. v2.0, 28.01.2010.

[306] Xilinx Inc. *UG200: Embedded Processor Block in Virtex-5 FPGAs - Reference Guide*, 2010. v1.8, 24.02.2010.

[307] Q. Xu, T. Mak, J. Ko, and R. Sengupta. Vehicle-to-Vehicle safety messaging in DSRC. In *Proceedings of the 1st ACM international workshop on vehicular ad hoc networks*, 2004.

[308] Qing Xu, Raja Segupta, and Daniel Jiang. Design and analysis of highway sa-

fety communication protocol in 5.9 ghz dedicated short range communication spectrum. In *Vehicular Technology Conference, 2003. VTC 2003-Spring. The 57th IEEE Semiannual*, volume 4, pages 2451 – 2455 vol.4, 22-25 2003.

[309] Xue Yang, Jie Liu, Nitin H. Vaidya, and Feng Zhao. A vehicle-to-vehicle communication protocol for cooperative collision warning. mobiquitous, 2004.

[310] Jijun Yin, Tamer ElBatt, Gavin Yeung, Bo Ryu, Stephen Habermas, Hariharan Krishnan, and Timothy Talty. Performance evaluation of safety applications over dsrc vehicular ad hoc networks. In *VANET '04: Proceedings of the 1st ACM international workshop on Vehicular ad hoc networks*, pages 1–9, New York, NY, USA, 2004. ACM.

[311] Zhongda Zhao. RSA OAEP. Seminararbeit, Seminar Kryptographie, Universitaet Ulm, Institut für Informatik, 2005.

Betreute studentische Arbeiten

[Diz08] DIZEL, ARTJOM: *Entwicklung eines Evaluationsframework zur Ansteuerung von Trusted Platform Modulen*. Studienarbeit IL-826, Universität Karlsruhe, Institut für Technik der Informationsverarbeitung, 2008.

[Gra08] GRANJA HERNANDEZ, FRANCISCO: *Analysis of security aspects in Car-to-Car Communication and design of protocol improvements based on trusted computing approaches*. Studienarbeit IL-805, Universität Karlsruhe, Institut für Technik der Informationsverarbeitung, 2008.

[Ker07] KERCHER, TORSTEN: *Nutzbarmachung der ZigBee Funktechnologie für rekonfigurierbare Automotive-Steuergeräte*. Studienarbeit, Universität Karlsruhe, Institut für Technik der Informationsverarbeitung, 2007.

[Ker09] KERCHER, TORSTEN: *Entwicklung eines adaptiven Frameworks für Multi-Hop Car-to-Car-Communication auf rekonfigurierbarer Hardware*. Diplomarbeit ID-1329, Universität Karlsruhe, Institut für Technik der Informationsverarbeitung, 2009.

[Rot08] ROTH, CHRISTOPH: *Entwicklung und Implementierung einer Systemarchitektur für eine Car-to-X Communication Unit*. Diplomarbeit ID-1300, Universität Karlsruhe, Institut für Technik der Informationsverarbeitung, 2008.

[Sch07] SCHWAB, DAVID: *Entwicklung eines Framework zur Nutzbarmachung von Trusted Computing-Technologie auf rekonfigurierbarer Hardware im Automotive-Bereich*. Diplomarbeit, Universität Karlsruhe, Institut für Technik der Informationsverarbeitung, 2007.

[Sch09a] SCHNEIDER, ALEXANDER: *Aufbau eines Demonstrators für die Angreifbarkeit infrastrukturbasierter Fahrzeugkommunikation über den Traffic Message Channel*. Studienarbeit IL-882, Universität Karlsruhe, Institut für Technik der Informationsverarbeitung, 2009.

[Sch09b] SCHREIBER, MARTIN: *Konzeption, Implementierung und Integration eines sicheren Update-Verfahrens für FPGA-basierte Automobil-Steuergeräte unter Verwendung von Trusted Computing*. Diplomarbeit ID-1324, Universität Karlsruhe, Institut für Technik der Informationsverarbeitung, 2009.

[Sch10] SCHMIDTKE, VALENTIN: *Aktive Konfigurationsmessung auf einem FPGA-basierten TPM-Prototyp*. Studienarbeit, Universität Karlsruhe, Institut für Technik der Informationsverarbeitung, 2010.

[Spa07] SPATZ, JEROME: *Treiber- und Firmwareentwicklung für eine IEEE 802.11abg An-

bindung an einen FPGA einschließlich Modulauswahl. Studienarbeit ILT-668, Universität Karlsruhe, Institut für Technik der Informationsverarbeitung, 2007.

[Stu09] STUCKERT, VITALI: *Signaturverarbeitung für Car-to-X-Kommunikation auf rekonfigurierbarer Hardware.* Diplomarbeit ID-1330, Universität Karlsruhe, Institut für Technik der Informationsverarbeitung, 2009.

[Teg09] TEGHOM, PATRICK: *Konzeption eines Framework zur Nutzbarmachung von Trusted Computing-Technologie auf Rekonfigurierbarer Hardware im Automotive-Bereich.* Diplomarbeit ID-1301, Universität Karlsruhe, Institut für Technik der Informationsverarbeitung, 2009.

[Ung07] UNGER, DIRK: *Treiber- und Firmwareentwicklung für eine IEEE 802.11abg Anbindung an einen FPGA einschließlich Modulauswahl.* Studienarbeit ILT-668, Universität Karlsruhe, Institut für Technik der Informationsverarbeitung, 2007.

[vB08] BRUNN, PATRICK VON: *Entwicklung einer modularen Testimplementierung eines Trusted Platform Modules (TPM) auf FPGA-Basis.* Studienarbeit IL-815, Universität Karlsruhe, Institut für Technik der Informationsverarbeitung, 2008.

[Wac08] WACHS, MATTHIAS: *Entwicklung eines sicheren Einbringungsverfahrens für kryptografische Schlüssel in Automobil-Steuergeräte.* Diplomarbeit, Universität Karlsruhe, Institut für Technik der Informationsverarbeitung, 2008.

Eigene Veröffentlichungen

Journalbeiträge

[BGS06]   BOHLI, JENS-MATTHIAS, BENJAMIN GLAS und RAINER STEINWANDT: *Algebraic cryptosystems and side channel attacks: braid groups and DPA*. Congressus Numerantium. A Conference Journal on Numerical Themes, 182:145–154, 2006.

[GSS+11]   GLAS, BENJAMIN, OLIVER SANDER, VITALI STUCKERT, KLAUS D. MÜLLER-GLASER und JÜRGEN BECKER: *Prime Field ECDSA Signature Processing for Reconfigurable Embedded Systems*. International Journal of Reconfigurable Computing, 2011, 2011. Accepted for Publication.

[KGW+11]   KLIMM, ALEXANDER, BENJAMIN GLAS, MATTHIAS WACHS, JÜRGEN BECKER und KLAUS D. MUELLER-GLASER: *A Security Scheme for dependable Key Insertion in Mobile Embedded Devices*. International Journal of Reconfigurable Computing, 2011, 2011. Accepted for Publication.

Konferenzbeiträge

[BGS06a]   BOHLI, JENS-MATTHIAS, BENJAMIN GLAS und RAINER STEINWANDT: *Algebraic cryptosystems and side channel attacks: braid groups and DPA*. In: *Proceedings of the Thirty-Seventh Southeastern International Conference on Combinatorics, Graph Theory and Computing*, 2006.

[BGS06b]   BOHLI, JENS-MATTHIAS, BENJAMIN GLAS und RAINER STEINWANDT: *Towards Provably Secure Group Key Agreement Building on Group Theory*. In: *International Conference on Cryptology in Vietnam (VietCrypt)*, Band 4341 der Reihe *Lecture Notes in Computer Science (LNCS)*, Seite 322ff. Springer, 2006.

"""

[GKMGB09] GLAS, BENJAMIN, ALEXANDER KLIMM, KLAUS D. MÜLLER-GLASER und JÜRGEN BECKER: *Configuration Measurement for FPGA-based Trusted Platforms*. In: *20th IEEE/IFIP International Symposium on Rapid System Prototyping (RSP)*, Seiten 123–129, 2009.

[GKS+08a] GLAS, BENJAMIN, ALEXANDER KLIMM, OLIVER SANDER, KLAUS D. MÜLLER-GLASER und JÜRGEN BECKER: *A System Architecture for Reconfigurable Trusted Platforms*. In: *Design Automation and Test in Europe (DATE)*, 2008.

[GKS+08b] GLAS, BENJAMIN, ALEXANDER KLIMM, OLIVER SANDER, KLAUS D. MÜLLER-GLASER und JÜRGEN BECKER: *A self adaptive interfacing concept for consumer device integration into automotive entities*. In: *IEEE International Symposium on Parallel and Distributed Processing (IPDPS) 2008.*, 2008.

[GKS+08c] GLAS, BENJAMIN, ALEXANDER KLIMM, DAVID SCHWAB, KLAUS D. MÜLLER-GLASER und JÜRGEN BECKER: *A Prototype of Trusted Platform Functionality on Reconfigurable Hardware for Bitstream Updates*. The 19th IEEE/IFIP International Symposium on Rapid System Prototyping, 2008. RSP '08., Seiten 135–141, 2008.

[GSMGB09] GLAS, BENJAMIN, OLIVER SANDER, KLAUS D. MÜLLER-GLASER und JÜRGEN BECKER: *Car-to-X Kommunikation auf vertrauenswürdiger rekonfigurierbarer Hardware*. In: *25. VDI/VW Gemeinschaftstagung Automotive Security*. VDI Wissensforum, Verein Deutscher Ingenieure (VDI), 2009.

[GSS+09] GLAS, BENJAMIN, OLIVER SANDER, VITALI STUCKERT, KLAUS D. MÜLLER-GLASER und JÜRGEN BECKER: *Car-to-Car Communication Security on Reconfigurable Hardware*. In: *VTC2009-Spring: Proceedings of the IEEE 69th Vehicular Technology Conference*, Barcelona, Spain, 2009.

[GSS+10] GLAS, BENJAMIN, OLIVER SANDER, VITALI STUCKERT, KLAUS D. MÜLLER-GLASER und JÜRGEN BECKER: *ECDSA Signature Processing over Prime Fields for Reconfigurable Embedded Systems*. In: *Proceedings of the 5th International Workshop on Reconfigurable Communication-centric Systems on Chip (ReCoSoC) 2010*, Nummer 7551 in *KIT Scientific Reports*, Seiten 115–120. KIT Scientific Publishing, May 2010.

[KGW+10] KLIMM, ALEXANDER, BENJAMIN GLAS, MATTHIAS WACHS, JÜRGEN BECKER und KLAUS D. MUELLER-GLASER: *A Secure Keyflashing Framework for Access Systems in Highly Mobile Devices*. In: *Proceedings of the 5th International Workshop on Reconfigurable Communication-centric Systems on Chip (ReCoSoC) 2010*, Nummer 7551 in *KIT Scientific Reports*, Seiten 121–126. KIT Scientific Publishing, May 2010.

[SDR+10] SANDER, OLIVER, TOBIAS DÜSER, CHRISTOPH ROTH, BENJAMIN GLAS, ACHIM SEIFERMANN, ALBERT ALBERS, JÜRGEN BECKER, KLAUS D. MÜLLER-GLASER und JOSEF HENNING: *Car2X-in-the-Loop - Entwicklungsumgebung für Fahrzeuge, Steuergeräte und Kommunikations-*

systeme im Kontext zukünftiger Mobilitätskonzepte. In: *26. VDI/VW Gemeinschaftstagung Fahrerassistenz und Integrierte Sicherheit.* VDI Wissensforum, Verein Deutscher Ingenieure (VDI), 2010.

[SGB⁺10] SANDER, OLIVER, BENJAMIN GLAS, LARS BRAUN, JÜRGEN BECKER und KLAUS D. MÜLLER-GLASER: *Intrinsic identification of Xilinx Virtex-5 FPGA devices using uninitialized parts of configuration memory space.* In: *Proceedings of the 2010 International Conference on Reconfigurable Computing and FPGAs (ReConFiG) 2010,* Dec 2010.

[SGBMG08] SANDER, OLIVER, BENJAMIN GLAS, JÜRGEN BECKER und KLAUS D. MÜLLER-GLASER: *AN EXPLOITATION OF RECONFIGURABLE HARDWARE ARCHITECTURES FOR CAR-TO-CAR COMMUNICATION CONSIDERING AUTOMOTIVE REQUIREMENTS.* In: *FISITA World Automotive Congress 2008,* Munich, Germany, 2008.

[SGR⁺09a] SANDER, OLIVER, BENJAMIN GLAS, CHRISTOPH ROTH, JÜRGEN BECKER und KLAUS D. MÜLLER-GLASER: *Design of a Vehicle-to-Vehicle Communication System on Reconfigurable Hardware.* In: *Proceedings of the 2009 International Conference on Field-Programmable Technology (FPT09),* Seiten 14–21. Institute of Electrical and Electronics Engineers, IEEE, Dezember 2009.

[SGR⁺09b] SANDER, OLIVER, BENJAMIN GLAS, CHRISTOPH ROTH, JÜRGEN BECKER und KLAUS D. MÜLLER-GLASER: *Priority-based packet communication on a bus-shaped structure for FPGA-systems.* In: *Design Automation and Test in Europe (DATE),* 2009.

[SGR⁺09c] SANDER, OLIVER, BENJAMIN GLAS, CHRISTOPH ROTH, JÜRGEN BECKER und KLAUS D. MÜLLER-GLASER: *Real Time Information Processing for Car-to-Car Communication Applications.* In: *EAEC 2009 - the 12th European Automotive Congress,* Bratislava, 2009.

[SGR⁺09d] SANDER, OLIVER, BENJAMIN GLAS, CHRISTOPH ROTH, JÜRGEN BECKER und KLAUS D. MÜLLER-GLASER: *Testing of an FPGA Based C2X-Communication Prototype with a Model Based Traffic Generation.* In: *20th IEEE/IFIP International Symposium on Rapid System Prototyping (RSP),* Seiten 68–71, 2009.